工业和信息化人才培养规划教材
Industry And Information Technology Training Planning Materials

Technical And Vocational Education
高职高专计算机系列

办公软件项目式教程（Office 2007）（第2版）

Office Software Project Tutorial

王亮 姚军光 ◎ 主编
于爱卿 翟乃强 王世辉 ◎ 副主编

人民邮电出版社
北京

图书在版编目（CIP）数据

办公软件项目式教程 : Office 2007 / 王亮，姚军光主编. -- 2版. -- 北京 : 人民邮电出版社，2013.9

工业和信息化人才培养规划教材. 高职高专计算机系列

ISBN 978-7-115-31560-1

Ⅰ. ①办… Ⅱ. ①王… ②姚… Ⅲ. ①办公自动化－应用软件－高等职业教育－教材 Ⅳ. ①TP317.1

中国版本图书馆CIP数据核字(2013)第093009号

内 容 提 要

本书基于微软公司的 Office 2007 办公软件，以项目驱动的方式进行编写。书中所选项目都是来自于实际工作中常见的工作事务，并以软件划分模块，按照 Word 2007、Excel 2007、PowerPoint 2007 以及综合应用分篇，共 15 个项目，系统地介绍了 Office 2007 办公软件的应用，将实际操作案例引入教学，每个案例都采用【项目背景】→【项目分析】→【解决方案】→【项目升级】→【项目小结】的结构进行讲解。全书思路清晰、应用性强。

本书将理论知识与实践操作紧密结合，重点突出上机操作环节。全书以 Office 2007 办公软件的主要功能为主线，结合实例介绍了 Office 2007 办公软件的使用技巧；在内容选择、结构安排上更加符合读者的认知习惯。每个案例都经典、实用、步骤清晰、讲解详尽透彻，同时，在内容难易安排上注意循序渐进。通过本书的学习，读者可以迅速、轻松地掌握 Office 2007 办公软件的使用方法与技巧。

本书可作为高职、高专院校的办公自动化教材，也可以作为有一定 Office 基本操作能力的人员的自学用书或参考资料，还可以作为企业事业单位办公人员计算机应用的培训教材。

◆ 主　编　王　亮　姚军光
副 主 编　于爱卿　翟乃强　王世辉
责任编辑　王　平
责任印制　沈　蓉　杨林杰

◆ 人民邮电出版社出版发行　　北京市崇文区夕照寺街 14 号
邮编　100061　　电子邮件　315@ptpress.com.cn
网址　http://www.ptpress.com.cn
北京艺辉印刷有限公司印刷

◆ 开本：787×1092　1/16
印张：13.75　　　2013 年 9 月第 2 版
字数：351 千字　　　2013 年 9 月北京第 1 次印刷

定价：32.00 元

读者服务热线：(010)67170985　印装质量热线：(010)67129223
反盗版热线：(010)67171154

前 言

随着计算机的普及，熟练掌握计算机办公软件的使用已经成为人们必备的技能之一，因此如何快速掌握办公软件的使用技术，并将其应用到现实生活和实际工作中，提高学生办公软件的操作技能，已经成为各类院校迫切需要解决的问题。

本书在编写过程中，广泛征求了高职院校老师和学生的意见，参照教育部提供的相关文件，进行了精心的组织和编写，以满足高职、高专学生对办公自动化软件学习的需要。

本书精选日常生活中使用频率较高的案例加以讲解，详细地介绍了软件的使用方法，突出实用性，注重培养学生的实践能力。本书具有以下特色。

- 采用“项目驱动、案例教学”的编写方式，以软件划分模块，通过精心编排的项目内容介绍 Office 2007 办公软件三大组件的日常应用，使学生在积极主动地解决问题的过程中掌握就业岗位所需技能。
- 每个项目都是一个综合案例，每个案例都将通过清晰的步骤和丰富的插图来进行展示，既便于学生自学，又便于教师授课。最后精心安排了课后练习，以帮助学生及时巩固所学内容。

本课程的建议教学时数为 72 学时，各项目的教学课时可参考下面的课时分配表。

项　目	课 程 内 容	课 时 分 配	
		讲　授	实 践 训 练
项目一	制作常用公文——文档的创建与设计	2	2
项目二	制作个性求职简历——表格的设计与应用	2	2
项目三	制作精美杂志页——Word 排版	2	2
项目四	编排毕业论文——长文档的处理	2	4
项目五	制作通知函——合并邮件	2	2
项目六	制作校历卡——表格的创建与设计	2	2
项目七	制作公司销售表——公式与函数的应用	2	4
项目八	制作职员工资表——数据处理操作	2	2
项目九	制作销售统计表——图表的制作与格式设置	2	2
项目十	制作各地菜市场蔬菜价格统计表——打印与安全管理	2	2
项目十一	制作花卉宣传报告书——演示文稿的制作	2	2
项目十二	制作房地产调查分析报告——数据图表的制作	2	2
项目十三	制作动感相册——多媒体与动画的应用	2	4
项目十四	制作学校主页——Web 演示文稿的制作	2	4
项目十五	制作招生简章——Office 2007 综合应用	4	4
课 时 总 计		32	40

本书由王亮、姚军光任主编，于爱卿、翟乃强、王世辉任副主编。参加本书编写工作的还有李建国、王欣、赵峙韬、王挺、乔显亮、邓居英、周利江、张超、王晓、陈宏、吴振涛、毛旭亭、沈精虎等。由于作者水平有限，书中难免存在疏漏之处，敬请读者批评指正。

编　者

2013 年 3 月

目录

第一篇

Word 2007 应 用 集 合

本篇介绍 Office 2007 的组件之一 —— Word 2007 的应用案例，主要介绍 Word 2007 中文档的创建与设计、表格的设计与应用、Word 排版、长文档的处理以及合并邮件等内容，主要包括以下几个项目。

项目一　制作常用公文 —— 文档的创建与设计

项目二　制作个性求职简历 —— 表格的设计与应用

项目三　制作精美杂志页 —— Word 排版

项目四　编排毕业论文 —— 长文档的处理

项目五　制作通知函 —— 合并邮件

项目一

制作常用公文——文档的创建与设计

【项目背景】

青岛铁路学院为了加强师资队伍建设、改善人员结构，想在全国范围内招考录用一批专业技术人才，由院人事处有关人员制作一个“招录通知”。

【项目分析】

公文，全称为公务文书，是指行政机关、社会团体、企事业单位在行政管理活动或处理公务活动中产生的，按照严格的、法定的生效程序和规范的格式制定的具有传递信息和记录事务作用的载体。

常用的公文有以下几种。

- 决议：经会议讨论通过的重要决策事项，用“决议”。
- 决定：对重要事项或重大行动做出安排，用“决定”。
- 公告：向内外宣布重要事项或者法定事项，用“公告”。
- 通告：在一定范围内公布应当遵守或周知的事项，用“通告”。
- 通知：发布规章和行政措施，转发上级机关、同级机关和不相隶属的机关的公文，批转下级机关的公文，要求下级机关办理和需要周知或共同执行的事项，任免和聘用干部，用“通知”。
- 通报：表扬先进，批评错误，传达重要精神、交流重要情况，用“通报”。
- 报告：向上级机关汇报工作、反映情况、提出建议，用“报告”。
- 请示：向上级机关请求指示、批准，用“请示”。
- 批复：答复下级机关的请示事项，用“批复”。
- 条例：用于制定规范工作、活动和行为的规章制度，用“条例”。
- 规定：用于对特定范围内的工作和事务制定具有约束力的行为规范，用“规定”。
- 意见：对某一重要问题提出设想、建议和安排，用“意见”。
- 函：不相隶属的机关之间相互商洽工作、询问和答复问题，向有关主管部门请求批准等，用“函”。

- 会议纪要：记载、传达会议议定事项和主要精神，用“会议纪要”。

下面以制作“通知”为例，说明如何制作公文。

【解决方案】

本项目可以通过以下几个任务来完成。

- 任务一　新建文档
- 任务二　录入与编辑文本
- 任务三　字体和段落格式设置
- 任务四　保存并退出

任务一　新建文档

【操作步骤】

(1) 为了将文件统一保存到“D:\办公软件应用教程 2007 版（项目式）”中，先在 D 盘上新建文件夹“D:\ 办公软件应用教程 2007 版（项目式）”。

(2) 启动 Word 2007，会自动建立一个空文档“文档 1”。也可在 Word 2007 中，单击“Office 按钮”，在弹出的列表中选择【新建】命令，如图 1-1 所示。在弹出的【新建】对话框中，选择“空白文档”后单击创建按钮。

(3) 设置纸张大小为“A4”。在“页面布局/页面设置”组中单击按钮，在弹出的列表中选择 A4，如图 1-2 所示。

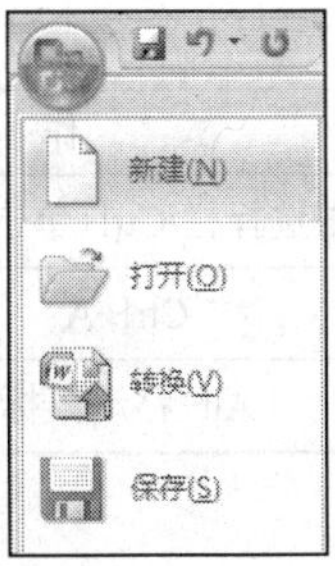

图 1-1　新建文档

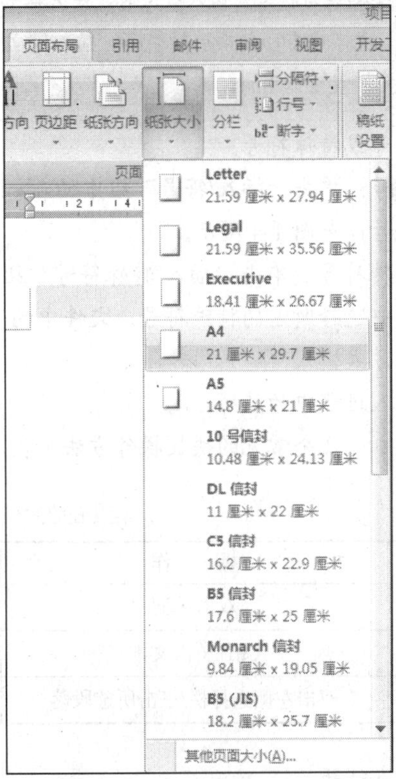

图 1-2　设置纸张大小

任务二 录入与编辑文本

【操作步骤】

(1) 录入“招录通知”的文本内容，如图 1-3 所示。

青岛铁路学院文件
青铁院人事【2012】193 号
关于 2012 年度青岛铁路学院
专业人才引进计划的通知
院属各单位：
为加强师资队伍建设，改善人员结构，想在全国范围内招考录用一批专业技术人才，现通知如下，望各单位认真组织贯彻落实。

二〇一二年九月二十一日

主题词：专业人才　引进　通知
打字：王君　　　　　　　　　　　　校对：张秋实
青岛铁路学院办公室　　　　　　　二〇一二年九月二十一日印发

图 1-3　通知文本内容录入

说明

按 Ctrl+Shift 组合键切换中文输入法；按 Enter 键结束当前段落；在光标“|”处可输入字符；输入内容达到右边界（据“页面设置”设定值自控）自动移下一行，若要中间换行，按 Enter 键。

插入/改写状态：插入状态时，在文本中插入文字，不会覆盖后续字符；改写状态时，在文档中插入文字将自动替换后续字符。插入/改写状态的转换方法：单击状态栏“改写”（或“插入”）框或按键盘上的 Insert 键。

(2) 插入符号或特殊符号。

① 插入符号：单击“插入/符号”组中的Ω按钮，在弹出的列表中选择所需符号，如图 1-4 所示。

② 插入特殊符号：单击“插入/特殊符号”组中的“符号”按钮，在弹出的列表中选择所需的特殊符号。文件中的“【】”可以通过插入特殊符号的方式输入。

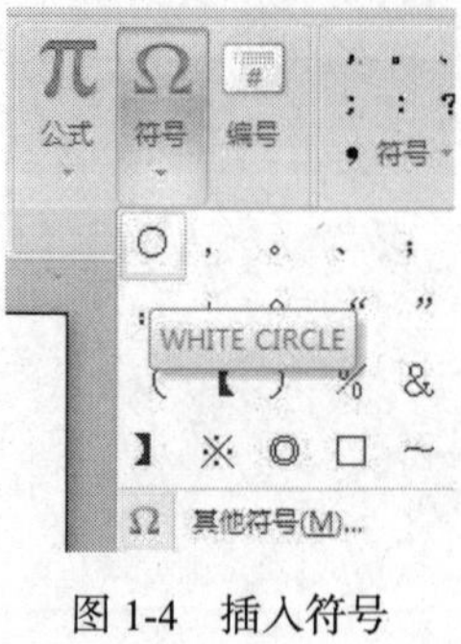

图 1-4　插入符号

(3) 文本录入过程中的技巧。

① 选择文本：几个常见的快捷操作方法如表 1-1 所示。

表 1-1　常见的选择文本快捷操作方法

选　择	操　作	选　择	操　作
单词	双击单词	全文档	三击选择栏/Ctrl+单击选择栏
句子	Ctrl+单击文本	全部文档	Ctrl+A
整段	双击左侧选择栏/三击所选段落	矩形文本块	Alt+移动鼠标

② 删除文本技巧。

按 Backspace 键删除光标前字符，按 Delete 键删除光标后字符。

③　复制、移动、删除文本。

按 Ctrl+C 组合键复制，按 Ctrl+X 组合键剪切，按 Ctrl+V 组合键粘贴。

④　撤销和恢复操作。

按 Ctrl+Z 组合键撤销，按 Ctrl+Y 组合键恢复。

任务三　字体和段落格式设置

【操作步骤】

(1) 选中第 1 行，在“开始/字体”组中设置字体为宋体、字号为初号、字体颜色为红色、加粗，如图 1-5 所示。

(2) 单击“字体”组右下方按钮，显示【字体】对话框，可以进行文字效果修饰，如下划线、着重号、阴阳文、空心、上下标等，如图 1-6 所示。

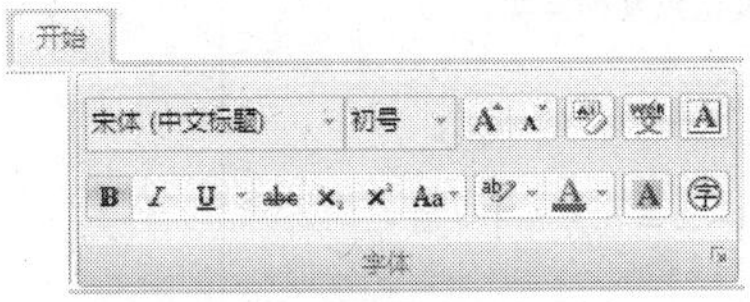

图 1-5 “字体”组工具栏

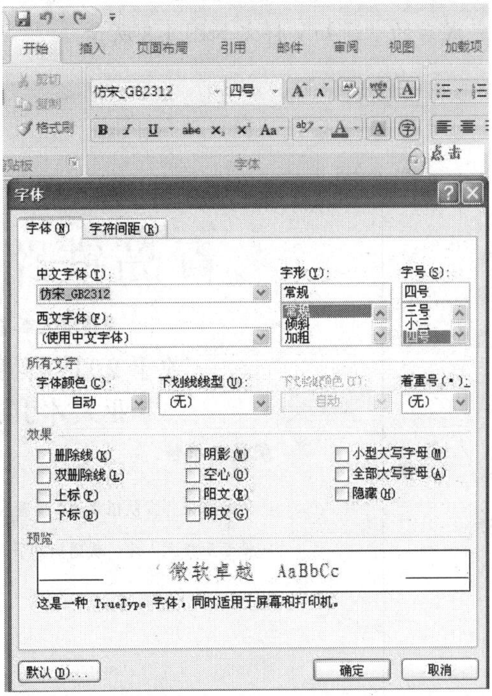

图 1-6 【字体】对话框

(3) 单击“开始/段落”组中的居中按钮，将第 1 行内容居中。

(4) 选中第 2 行，在“开始/字体”组中设置字体为仿宋、字号为二号，在“段落”组中设置对齐方式为居中。

(5) 选中第 3 行和第 4 行，在“开始/字体”组中设置字体为宋体、字号为二号、加粗，在“段落”组中设置对齐方式为居中。

(6) 选中第 5 行，在“开始/字体”组中设置字体为仿宋、字号为三号、加粗，在“段落”组中设置对齐方式为左对齐。

(7) 选中第 6 行和第 7 行，在“开始/字体”组中设置字体为仿宋、字号为四号，单击“段落”组右下方按钮，在弹出的【段落】对话框中设置对齐方式为两端对齐、特殊格式为首行缩进 2 字符、行距为 1.5 倍行距、段前间距为 0.5 行、段后间距为 3 行，如图 1-7 所示。

(8) 选中第 8 行，在“开始/字体”组中设置字体为仿宋、字号为四号，在“段落”组中设置对齐方式为右对齐。

(9) 选中第 9 行，在“开始/字体”组中设置字体为黑体、字号为三号，在“段落”组中设置对齐方式为左对齐。

(10) 选中第 10 行和第 11 行，在“开始/字体”组中设置字体为仿宋、字号为四号，在“段落”组中设置对齐方式为两端对齐。

(11) 完成后的“通知”样文如图 1-8 所示。

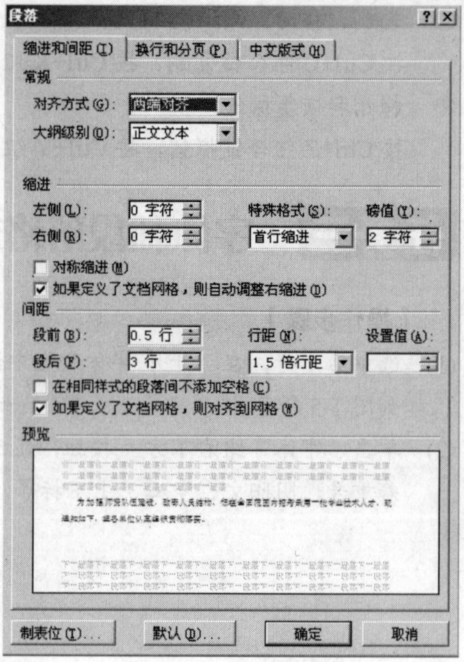

图 1-7 【段落】对话框

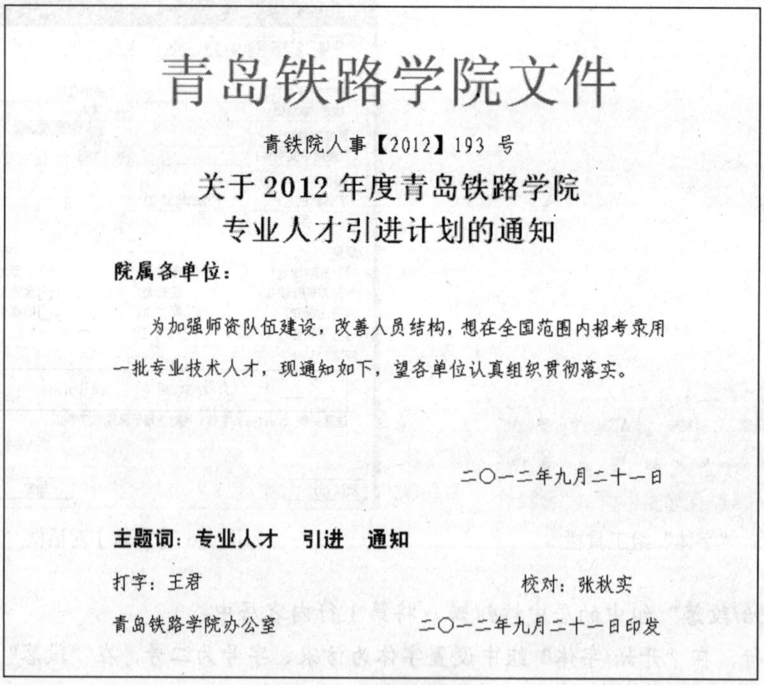

青岛铁路学院文件

青铁院人事【2012】193 号

关于 2012 年度青岛铁路学院

专业人才引进计划的通知

院属各单位：

为加强师资队伍建设，改善人员结构，想在全国范围内招考录用一批专业技术人才，现通知如下，望各单位认真组织贯彻落实。

二〇一二年九月二十一日

主题词：专业人才　引进　通知

打字：王君　　　　校对：张秋实

青岛铁路学院办公室　　　　二〇一二年九月二十一日印发

图 1-8 “通知”样文

任务四 保存并退出

【操作步骤】

(1) 文件保存。单击左上角的按钮，在弹出的【另存为】对话框中，选择文件保存位置为“D:\

办公软件应用教程 2007 版（项目式）”，输入文件名“1-2（青岛铁路学院文件）.docx”，选择文件类型为“Word 文档(*.docx)”，如图 1-9 所示，单击 保存(S) 按钮。

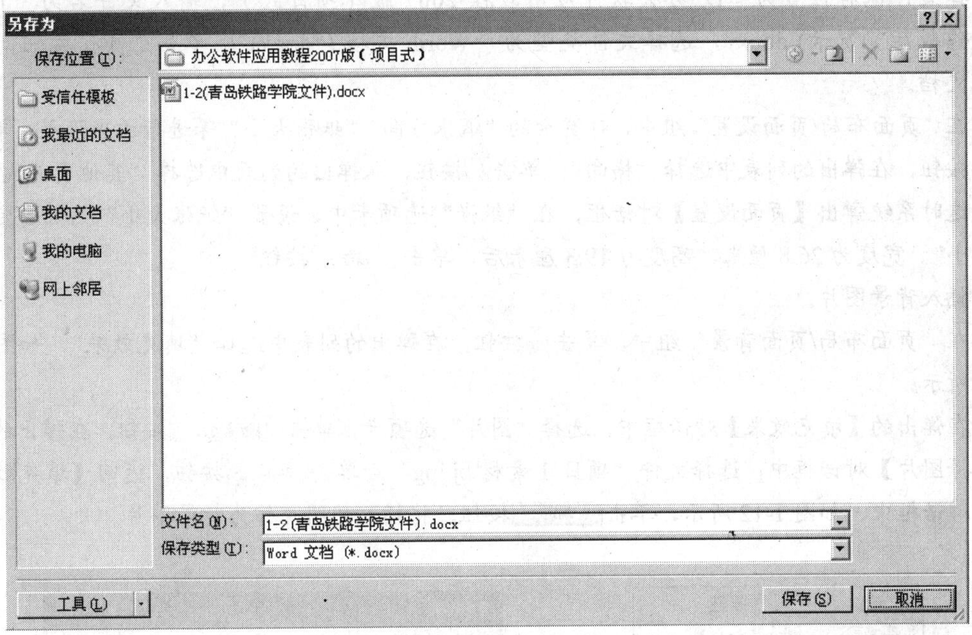

图 1-9 【另存为】对话框

(2) 文件退出。单击右上角的关闭按钮 ×。

项目升级　制作教师节贺卡

本节制作如图 1-10 所示的教师节贺卡。

图 1-10　教师节贺卡完成效果图

【**操作步骤**】

(1) 启动 Word 2007，新建一个空白文档。单击按钮，在弹出的【另存为】对话框中，选择文件保存位置为“D:\办公软件应用教程 2007 版（项目式）”，输入文件名为“1-3(制作教师节贺卡).docx”，选择文件类型为“Word 文档.(*docx)”，单击按钮，保存文档。

(2) 在“页面布局/页面设置”组中，对贺卡的“纸张方向”“纸张大小”等进行适当设置。单击按钮，在弹出的列表中选择“横向”；单击按钮，从弹出的列表中选择“其他页面大小”。这时系统弹出【页面设置】对话框，在“纸张”选项卡中，设置“纸张大小”为“自定义大小”，宽度为 26.8 厘米，高度为 19.3 厘米后，单击按钮。

(3) 插入背景图片。

① 在“页面布局/页面背景”组中，单击按钮，在弹出的列表中选择“填充效果”，如图 1-11 所示。

② 在弹出的【填充效果】对话框中，选择“图片”选项卡，单击按钮，在弹出的【选择图片】对话框中，选择文件“项目 1 素材\bj.jpg”后单击按钮，返回【填充效果】对话框中，如图 1-12 所示，单击按钮，将插入的图片作为背景图片。

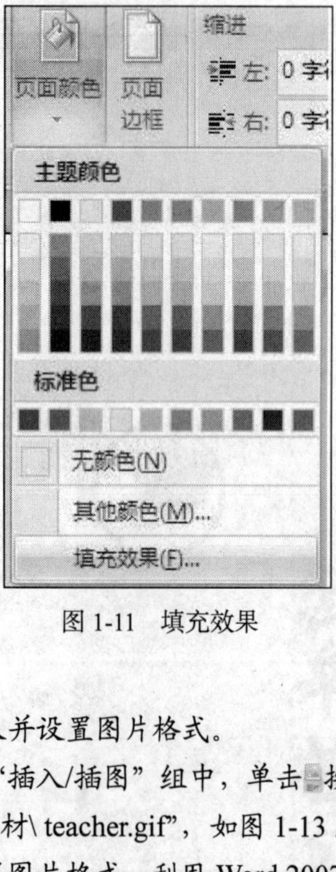

图 1-11　填充效果

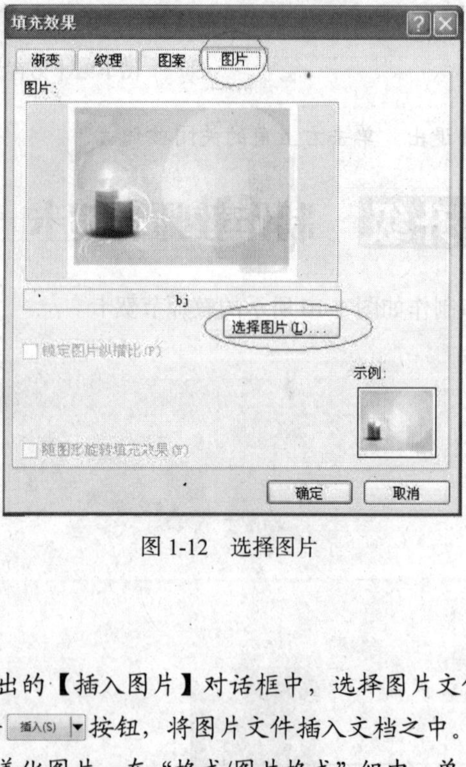

图 1-12　选择图片

(4) 插入并设置图片格式。

① 在“插入/插图”组中，单击按钮，在弹出的【插入图片】对话框中，选择图片文件“项目 1 素材\ teacher.gif”，如图 1-13 所示。单击按钮，将图片文件插入文档之中。

② 设置图片格式，利用 Word 2007 自带工具美化图片。在“格式/图片格式”组中，单击其他按钮，在弹出的列表中选择第 2 行第 2 列“棱台形椭圆 黑色”，如图 1-14 所示。

③ 设置图片文字环绕方式为“四周型环绕”并拖曳图片到合适位置。单击“格式/排列”组中的按钮，从弹出的列表中选择“四周型环绕”，如图 1-15 所示。

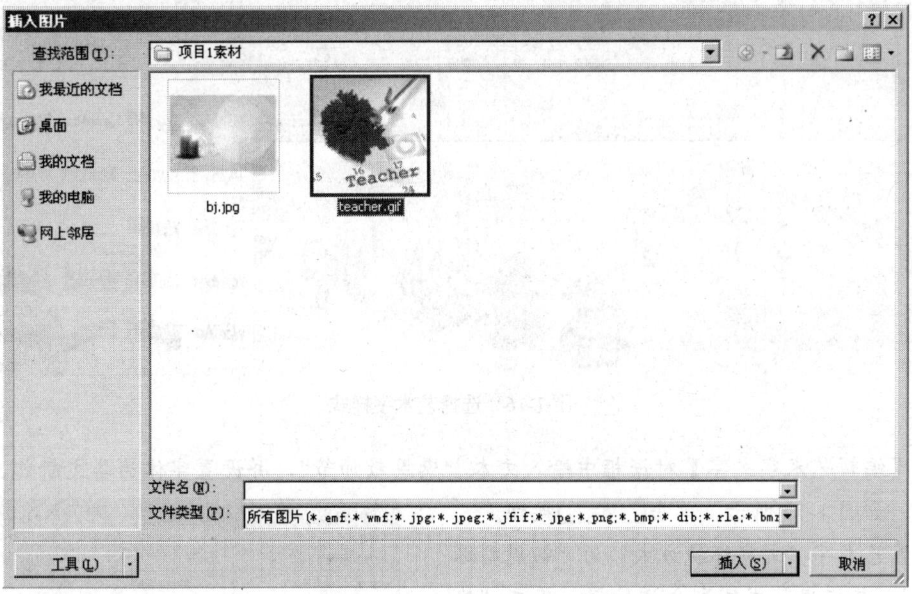

图 1-13 【插入图片】对话框

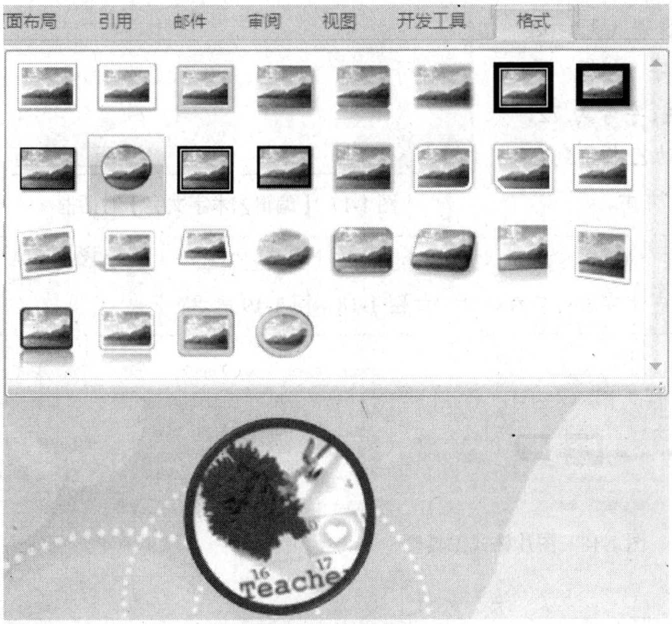

图 1-14　美化图片

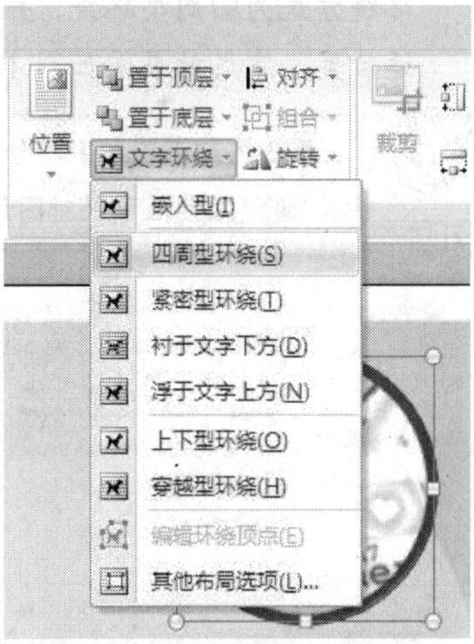

图 1-15　设置图片文字环绕方式

(5) 单击“插入/文本”组中的按钮，在弹出的列表中选择艺术字样式为第 5 行第 4 列“艺术字样式 28”，如图 1-16 所示。

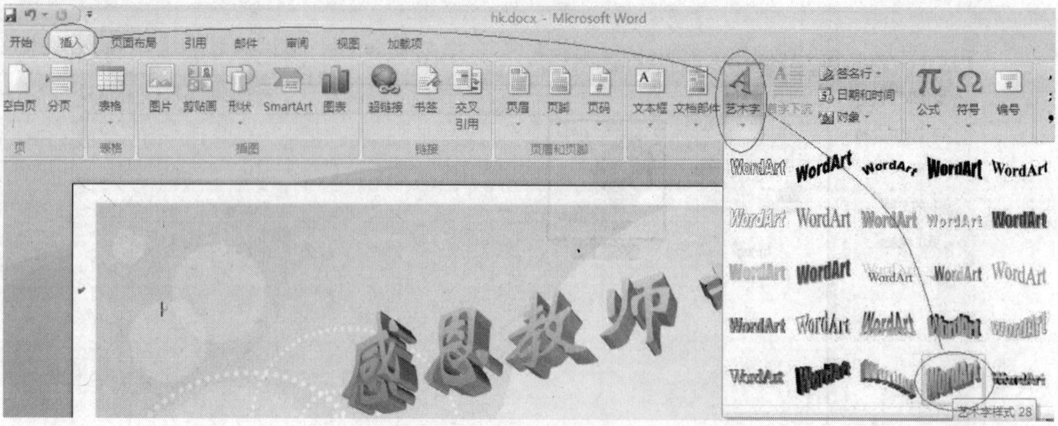

图 1-16　选择艺术字样式

(6) 在【编辑艺术字文字】对话框中输入文本“感恩教师节”，并设置字体为华文新魏、字号为72，如图 1-17 所示，单击 确定 按钮。

(7) 设置艺术字“文字环绕方式”为“四周型环绕”，并拖曳艺术字到合适位置。单击“格式/排列”组中的 文字环绕 按钮，从弹出的列表中选择“四周型环绕”。

(8) 参考步骤（5）、步骤（6）和步骤（7），选择“艺术字样式 12”，插入艺术字“老师　您辛苦了！”，设置字体为华文新魏、字号为 72、环绕方式为四周型环绕，并移动艺术字到合适位置。完成效果图如图 1-10 所示。

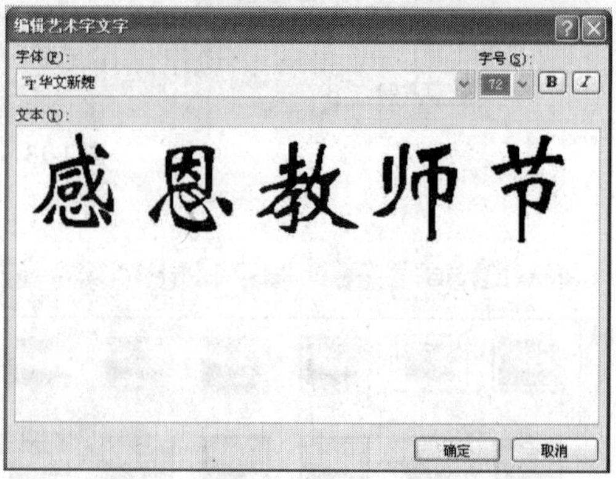

图 1-17 【编辑艺术字文字】对话框

说明　双击图片或艺术字，分别在“格式”选项卡中显示“图片格式工具栏”或“艺术字格式工具栏”，通过工具栏可以对图片或艺术字进行各种设计，如图 1-18、图 1-19 所示。

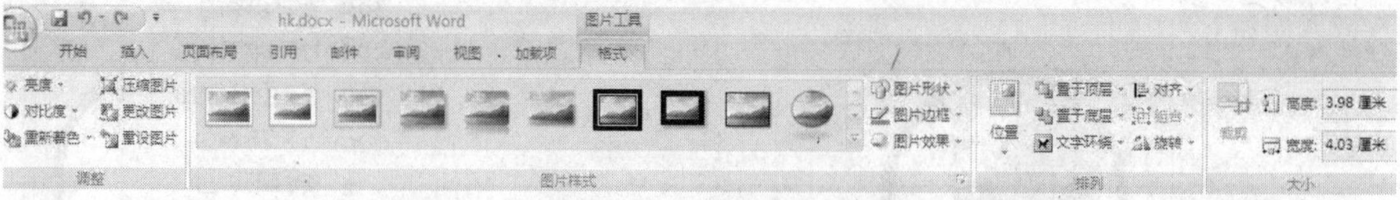

图 1-18　图片格式工具栏

图 1-19　艺术字格式工具栏

说明　本项目中对“图片”和“艺术字”在 Word 中的使用做了简单介绍。在今后的学习工作中，可以按照实际需求进行更深入的学习和应用。

项目小结

通过对本项目实例制作过程的具体操作，介绍了 Word 2007 中文档的创建和设计，使用字体和段落工具栏，对文档内容进行字体和段落的格式化设置；并介绍了如何插入字符以及 Word 2007 中文字录入的编辑技巧；在项目升级模块中又详细介绍了 Word 2007 中图片和艺术字的使用，页面背景的设置，插入图片并设置图片格式，插入艺术字并设置艺术字的格式等。

课后练习　制作公司管理规定

本节制作如图 1-20 所示的“中国火蓝技术责任有限公司管理规定”完成效果图。

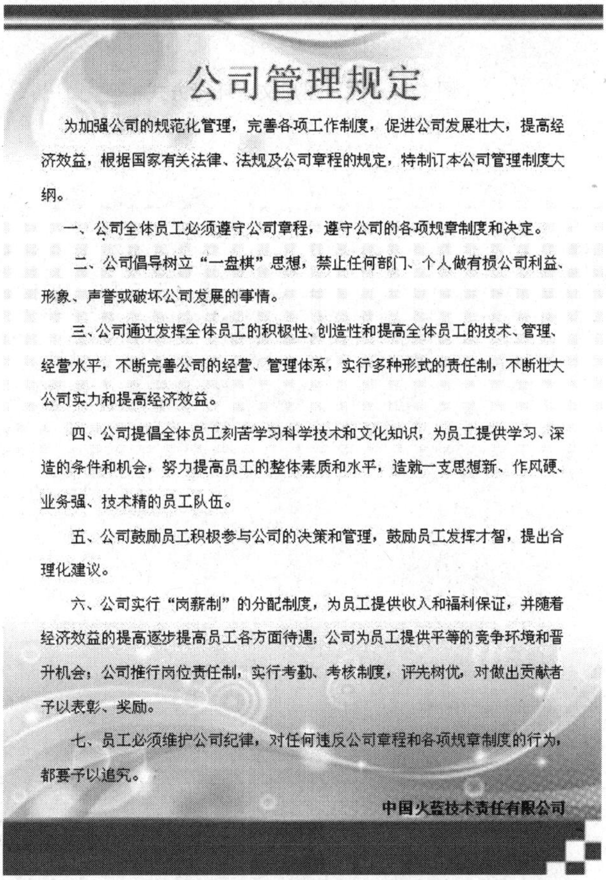

公司管理规定

为加强公司的规范化管理，完善各项工作制度，促进公司发展壮大，提高经济效益，根据国家有关法律、法规及公司章程的规定，特制订本公司管理制度大纲。

一、公司全体员工必须遵守公司章程，遵守公司的各项规章制度和决定。

二、公司倡导树立“一盘棋”思想，禁止任何部门、个人做有损公司利益、形象、声誉或破坏公司发展的事情。

三、公司通过发挥全体员工的积极性、创造性和提高全体员工的技术、管理、经营水平，不断完善公司的经营、管理体系，实行多种形式的责任制，不断壮大公司实力和提高经济效益。

四、公司提倡全体员工刻苦学习科学技术和文化知识，为员工提供学习、深造的条件和机会，努力提高员工的整体素质和水平，造就一支思想新、作风硬、业务强、技术精的员工队伍。

五、公司鼓励员工积极参与公司的决策和管理，鼓励员工发挥才智，提出合理化建议。

六、公司实行“岗薪制”的分配制度，为员工提供收入和福利保证，并随着经济效益的提高逐步提高员工各方面待遇；公司为员工提供平等的竞争环境和晋升机会；公司推行岗位责任制，实行考勤、考核制度，评先树优，对做出贡献者予以表彰、奖励。

七、员工必须维护公司纪律，对任何违反公司章程和各项规章制度的行为，都要予以追究。

中国火蓝技术责任有限公司

图 1-20　“中国火蓝技术责任有限公司管理规定”完成效果图

【操作步骤】

(1)　启动 Word 2007，新建一个“空白文档”，设置纸张大小为 A4，纸张方向为纵向，页边距为上 2.54 厘米、下 2.54 厘米、左 1.9 厘米、右 1.9 厘米。

(2)　录入公司管理规定中的文本内容。

(3)　第一行设置如下：字体为宋体，字号为小初，加粗，字体颜色为红色；段落居中。

(4) 正文设置如下：字体为宋体，字号为四号；段落行距为 1.5 倍行距。

(5) 最后一行设置如下：字体为宋体，字号为四号，加粗；段落行距为 1.5 倍行距，右对齐。

(6) 插入图片文件“项目 1 素材\gsbj.jpg”，设置图片文字环绕方式为“衬于文字下方”或“置于底层”，如图 1-21 所示。调整图片大小、位置，直至覆盖整个页面。

图 1-21 设置图片文字环绕方式

项目二

制作个性求职简历——表格的设计与应用

【项目背景】

求职简历是求职者将自己与所申请职位紧密相关的个人信息，经过分析整理并清晰简要地表述出来的书面求职资料，是求职者用真实准确的事实向招聘者明示自己的经历、经验、技能、成果等内容的载体。求职简历是招聘者在阅读求职者求职申请后，对其产生兴趣进而决定是否给予面试机会的极重要的依据性材料。在此，使用Word 2007制作求职简历。

【项目分析】

求职简历基本内容包含个人信息、教育经历、实习经历、校园实践、所获奖励、技能证书、专业技能、自我评价等。

1. 个人信息

个人信息要填写的内容包括姓名、出生年月、性别、毕业院校、籍贯、所修专业、学历、毕业时间、手机号码、电子邮箱、求职地点、职能类别、求职意向、工作年限等。

个人信息里的联系方式一定要齐全，包括电话、地址、E-mail等，也可以把求职意向单独列出。至于其他的信息，根据应聘职位的要求填写即可，如政治面貌是团员可以不写，是党员就写。一般出生年月可以不写，因为大家都是应届生的话，年龄相差不大；籍贯按招聘要求决定写不写。

2. 教育经历

教育经历需要填写的内容包括教育时间、教育院校、教育描述等。教育描述，可填写平均成绩、某些课程列举、毕业设计等。

教育经历要从近期到远期这样的倒叙方式来填写，如博士到硕士再到学士，高中、初中和小学的教育经历就不需要再写了，除非以前是在外国有名的教育机构或者是国内具有知名度的特殊教育机构就读。

3. 实习经历

实习经历需要填写的内容包括实习时间、实习项目、实习描述等。实习描述，可填写主要职责范围、工作任务、取得的成绩等。

如果没有实习经历的话，可以把实习经历和校园实践替换为工作经历，因为工作经历包括实习经历和校园实践。实习经历和校园实践，二者都可以代换为工作经历。

4. 校园实践

校园实践需要填写的内容包括实践时间、实践项目、实践描述等。实践描述可填写参与的活动项目情况、负责的实践内容、取得的成绩等。

5. 所获奖励

所获奖励需要填写的内容包括获奖时间、奖励名称等。奖励名称可填写奖项的级别、颁奖机构、奖项所体现的成绩等。

所获奖励一般要求是奖学金或者其他国际性、全国性及省级的竞赛的得奖。如果是小社团的一些竞赛成果，可以忽略不写。没有的话，就把这项删除，突出其他的项目，如工作经历或个人技能。

6. 技能证书

技能证书需要填写的内容包括获取时间、证书名称等。

7. 专业技能

专业技能只需要填写技能描述就可以了，可填写语言能力、其他特长等。

8. 自我评价

自我评价也叫做自我介绍，可填写应聘某岗位的最大优势等简练的语句。

自我评价是求职简历中重要的一个内容，也是绝大部分面试不可或缺的一部分。在进行自我评价时，要注意口语化，不要书面化或者行政化，并且要切中要害，条理清晰，层次分明。

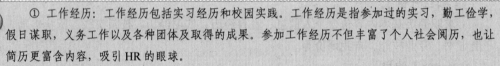

① 工作经历：工作经历包括实习经历和校园实践。工作经历是指参加过的实习，勤工俭学，假日谋职，义务工作以及各种团体及取得的成果。参加工作经历不但丰富了个人社会阅历，也让简历更富含内容，吸引HR的眼球。

② 个人技能：个人技能包括专业技能、英语技能和IT技能等，也就是上面所说的技能证书和专业技能这两个内容。为了以后找工作方便，也为了丰富简历，一般大学生都会踊跃地加入考证行列。

说明

【解决方案】

本项目可以通过以下几个任务来完成。

- 任务一 创建表格
- 任务二 修改表格结构
- 任务三 设置表格属性

任务一 创建表格

【操作步骤】

(1) 启动Word 2007，自动建立一个空文档，将其保存为“2-1（个人简历表）.docx”。

(2) 输入标题内容“个人简历”。

(3) 选中标题，设置标题的字体为宋体、小二、加粗、加下划线，且居中对齐。

(4) 在标题下一行28字符处双击鼠标，输入内容“填表日期:”，设置为宋体、小四号。这是Word

的即点即输功能，它能从指定的位置按指定的对齐方式输入文本。这里是在 28 字符处插入一左对齐制表位，如图 2-1、图 2-2 所示。

(5) 按 Enter 键回车换行。

(6) 单击“插入/表格”组中的按钮，在弹出的列表中拖动鼠标插入一个“2x8 表格”，如图 2-3 所示。

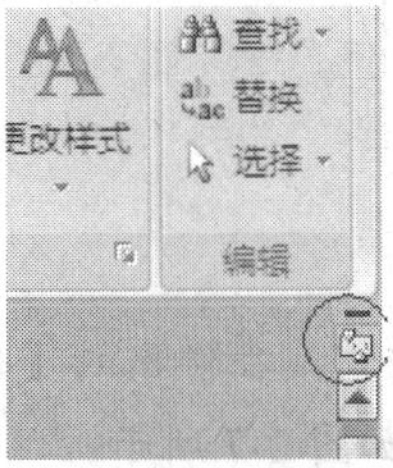

图 2-1 显示标尺

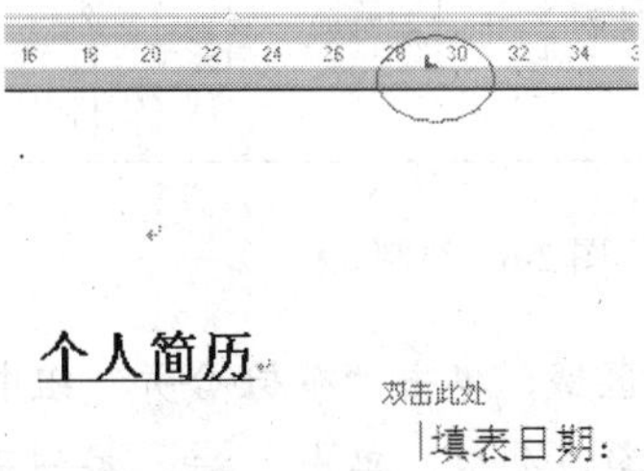

图 2-2 即点即输

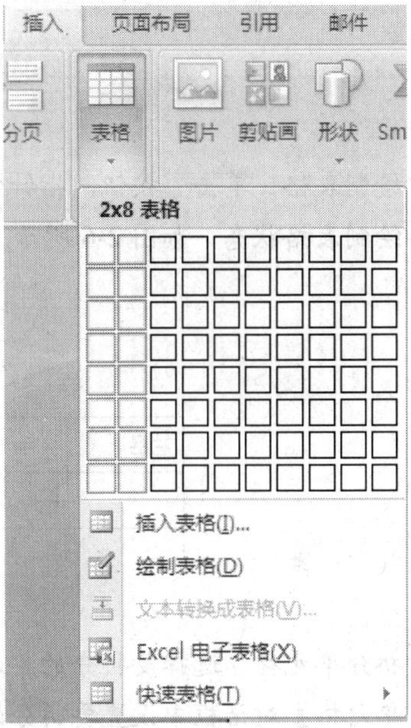

图 2-3 插入表格

任务二 修改表格结构

【操作步骤】

(1) 将指针停留在两列间的边框上，指针变为时，左、右拖动边框到合适的宽度。可以事先在第 1 列中输入文本“应聘职务”，拖动边框时以能容纳此文本的宽度为准，如图 2-4 所示。

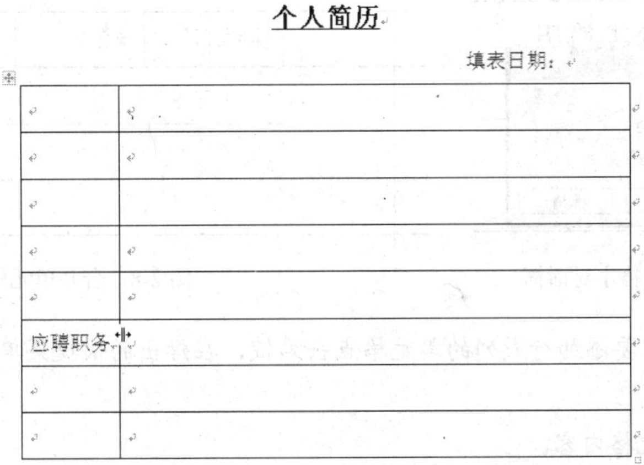

图 2-4 调整列宽

(2) 使用绘制表格或拆分、合并单元格来修改表格结构。为了方便操作，首先单击表格，显示“表格工具”的“设计”和“布局”选项卡，如图 2-5 所示。

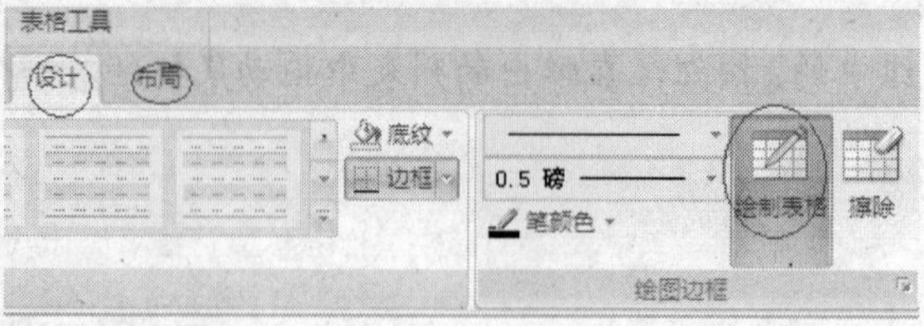

图 2-5 表格工具

(3) 绘制表格。单击按钮，指针变为，这时就可以绘制表格。绘制结束后单击按钮，取消绘制表格状态，如图 2-6 所示。

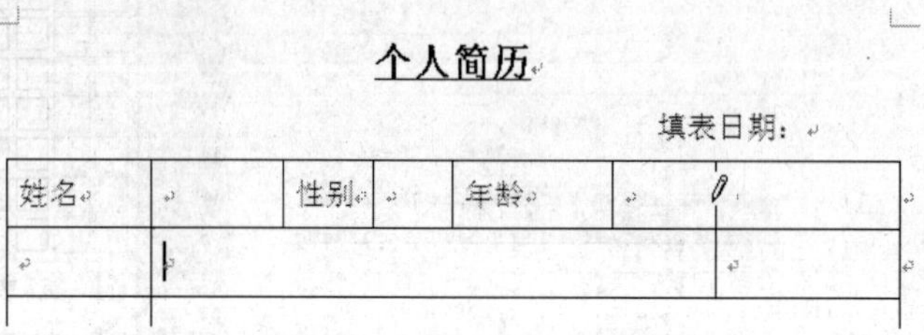

图 2-6 绘制表格

(4) 拆分单元格。选择要拆分的单元格区域，单击“布局/合并”组中的按钮，在弹出的【拆分单元格】对话框中设置要拆分的行数及列数，单击 确定 按钮完成，如图 2-7 所示。

(5) 合并单元格。选择要合并的单元格区域，单击按钮，如图 2-8 所示。

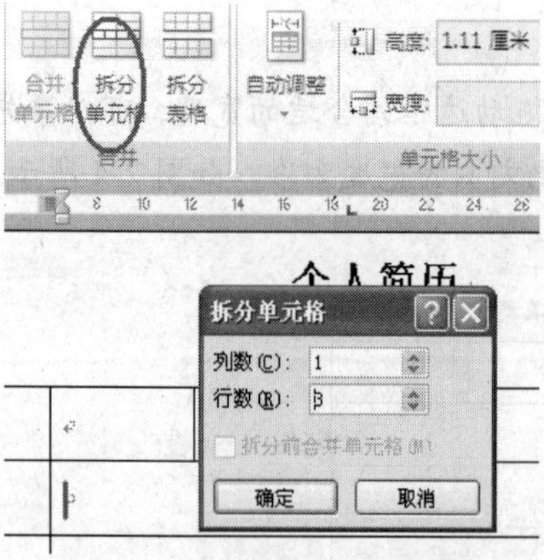

图 2-7 【拆分单元格】对话框

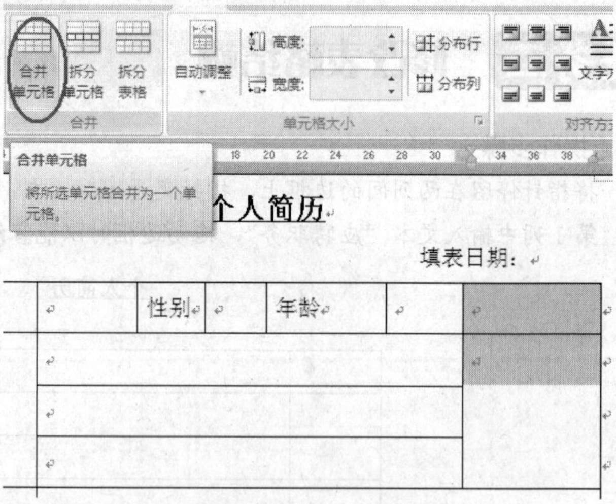

图 2-8 合并单元格

(6) 插入行和列。在需要添加行或列的单元格点击右键，在弹出的快捷菜单中选择“插入”选项，如图 2-9 所示。

(7) 输入表格中各单元格内容。

(8) 参照步骤（1），拖动各边框调整各单元格的宽度，最后生成的“个人简历”初始样张如

图 2-10 所示。

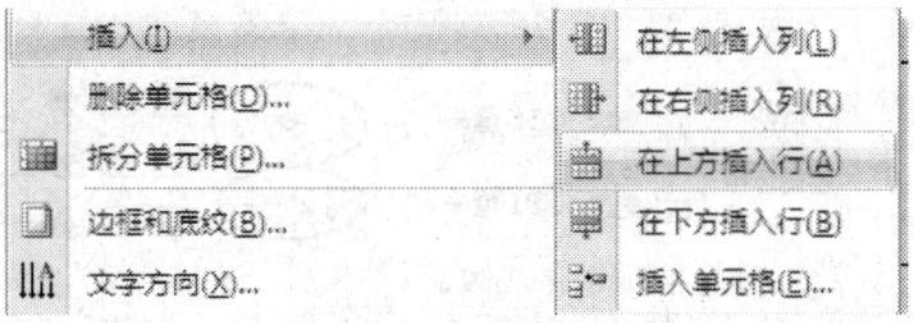

图 2-9　插入行和列

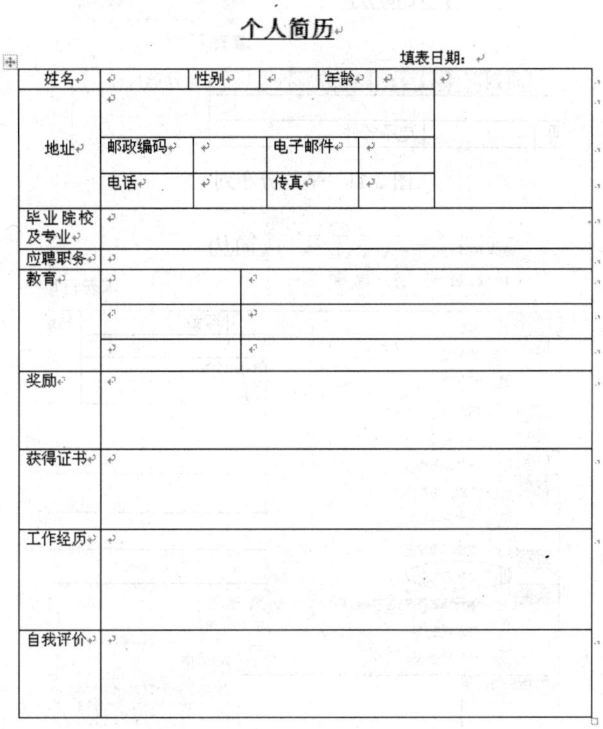
个人简历

填表日期：

姓名
性别
年龄
地址
邮政编码
电子邮件
电话
传真
毕业院校及专业
应聘职务
教育
奖励
获得证书
工作经历
自我评价

图 2-10　“个人简历”初始样张

任务三　设置表格属性

【操作步骤】

(1) 设置第 1 行的第 3 至第 6 列这 4 个单元格为相同的宽度，这里应用“平均分布各列”。方法是：选择这 4 个单元格，单击“布局/单元格大小”组中的分布列按钮，就可以在选定的宽度内平均分配各列的宽度，如图 2-11 所示。同理，用分布行按钮平均分布各行。

(2) 单击表格左上角的标记，选定整个表格。设置字体为宋体、字号为小四。

(3) 移动指针到表格第 1 列的顶端，指针变为⬇时，单击选定整列。右击，选择快捷菜单中的“单元格对齐方式”为第 2 行第 2 列“水平居中—文字在单元格内水平和垂直都居中”，如图 2-12 所示。

(4) 单击“教育”所在的单元格，右击，选择快捷菜单中的“文字方向”，如图 2-12 所示，这时系统弹出【文字方向-表格单元格】对话框。在【文字方向－表格单元格】对话框中，设置单元格文字方向，如图 2-13 所示。

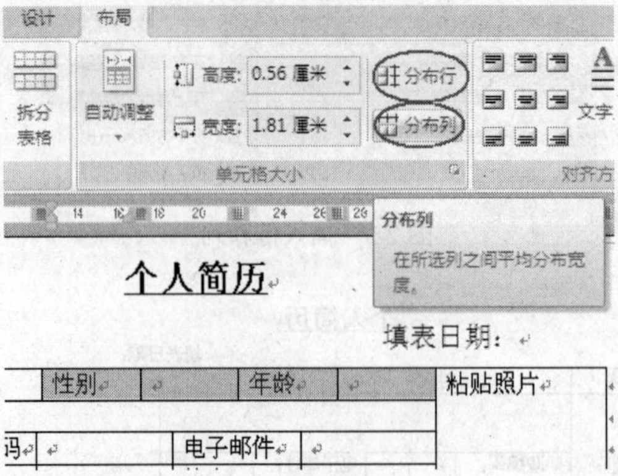

图 2-11　平均分布列

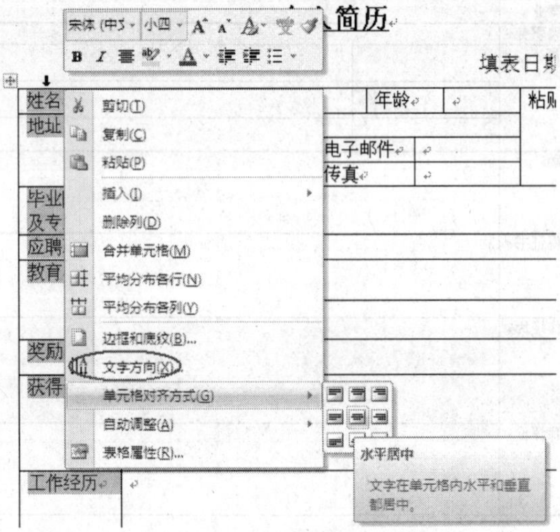

图 2-12　设置单元格对齐方式

(5)　参照步骤（4），依次设置“奖励”、“获得证书”、“工作经历”和“自我评价”。

(6)　单击表格左上角的标记⊞，选定整个表格。在“设计/表样式”组中设置边框；在“设计/绘图边框”组中设置笔样式和边框，设置表格外侧框线为“═══”，如图 2-14 所示。

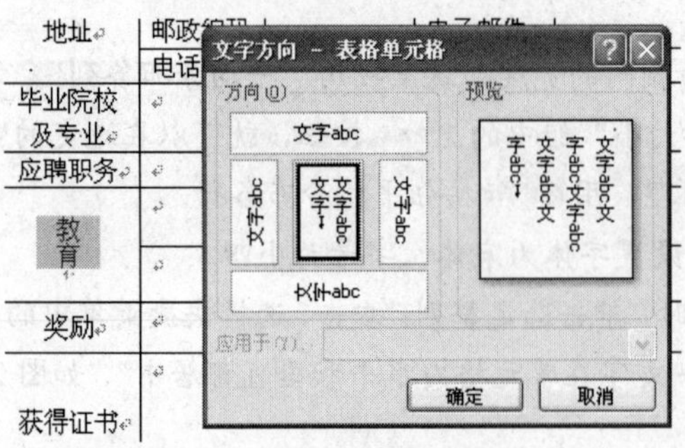

图 2-13【文字方向-表格单元格】对话框

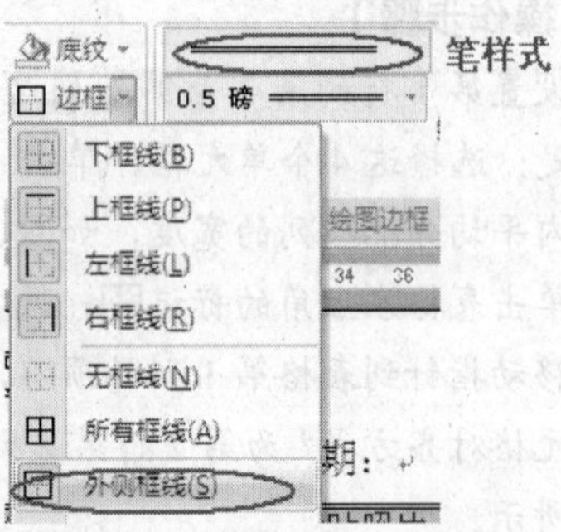

图 2-14　设置表格外侧框线

(7)　录入内容。最后完成的“个人简历”样文如图 2-15 所示。

个人简历

填表日期：2012-10-12

姓名	000	性别	男	年龄	**	
地址	唐山市丰润区					
	邮政编码	266071	电子邮件	000		
	电话	000	传真	000		
毕业院校及专业	鲁东商贸学校 食品安全					
应聘职务	区域经理					
教育	1996.9-1999.7	唐山一中				
	1999.9-2002.7	山东商业职业技术学院				
	2002.9-2004.7	鲁东商贸学校				
奖励	福瑞达助学金 济南啤酒集团优秀实习生 优秀团员					
获得证书	大学英语六级证书 全国计算机等级考试二级证书 食品检验检疫证书					
工作经历	2008.1——2009.1 蒙牛乳业（唐山）有限责任公司质检员 2007. 6—2008.1 济南啤酒集团 2007年寒假 山东省供销社宾馆兼职 2006.10—2007.2 校外餐馆兼职 2006年十一假期 济南鑫圆大亨经贸公司促销员 2006.9—2006.10 济南联通公司校园代理					
自我评价	本人性格开朗，爱好广泛，能吃苦耐劳。经过大学期间的学习，充分掌握了生物和食品技术的理论及技能。学习之余，有过多次的社会实践，在校内担任学生会勤工助学部的管理工作，在校外经常参加社会实践活动，具有较强的人际交往。					

图 2-15 “个人简历”最后样文

项目升级 制作课程表

本节来制作如图 2-16 所示的课程表。

时间 \ 星期		星期一		星期二		星期三		星期四		星期五	
		科目	**教师**	**科目**	**教师**	**科目**	**教师**	**科目**	**教师**	**科目**	**教师**
上午	**第一节**	数学	范伟	语文	张红	生物	张建	数学	范伟	语文	张红
	第二节	语文	张红	生物	张建	体育	毛强	语文	张红	生物	张建
	第三节	生物			毛强	化学	任青梅	生物	张建	体育	毛强
	第四节	体育			任青梅	生物	张建	体育	毛强	化学	任青梅
下午	**第五节**	化学	任青梅	数学			毛强	化学	任青梅		
	第六节	物理	马舒	语文			任青梅	物理	马舒		

图 2-16 课程表完成效果图

【操作步骤】

(1) 启动 Word 2007，新建一个空白文档。单击按钮，将其保存为“2-3(课程表).docx”。

(2) 在“页面布局/页面设置”组中，设置“纸张方向”为横向，“纸张大小”为 Letter 21.59 厘米 x 27.94 厘米。

(3) 输入标题“智慧高中高一二班课程表”，在“开始/字体”组中设置字体为仿宋、字号为二号，在“开始/段落”组中设置对齐方式为居中；输入副标题“2012.8.15”，并设置字体为“Calibri (西文正文)”、字号为五号，对齐方式为右对齐。

(4) 单击“插入/表格”组中的按钮，在弹出的列表中选择“插入表格”，如图 2-17 所示。这时系统弹出【插入表格】对话框，在对话框中将【列数】设置为“12”，【行数】设置为“8”，如图 2-18 所示，单击 确定 按钮完成表格的插入工作。

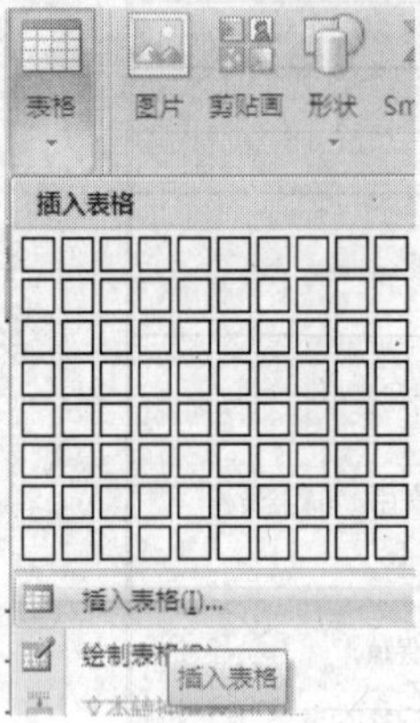

图 2-17 插入表格

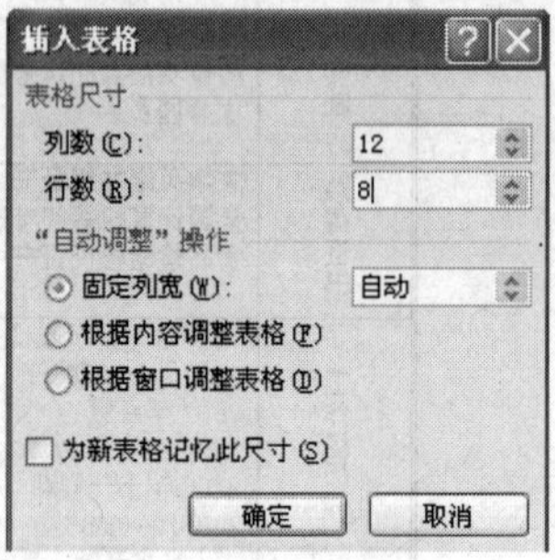

图 2-18 设置表格尺寸

(5) 选中表格中的第 1 行前 2 个和第 2 行前 2 个单元格，右击，选择“合并单元格”，如图 2-19 所示。

(6) 将光标放到刚才合并完成的单元格中，单击“布局/表”组中的按钮，在弹出的【插入斜线表头】对话框中，在【行标题】中输入“星期”，【列标题】中输入“时间”，如图 2-20 所示。单击 确定 按钮完成斜线表头的设置。

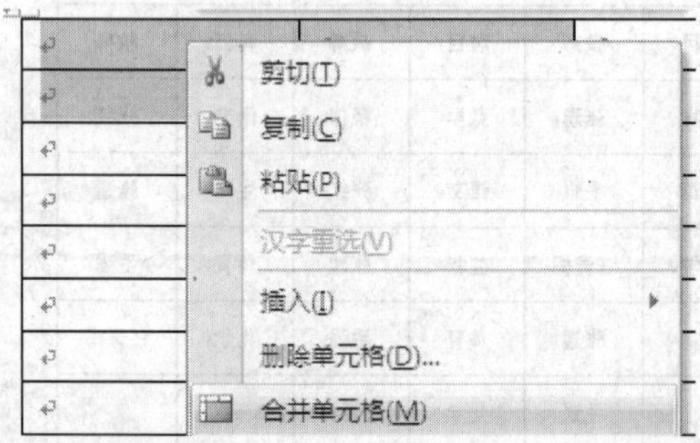

图 2-19 合并单元格

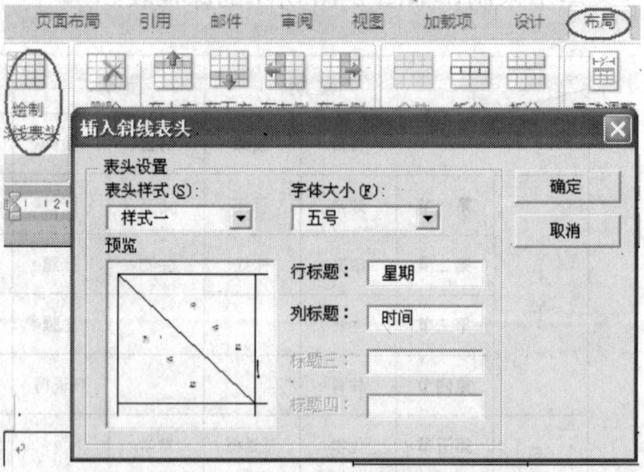

图 2-20 【插入斜线表头】对话框

(7) 选中斜线表头下面的 4 个单元格，然后右击，选择“合并单元格”，在合并的单元格下方接着选择下面 2 个，然后再次合并单元格。

(8) 合并表头右边的单元格，如图 2-21 所示。

(9) 在表格中录入文字信息，如图 2-22 所示。

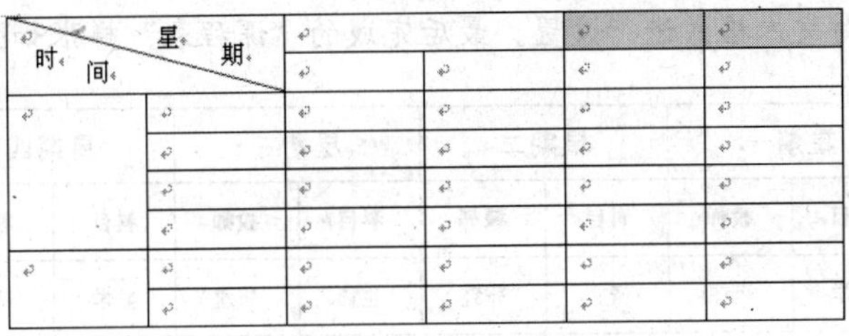

图 2-21　合并单元格

星期 时间		星期一		星期二		星期三		星期四		星期五	
		科目	教师	科目	教师	科目	教师	科目	教师	科目	教师
上午	第一节										
	第二节										
	第三节										
	第四节										
下午	第五节										
	第六节										

图 2-22　录入文字信息

(10) 选中“上午”和“下午”，右击，设置单元格文字方向，如图 2-23 所示。

(11) 单击表格左上角的标记⊞，选定整个表格，在“布局/单元格大小”组中的高度框中输入“1.25 厘米”，设置表格行高为 1.25 厘米，如图 2-24 所示。

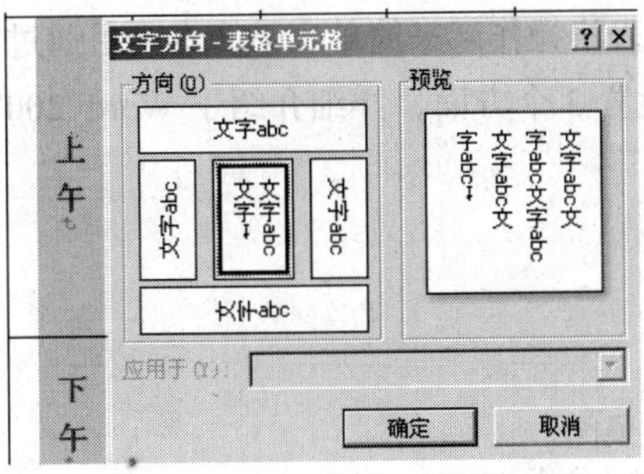

图 2-23　设置单元格文字方向

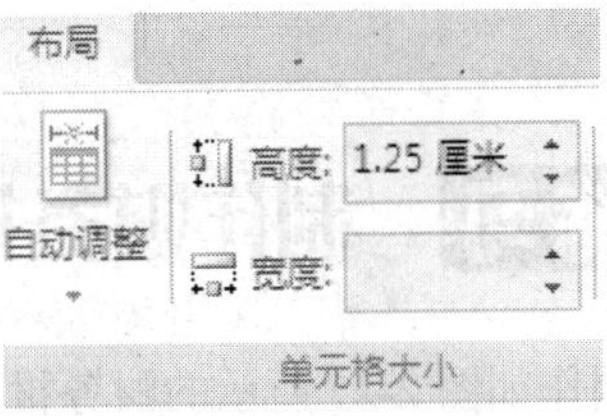

图 2-24　设置表格行高

(12) 选定整个表格，右击，选择快捷菜单中的“单元格对齐方式”为第 2 行第 2 列“水平居中”，如图 2-25 所示。

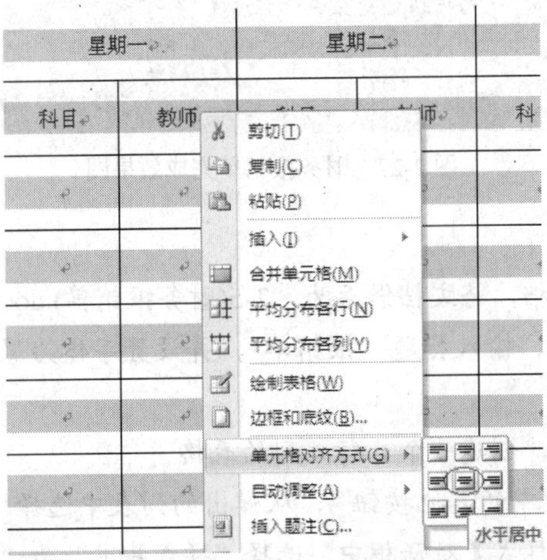

图 2-25　设置水平居中

(13) 录入内容，适当对文本格式进行设置。最后完成的“课程表”样张如图 2-26 所示。

时间 星期		星期一		星期二		星期三		星期四		星期五	
		科目	教师	科目	教师	科目	教师	科目	教师	科目	教师
上午	第一节	数学	范伟	语文	张红	生物	张建	数学	范伟	语文	张红
	第二节	语文	张红	生物	张建	体育	毛强	语文	张红	生物	张建
	第三节	生物			毛强	化学	任青梅	生物	张建	体育	毛强
	第四节	体育			任青梅	生物	张建	体育	毛强	化学	任青梅
下午	第五节	化学	任青梅	数学			毛强	化学	任青梅		
	第六节	物理	马舒	语文			任青梅	物理	马舒		

图 2-26 “课程表”样张

项目小结

在实际生活中经常用 Word 制作表格，Word 表格操作起来简单容易。本项目通过实例制作，从表格的创建、表格结构的修改和表格属性的设置 3 个方面，详细介绍了 Word 2007 中表格的应用。

课后练习 制作财务报销单

本节制作如图 2-27 所示的财务报销单完成效果图。

报销单

日期	2004-7-23	部门	后勤
报销金额	1688.00	请款人	安风
用途说明	购买欧克斯空调一台		
会计	海北	出纳	天南
部门经理	流水	领款人	高山
附件 1 张			

图 2-27 财务报销单完成效果图

【操作步骤】

(1) 在 Word 2007 中新建文档，将文档保存为“2-5(财务报销单).docx”。

(2) 将光标置于文档第一行，输入标题“报销单”，并设置字体为黑体、小四、红色，对齐方式为居中。

(3) 将光标置于文档第二行，创建一个 6 行 4 列的表格。

(4) 单击“设计/表样式”组中的其他按钮，从弹出的列表中选择“新建表格样式”，在弹出的【根据格式设置创建新样式】对话框中，选择“样式基准”为“竖列型 4”，为表格新建“样式 1”，如图 2-28 所示，单击 确定 按钮。

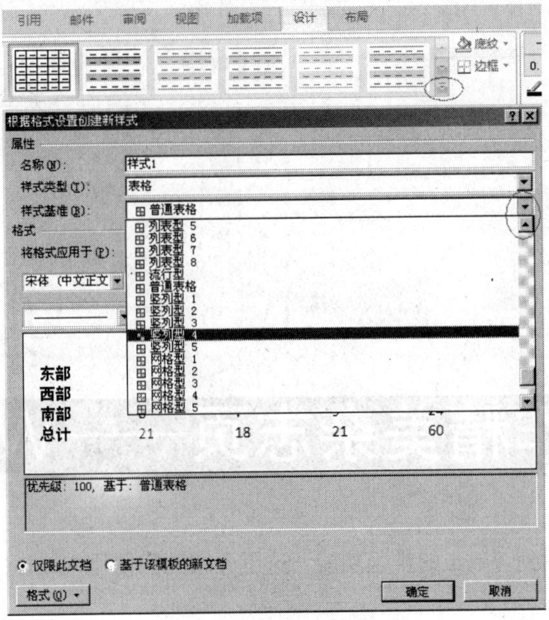

图 2-28　创建表格样式

(5) 选择表格，单击“设计/表样式”组中的其他按钮，从弹出的列表中选择最上方的“样式 1”，使用新建表格“样式 1”，这时出现不显示表格边线的状况。此时录入样文文本内容。

(6) 合并或拆分单元格。将“用途说明”后方的 3 个单元格合并为一个单元格。最后一行合并并居中。

(7) 设置表格格式。将“购买欧克斯空调一台”所在的单元格的对齐方式设置为两端对齐，其余各单元格的对齐方式设置为居中；将单元格中的字体设置为楷体、小四；将前 2 行的底纹设置为绿色，将剩余行的底纹设置为浅绿。

(8) 设置表格边框。将表格的外边框线设置为深蓝色的三实线，将内边框线设置为粉红色的点划线。

项目三

制作精美杂志页——Word 排版

【项目背景】

工作中经常会用到 Word 的排版功能，这里介绍如何使用 Word 的排版功能制作精美的杂志页。

【项目分析】

Word 图文混排是 Word 的特色功能之一，也是排版部分的一个综合内容。如今很多单位都有自己的内部电子杂志，用来传达各种文件精神，或是刊登相关知识对员工进行培训，亦或是刊登员工的各种佳作随笔等。整体版面的布局使用 Word 制作电子杂志，千万不能想到哪里做到哪里，这样电子杂志的效果肯定好不到哪里去，而且还需要反复调整。初次制作电子杂志时，可参阅订阅的各种杂志，学习专业的版面布局方法，这样才能策划出优秀的版面布局。一般情况下，版面布局要根据电子杂志已有的文本图片素材来决定，版面中的各个版面不要一味地使用矩形布局，而是要根据电子杂志的主题内容，多一些变化，多一些灵动，在适当的位置插入大小合适、与主题有关的装饰画，以此来美化版面，烘托主题，提高读者阅读的兴趣。

【解决方案】

本项目可以通过以下几个任务来完成。

- 任务一　创建文件
- 任务二　文字排版
- 任务三　段落排版
- 任务四　美化版面

任务一　创建文件

【操作步骤】

(1) 启动 Word 2007，自动建立一个空文档，将其保存为“3-1(电子杂志)(1 版).docx”。

(2) 设置杂志页面大小。在“页面布局/页面设置”组中设置“纸张大小”为 16 开(18.4 x 26 厘米) 18.4 厘米 x 26 厘米。

(3) 单击“页面布局/页面设置”组中的按钮，在弹出的列表中选择“自定义边距”，在弹出的【页面设置】对话框中选择“版式”选项卡，设置页眉、页脚距边界 1 厘米，如图 3-1 所示。

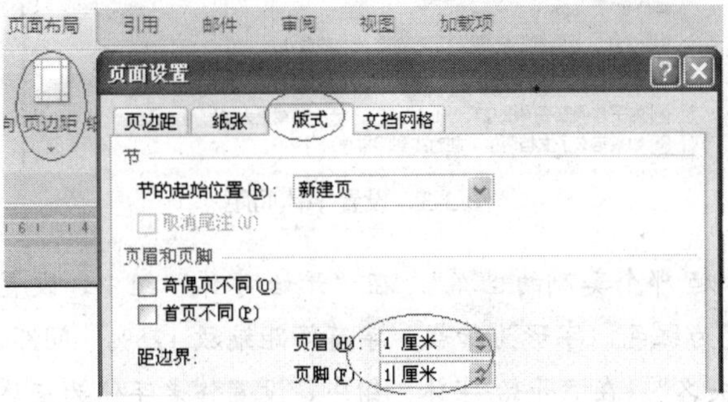

图 3-1 【页面设置】对话框

(4) 插入“项目 3 素材\卷首语.docx”中的文本。

① 打开“卷首语.docx”文件，在“卷首语”Word 文档中，按下 Ctrl+A 组合键选中文档中所有文本，按下 Ctrl+C 组合键复制。

② 切换到“3-1(电子杂志).docx”文档，按下 Ctrl+V 组合键将“卷首语.docx”文档中所有文字复制到“3-1(电子杂志).docx”文档中。

任务二　文字排版

【操作步骤】

(1) 输入并修饰“卷首语”。

① 将光标移动到文章标题的首部，按回车键，在文章标题前插入一行空行。在第 1 个空行处，输入“卷首语”3 个字。

② 选中“卷首语”3 个字，在“开始/字体”组中，设置字体为宋体，字号为小初，字形为加粗，字体颜色为深蓝色，如图 3-2 所示。

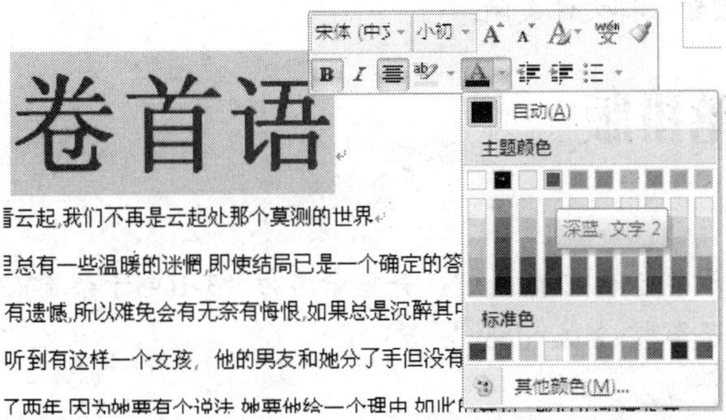

图 3-2　设置字体格式

③ 选中“卷首语”3 个字，右击，在弹出的快捷菜单中选择“字体”，在弹出的【字体】对话框中，单击“字符间距(R)”选项卡，设置缩放 80%，间距加宽 10 磅，如图 3-3 所示。

④ 单击 确定 按钮，完成对“卷首语”3 个字的字体设置。

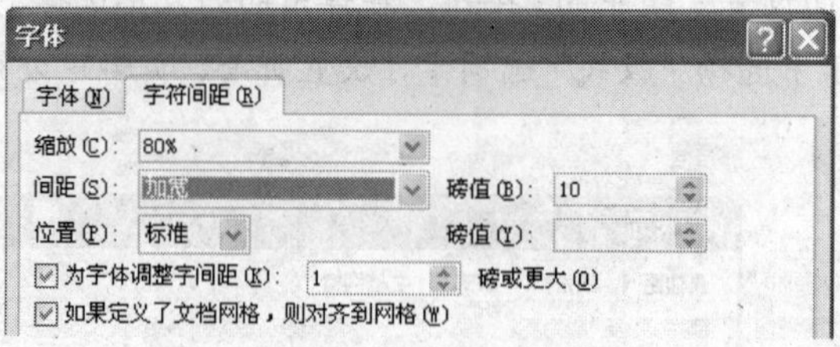

图 3-3　设置字体间距

(2) 修饰标题“坐看云起,那个莫测的世界”。在“开始/字体”组中，设置标题字体为楷体，字号为二号，字体颜色为红色，字形为加粗；字符间距缩放 125%，间距加宽 4 磅。

(3) 修饰作者“作者 失名”。在“开始/字体”组中，设置作者字体为宋体，字号为小四；字符间距加宽 2 磅。

(4) 修饰正文。设置正文字体为楷体，字号为五号。

(5) 首字下沉。为了美观，将正文的第一个文字设置下沉。将插入点移动到正文第一段中，在“插入/文本”组中单击按钮，在弹出的列表中选择“首字下沉选项”，如图 3-4 所示。这时系统弹出【首字下沉】对话框，在对话框中设置“下沉行数”为 3，如图 3-5 所示。

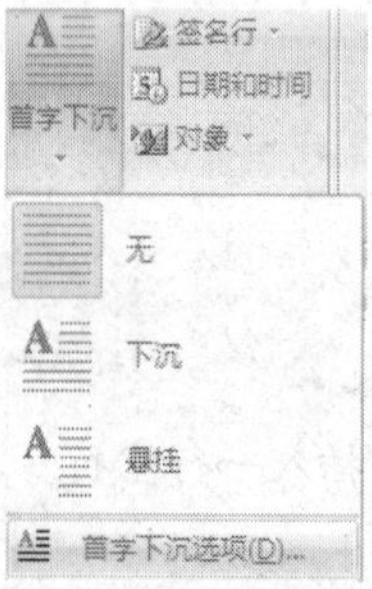

图 3-4　首字下沉（一）

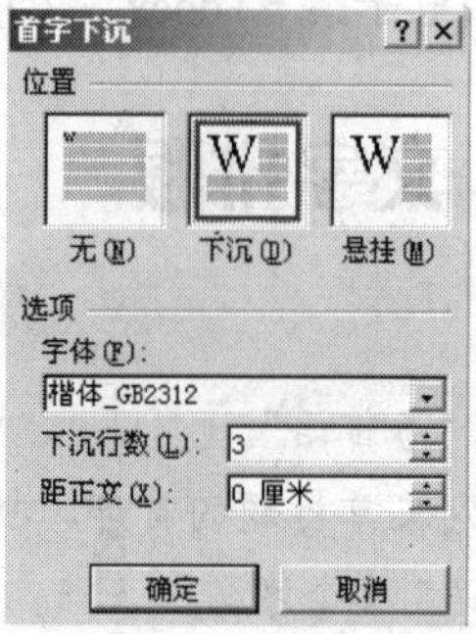

图 3-5　首字下沉（二）

(6) 单击左上角的按钮，将文件保存。

(7) 单击右上角的按钮，将文件关闭。

任务三　段落排版

【操作步骤】

(1) 复制文件“3-1(电子杂志)(1 版).docx”，并重命名为“3-1(电子杂志)(2 版).docx”。

(2) 打开文件“3-1(电子杂志)(2 版).docx”。

(3) 修饰卷首语。

① 选中“卷首语”所在段落。右击，在弹出的快捷菜单中选择“段落”，这时系统弹出【段落】对话框。

② 在【段落】对话框中，单击“缩进和间距”选项卡，设置对齐方式为“居中”，在“间距”选项组中设置段前为 5 行，段后为 0.5 行，如图 3-6 所示。

③ 单击 确定 按钮。

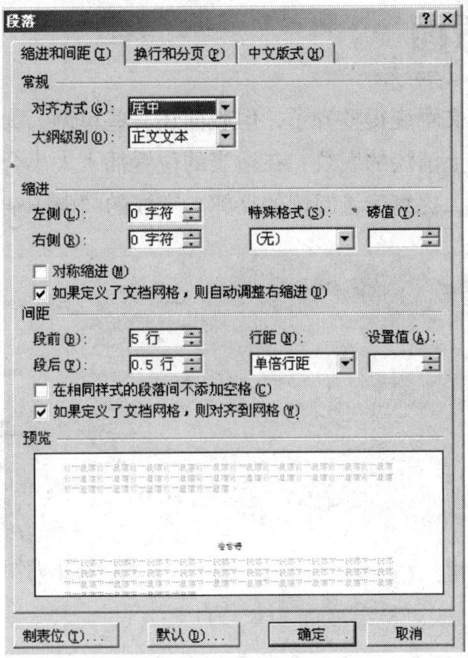

图 3-6　修饰卷首语

(4) 修饰标题和作者。选中标题和作者两段，在【段落】对话框中，将其设置为居中、段前间距 0 行，段后间距 0.5 行。

(5) 修饰正文。设置正文对齐方式为两端对齐，段前间距 0 行，段后间距 0.5 行，行距为固定值 18 磅；设置正文第 2 段和第 3 段的特殊格式为首行缩进 2 字符，如图 3-7 所示。

(6) 在作者名字前加项目符号。选中作者行，右击，在弹出的快捷菜单中选择“项目符号”，选择“●”符号添加在作者名字前，如图 3-8 所示。

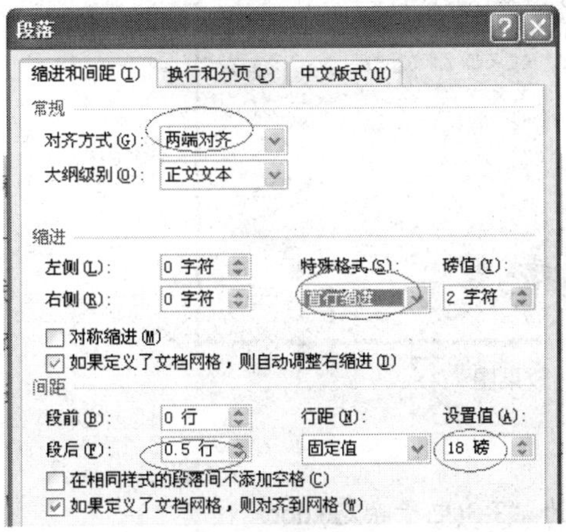

图 3-7　修饰正文

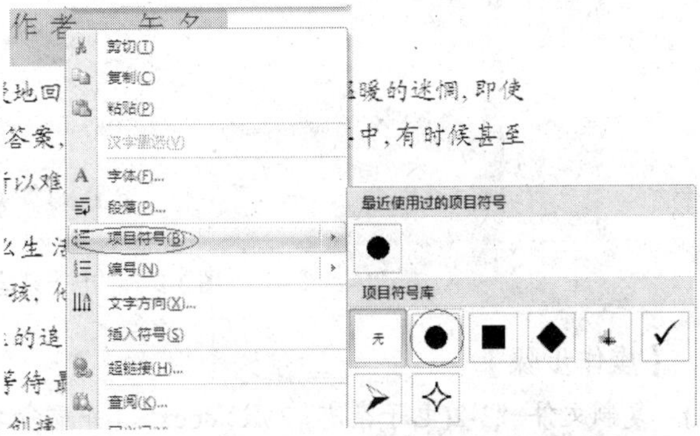

图 3-8　添加项目符号

(7) 单击左上角的![保存]按钮，将文件保存。

(8) 单击右上角的![关闭]按钮，将文件关闭。

任务四 美化版面

经过文字和段落排版，文章变得整齐了，但版面还有些单调。为了让素净的版面漂亮些，可以对文本分栏，正文部分加上清淡的底纹，在适当的位置插入大小合适、与主题有关的装饰画，以此来美化版面，烘托主题，提高读者阅读的兴趣。完成的“电子杂志”效果图如图 3-9 所示。

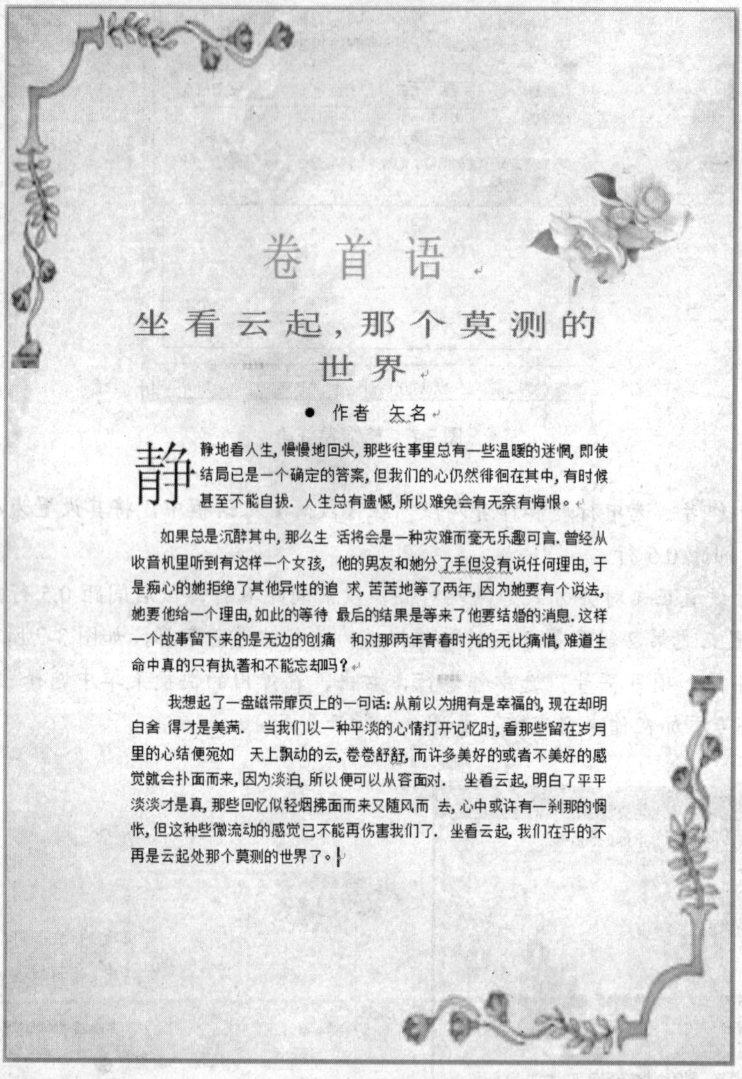

卷首语

坐看云起，那个莫测的世界

● 作者 无名

静地看人生，慢慢地回头，那些往事里总有一些温暖的迷惘，即使结局已是一个确定的答案，但我们的心仍然徘徊在其中，有时候甚至不能自拔。人生总有遗憾，所以难免会有无奈有悔恨。

如果总是沉醉其中，那么生 活将会是一种灾难而毫无乐趣可言。曾经从收音机里听到有这样一个女孩，他的男友和她分了手但没有说任何理由，于是痴心的她拒绝了其他异性的追 求，苦苦地等了两年，因为她要有个说法，她要他给一个理由，如此的等待 最后的结果是等来了他要结婚的消息。这样一个故事留下来的是无边的创痛 和对那两年青春时光的无比痛惜，难道生命中真的只有执著和不能忘却吗？

我想起了一盘磁带扉页上的一句话：从前以为拥有是幸福的，现在却明白舍 得才是美满。 当我们以一种平淡的心情打开记忆时，看那些留在岁月里的心结便宛如 天上飘动的云，卷卷舒舒，而许多美好的或者不美好的感觉就会扑面而来，因为淡泊，所以便可以从容面对。 坐看云起，明白了平平淡淡才是真，那些回忆似轻烟拂面而来又随风而 去，心中或许有一刹那的惆怅，但这种些微流动的感觉已不能再伤害我们了。 坐看云起，我们在乎的不再是云起处那个莫测的世界了。

图 3-9 “电子杂志”效果图

【操作步骤】

(1) 复制文件“3-2(电子杂志)(2 版).docx”，并重命名为“3-3(电子杂志).docx”。

(2) 打开文件“3-3(电子杂志).docx”。

(3) 插入图片文件“项目 3 素材\卷首语背景.jpg”作为文档的背景。方法为：单击“插入/插图”组中的按钮，在弹出的【插入图片】对话框中选择文件“项目 3 素材\卷首语背景.jpg”后，单击 插入(S) 按钮；将鼠标移动到图片的边线上拖动鼠标，使图片放大到覆盖整个页面；再右击图片，从弹出的快捷菜单中选择“文字环绕”为“衬于文字下方”。

(4) 插入图片文件“项目 3 素材\卷首语插图 1.png”。将插入的图片的“文字环绕”设置为“浮于文字上方”；适当改变图片的大小和位置；右击图片，从弹出的快捷菜单中选择“设置图片格式”，在弹出的【设置图片格式】对话框中，设置“三维旋转”为旋转 X 方向 180° 后，单击“关闭”按钮。

(5) 插入图片文件“项目 3 素材\卷首语插图 2.png”两次。将插入的图片的“文字环绕”设置为“浮于文字上方”；分别将 2 张图片移动到左上角和右下角，适当改变图片的大小和位置；右击右下角图片，从弹出的快捷菜单中选择“设置图片格式”，在弹出的【设置图片格式】对话框中，设置“三维旋转”为旋转 X 方向和 Y 方向都是 180° 后，单击 关闭 按钮。

(6) 单击左上角的按钮，将文件保存。

(7) 单击右上角的按钮，将文件关闭。

项目升级 制作宣传海报

本节来制作如图 3-10 所示的“宣传海报”效果图。

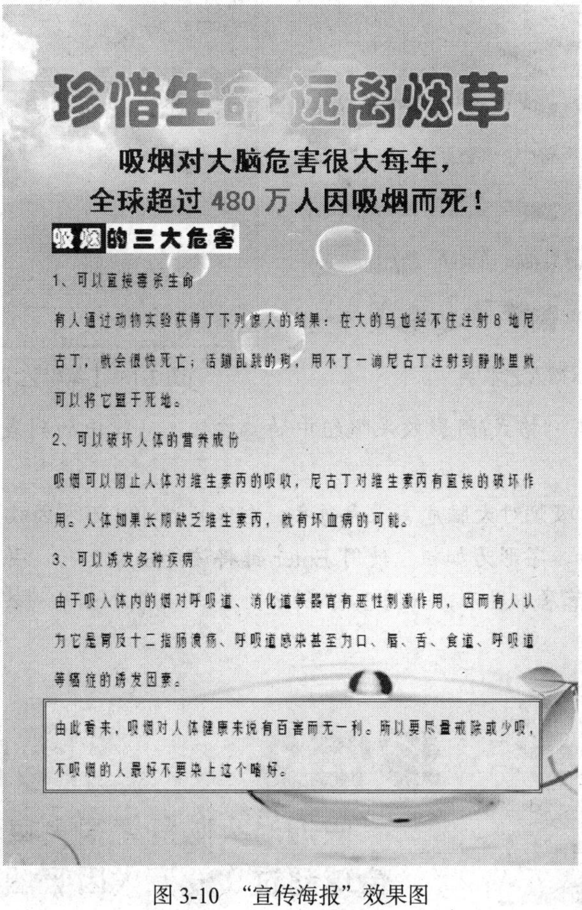

图 3-10 “宣传海报”效果图

【操作步骤】

(1) 启动 Word 2007，新建一个空白文档，并将素材文件“项目 3 素材\海报素材.docx”中的所有文字复制到文件中，单击按钮，保存文档为“3-4(宣传海报).docx”。

(2) 在“页面布局/页面设置”组中设置“纸张大小”为 B5 信封（17.6 厘米*25 厘米），上、下、左、右页边距都为 2 厘米，如图 3-11 所示。

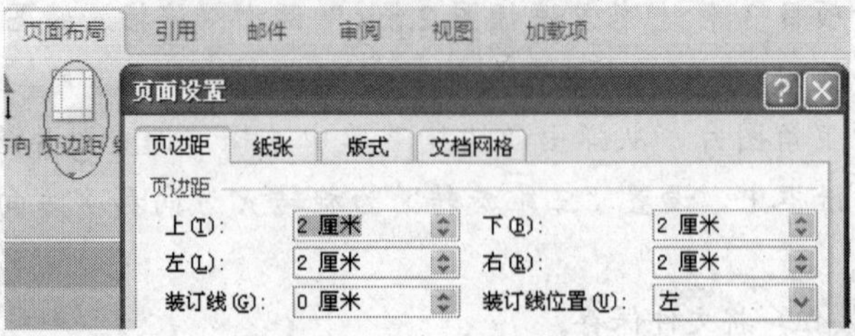

图 3-11 【页面设置】对话框

(3) 选取标题文字“珍惜生命 远离烟草”，单击“插入/文本”组中的按钮，在弹出的列表中选择“艺术字样式 16”，如图 3-12 所示；在弹出的【编辑艺术字文字】对话框中设置艺术字体为华文琥珀，字号为 44，如图 3-13 所示，点击 确定 按钮创建艺术字。

图 3-12 插入艺术字

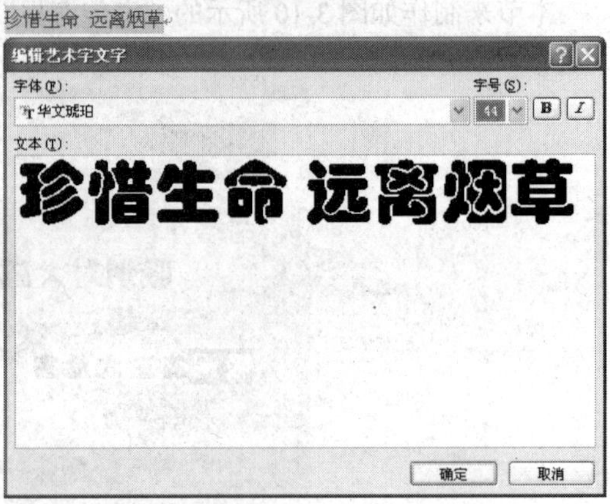

图 3-13 【编辑艺术字文字】对话框

(4) 选取艺术字，单击“格式/阴影效果”组中的按钮，从弹出的列表中选择“无阴影”，如图 3-14 所示。

(5) 选取第一行文字“吸烟对大脑危害很大每年，全球超过 480 万人因吸烟而死！”，设置字体为黑体，字号为二号，字形为加粗。使用 Enter 键将该行分为 2 行，并设置“480 万”字体颜色为“红色”；段落居中显示，如图 3-15 所示。

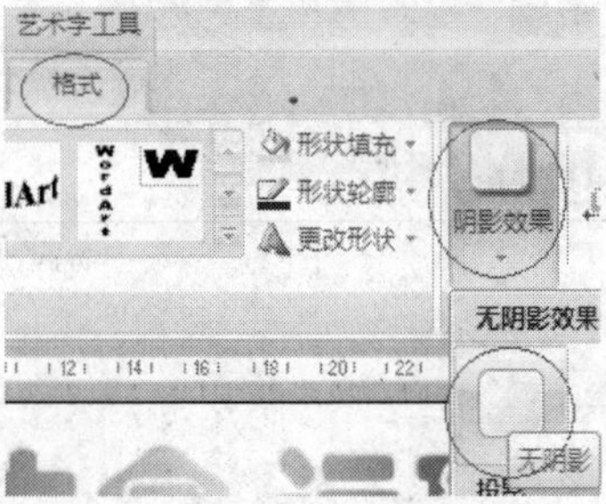

图 3-14 去除艺术字阴影效果

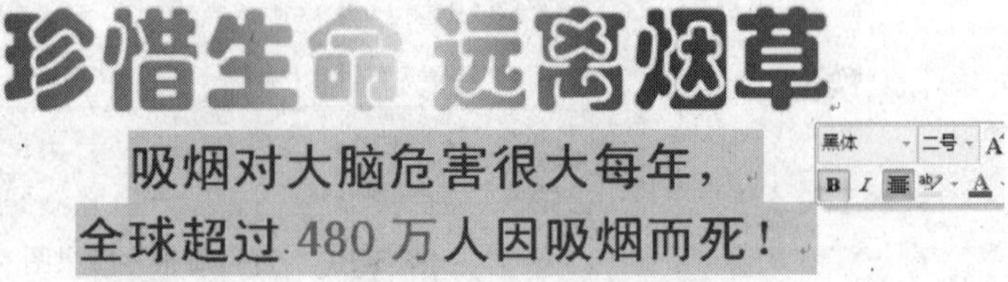

图 3-15 完成效果图

(6) 选取“吸烟的三个危害”一行，在“开始/字体”组中设置字体为华文琥珀，字号为小二；设置文档其余部分字体为方正姚体、字号为小四。

(7) 选取最后一段，单击“页面布局/页面背景”组中的按钮，在弹出的【边框和底纹】对话框中，在“边框”选项卡中，按顺序分别选择样式为双线，颜色为红色，宽度为 1.5 磅，应用于为段落，如图 3-16 所示，单击 确定 按钮。

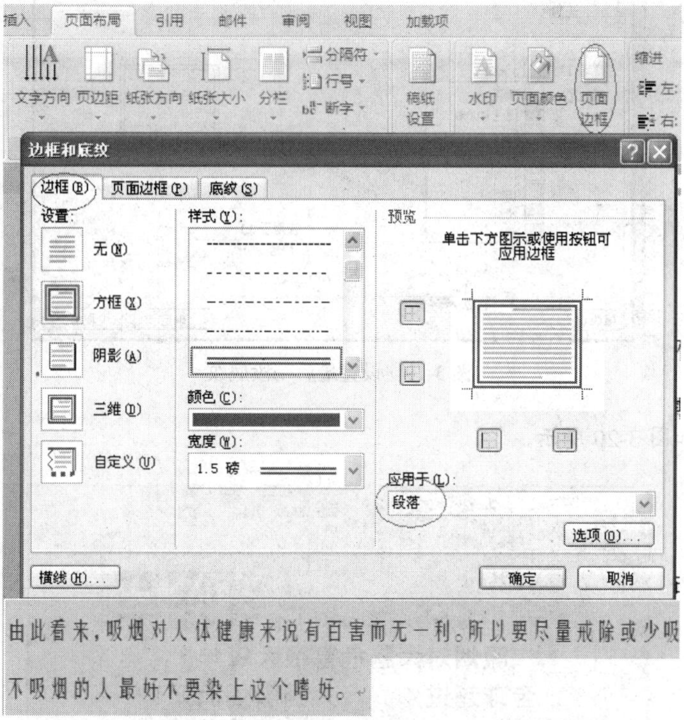

图 3-16 【边框和底纹】对话框

(8) 单击“插入/插图”组中的按钮，在弹出的【插入图片】对话框中，选择图片文件“项目 3 素材\宣传海报背景.jpg”后，单击 插入(S) 按钮；右击图片，选择“文字环绕”为“衬于文字下方”；调整图片大小覆盖整个页面。

(9) 选中文字“吸烟的三大危害”，右击，在弹出的快捷菜单中选择“字体”，在弹出的【字体】对话框中设置字符间距加宽 2 磅，如图 3-17 所示；在“开始/段落”组中，设置“吸烟”文字底纹为黑色、“的三大危害”文字底纹为白色，如图 3-18 所示。

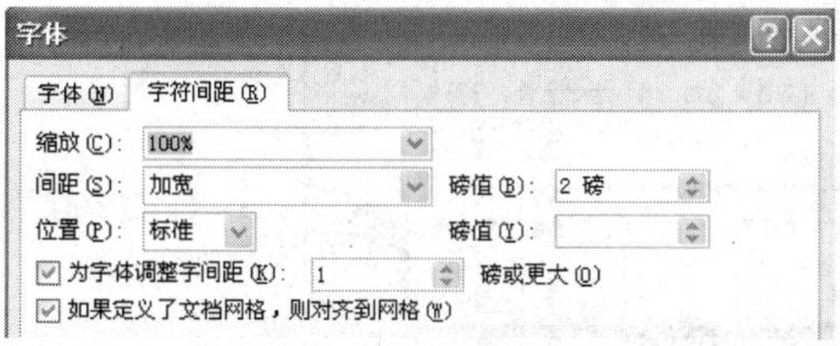

图 3-17　设置字符间距

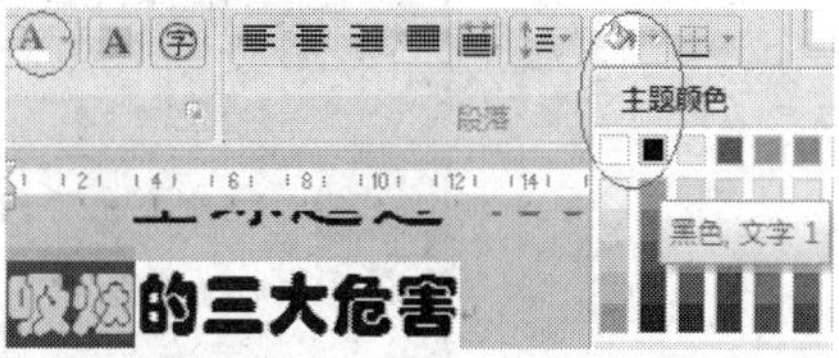

图 3-18　设置文字底纹颜色

(10) 选取最后一段，单击“页面布局/页面背景”组中的按钮，在弹出的【边框和底纹】对话框中，在“底纹”选项卡中，设置段落底纹样式为“10%”，如图 3-19 所示。

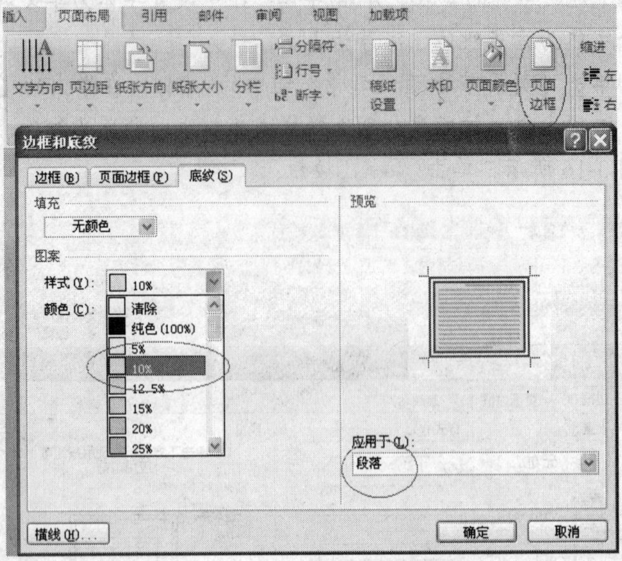

图 3-19　设置最后一段底纹

(11) 完成效果图如图 3-20 所示。

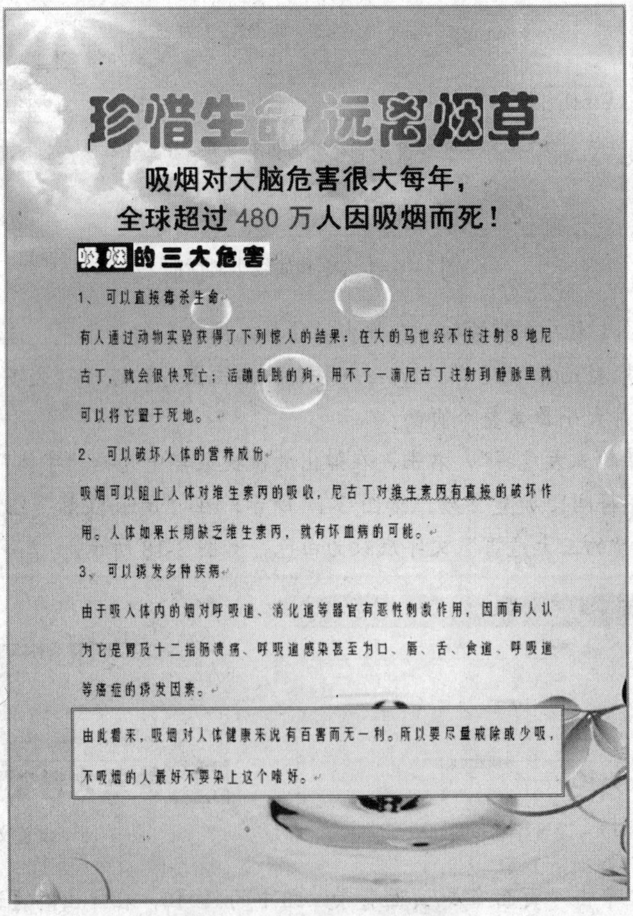

图 3-20　“宣传海报”完成效果图

项目小结

一般情况下，版面布局要根据电子杂志已有的文本图片素材来决定，各个版面不要一味地使用矩形布局，而是要根据电子杂志的主题内容，多一些变化，多一些灵动，在适当的位置插入大小合适、与主题有关的装饰画，以此来美化版面，烘托主题，提高读者阅读的兴趣。文字和段落排版的设置参数不是固定不变的，要根据需要反复尝试，直到排版效果满意为止。经常使用 Word 对文档排版，积累一定的经验后，对文字和段落排版的设置会容易得多。

课后练习　艺术小报设计与制作

本节制作如图 3-21 所示的“毕业离歌”艺术小报完成效果图。

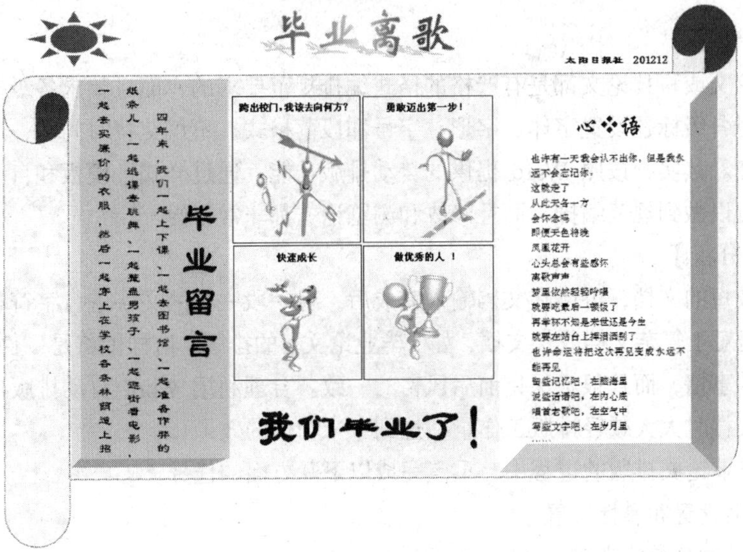

图 3-21　“毕业离歌”艺术小报完成效果图

【操作步骤】

(1)　启动 Word 2007，新建一个“空白文档”，保存为“3-5(毕业离歌).docx”。

(2)　页面设置：A4，横向，上、下边距为 1 厘米，左、右边距为 1.5 厘米。

(3)　整张版面主要用文本框进行排版，艺术字体和图片可自己设计选择。

- 版面设计：绘制一个文本框，调整大小使其接近覆盖整个页面。单击“格式/文本框样式”组中的 更改形状 按钮，选择形状 作为整个页面版面形状，分别设置 形状填充 和 形状轮廓，可使用带图案的线条并调整至合适大小。
- 报头设计：插入形状，设置填充颜色为红色，插入“毕业离歌”艺术字。绘制文本框，在文本框中输入“太阳日报社 201212”，设置文本框为透明色并移动文本框至报头右侧。
- 内容设计：根据版面分别使用横、竖两种文本框进行排版，注意文本框形状设计和阴影的使用。在中间文本框中插入素材中的“艺术小报插图.jpg”，并设计艺术字“我们毕业了！”。

项目四

编排毕业论文——长文档的处理

【项目背景】

毕业论文或科技论文都是有严格的格式编排规范要求的，而且要求各级标题统一。如果分别对各级标题设置字体、字形、字号和段落格式，不仅花费时间多，还很难保持一致的风格。其实，按照 Word 提供的自动排版功能，通过样式、模板和自动生成目录等操作就可以做到规范编排，而且修改和浏览论文都非常方便。

【项目分析】

对于较短的文档，可以在文档输入完成后，对一段一段的文字进行字符和段落格式的设置；但对于复杂文档或长文档，如“毕业论文”的排版，这样做将是一件十分烦琐、费时费力的事情，而且很难保持前后风格的一致。合理利用 Word 自动排版功能就能在处理这类文档时大大减轻排版工作量，达到事半功倍的效果。

在对毕业论文排版的过程中，重点完成以下几方面的任务。

- 页面设置和属性设置。
- 样式和目录的设置。
- 页眉和页脚设置。
- 脚注和尾注添加。
- 制作毕业论文模板。

【解决方案】

本项目可以通过以下几个任务来完成。

- 任务一　设置封面
- 任务二　设置论文摘要
- 任务三　设置页眉和页脚
- 任务四　设置样式和格式
- 任务五　使用样式
- 任务六　生成目录

任务一　设置封面

【操作步骤】

(1) 启动 Word 2007，自动建立一个空文档，将其保存为“4-1(毕业论文)(1 版).docx”。

(2) 单击“页面布局/页面设置”组中的按钮，在弹出的列表中选择“自定义边距”，这时系统弹出【页面设置】对话框。在该对话框中，分别在“页边距”和“版式”选项卡中，设置如图 4-1 和图 4-2 所示的参数。

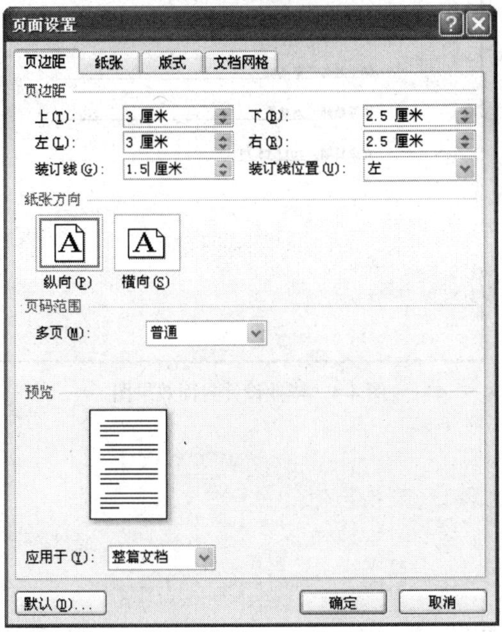

图 4-1　设置页边距

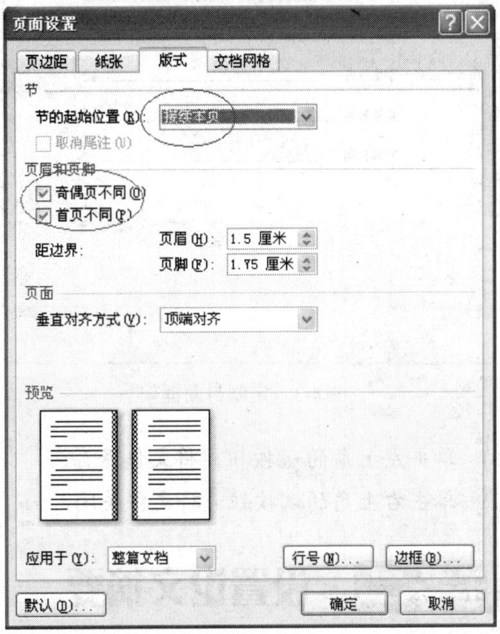

图 4-2　设置版式

(3) 按照论文格式要求，输入封面固定内容，设置对应格式，如图 4-3 所示。

① 设置第 1 行。在“开始/字体”组中设置字体为方正舒体、字号为 36、加粗，在“段落”组中设置对齐方式为居中。

② 设置第 2 行。在“开始/字体”组中设置字体为宋体、字号为 40、加粗、字符间距为“加宽”12 磅，在“段落”组中设置对齐方式为居中。

③ 设置第 3 行。在“开始/字体”组中设置字体为宋体、字号为 22、加粗，在“段落”组中设置对齐方式为居中。

④ 设置第 4 行左边文字。在“开始/字体”组中设置字体为宋体、字号为小三、加粗，在“段落”组中设置对齐方式为左对齐；第 4 行输入文字后，输入空格至行尾，选中第 3 个空格至行尾，在“开始/字体”组中设置为下划线，字体为楷体，字号为小三、加粗；设置整个第 4 行：在“开始/段落”组中设置段前和段后间距都是 1 行。

(4) 在下划线处输入相应内容。完成后的毕业设计封面效果图如图 4-4 所示。

(5) 将光标定位到文档结尾，单击“页面布局/页面设置”组中的分隔符按钮，从弹出的列表中选择“分节符”中的“下一页”，将论文封面设为单独一节。

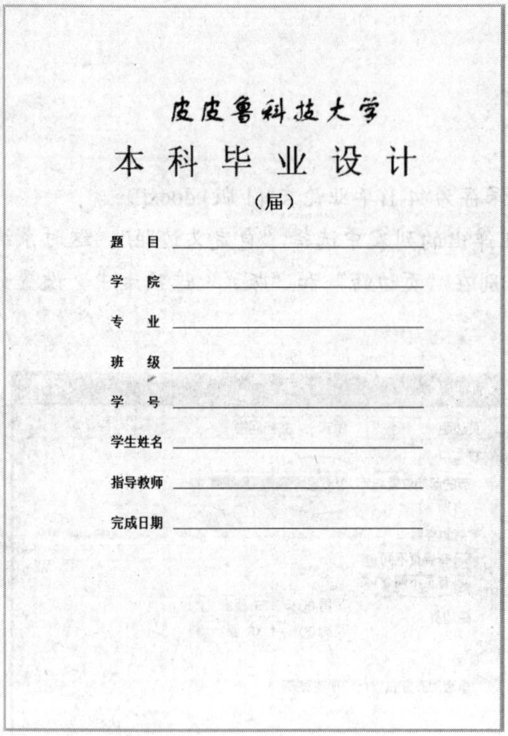

皮皮鲁科技大学

本 科 毕 业 设 计

（届）

题　目

学　院

专　业

班　级

学　号

学生姓名

指导教师

完成日期

图 4-3　定制封面框架

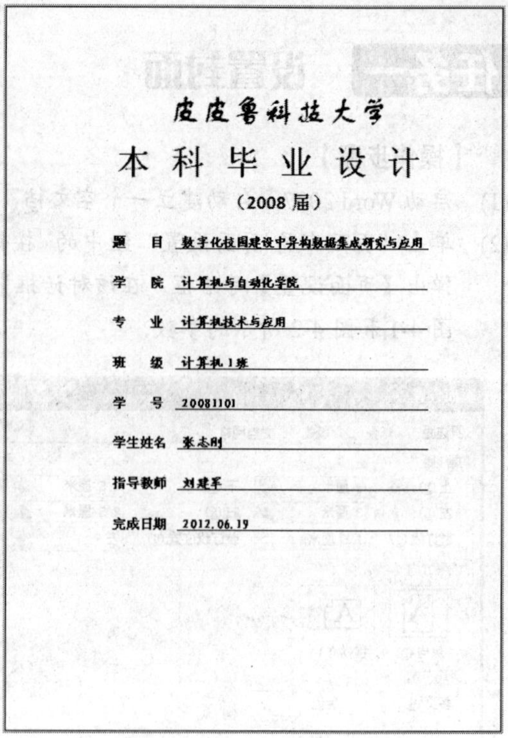

皮皮鲁科技大学

本 科 毕 业 设 计

（2008 届）

题　目　数字化校园建设中异构数据集成研究与应用

学　院　计算机与自动化学院

专　业　计算机技术与应用

班　级　计算机 1 班

学　号　20081101

学生姓名　张志刚

指导教师　刘建军

完成日期　2012.06.19

图 4-4　毕业设计封面效果图

(6)　单击左上角的保存按钮，将文件保存。

(7)　单击右上角的关闭按钮，将文件关闭。

任务二　设置论文摘要

【操作步骤】

(1)　复制文件“4-1(毕业论文)(1 版).docx”，并将文件重命名为“4-2(毕业论文)(2 版).docx”。

(2)　打开文件“4-2(毕业论文)(2 版).docx”。

(3)　将“项目 4 素材\毕业论文摘要素材.docx”中的所有文本复制到文件“4-2(毕业论文)(2 版).docx”的最后位置。

(4)　对复制的文本中的摘要部分设置样式。

①　选中第 1 行和第 2 行的论文标题，在“开始/字体”组中设置字体为黑体、字号为二号、加粗，在“开始/段落”组中设置对齐方式为居中。

②　选中第 3 行“摘要”，在“开始/字体”组中设置字体为黑体、字号为三号、加粗，在“开始/段落”组中设置对齐方式为居中。

③　选中正文文本，在“开始/字体”组中设置字体为宋体、字号为小四，右击，选择快捷菜单中的“段落”，在弹出的【段落】对话框中，在“缩进和间距”选项卡中，设置“特殊格式”为首行缩进 2 字符。

④　选中“关键词”一行，在“开始/字体”组中设置字体为宋体、加粗，在“开始/段落”组中设置对齐方式为顶端对齐。

⑤ 设置英文部分的标题、摘要、正文文本和关键词的格式，分别与中文的相应部分相同，这里不再说明。

(5) 最后完成的摘要部分效果图如图 4-5 所示。

数字化校园建设中
异构数据集成研究与应用

摘要

随着全球信息化脚步的不断加快，人们对信息的需求越来越具有高效性、灵活性、广泛性和综合化的特点。但随着 IT 技术发展的阶段性的特点，网络上存在大量的异构数据库如对数据属性的表示不同、数据库定义模式的不同、支持数据库的 DBMS 的不同等。使人们往往陷入某个"信息孤岛"而不能自拔，原有的信息集成方案已经不能满足现代化的信息需求。

关键词　信息集成，Java，XML，异构数据库

The research and application of heterogeneous data integration in digital campus construction

Abstract

Turn the footstep along with world information continuously and quickly, people the need toward information has more and more efficiently sex, vivid, extensive with characteristics that synthesize to turn. But along with stage characteristics that the IT technique develop, there are large quantities of heterogeneous database in the network., Their isomerism shows in many aspects such as different database type, different data representations, different DBMS for supporting database, which makes people usually sinking into a certain" information isolated island" but can' t from pull out. The old scheme of information integration can no longer match the requirements of modern enterprises.

Keywords　information integration, java, XML,　heterogeneous database

图 4-5　摘要完成效果图

(6) 将光标置于正文末尾，单击"插入/页"组中的按钮，在文档结尾插入分页符。

任务三　设置页眉和页脚

【操作步骤】

(1) 复制文件"4-2(毕业论文)(2 版).docx"，并将文件重命名为"4-3(毕业论文)(3 版).docx"。

(2) 打开文件"4-3(毕业论文)(3 版).docx"。

(3) 将"项目 4 素材\毕业论文素材.docx"中的所有文本复制到文件"4-3(毕业论文)(3 版).docx"的最后。

(4) 单击"插入/页眉和页脚"组中的按钮，在弹出的列表中选择"编辑页眉"，在奇数页页眉区域输入"数字化校园建设中异构数据集成研究与应用"，并在"开始/字体"组中设置字体为黑体、字号为小四，在"开始/段落"组中设置对齐方式为居中，如图 4-6 所示。

(5) 将光标置于奇数页页脚区域，单击"插入/页眉和页脚"组中的按钮，从弹出的列表中选择"设置页码格式"，在弹出的【页码格式】对话框中设置"页码编号"为"起始页码：0"，如图 4-7 所示。单击 确定 按钮。

(6) 将光标置于奇数页页脚区域，单击"插入/页眉和页脚"组中的按钮，从弹出的列表中选择"页面底端"中的第 2 项"普通数字 2"插入页码并居中，如图 4-8 所示。

(7) 在偶数页页眉区域输入"皮皮鲁科技大学毕业论文"，在"开始/字体"组中设置字体为黑体、字号为小四，在"开始/段落"组中设置对齐方式为居中。

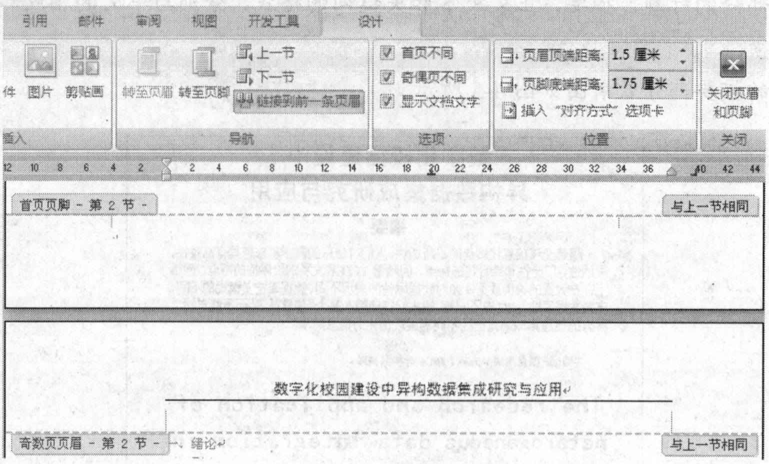

图 4-6　编辑页眉

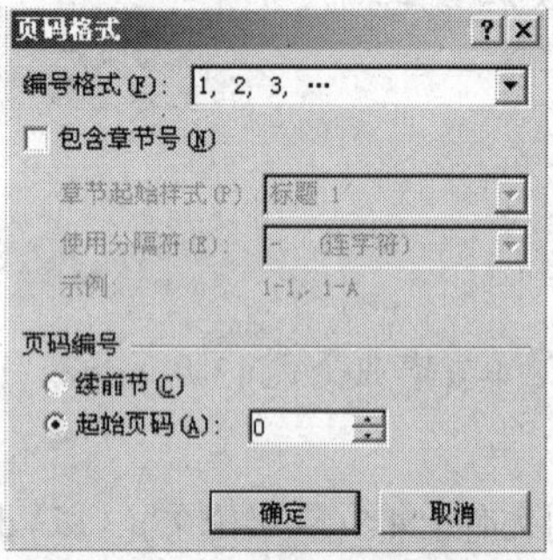

图 4-7 【页码格式】对话框

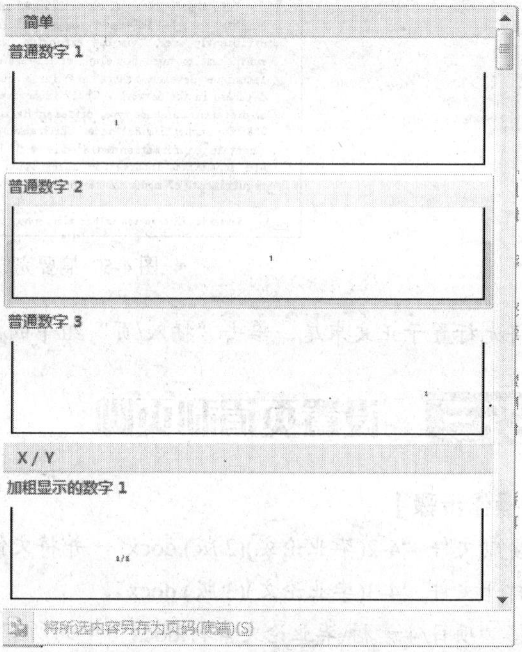

图 4-8　编辑页脚

(8)　将光标置于偶数页页脚区域，单击“插入/页眉和页脚”组中的按钮，从弹出的列表中选择“页面底端”中的第 2 项“普通数字 2”插入页码并居中。

(9)　单击“设计/关闭”组中的按钮，完成页眉和页脚的设置。

任务四　设置样式和格式

【操作步骤】

(1)　复制文件“4-3(毕业论文)(3 版).docx”，并将文件重命名为“4-4(毕业论文)(4 版).docx”。

(2)　打开文件“4-4(毕业论文)(4 版).docx”。

(3) 选择“一、绪论”一行，单击“开始/样式”组中的按钮，在弹出的“样式”窗口中单击新建样式按钮，如图 4-9 所示。在弹出的【根据格式设置创建新样式】对话框中设置样式名称为“一级标题”、格式为“宋体、小二、加粗”、对齐方式为左对齐等，如图 4-10 所示。在图 4-10 中，单击左下角 格式(O) 按钮，从弹出的列表中选择“编号”，在打开的【编号和项目符号】对话框中，设置编号格式为“一、二、三、”，如图 4-11 所示。单击 确定 按钮返回【根据格式设置创建新样式】对话框中，此时“一级标题”样式如图 4-12 所示，单击 确定 按钮完成“一级标题”样式的设置。删除“一、绪论”前面的“一、”。

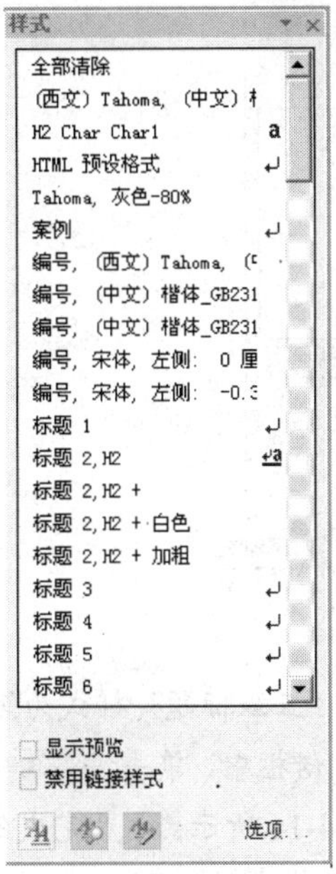

图 4-9　新建样式

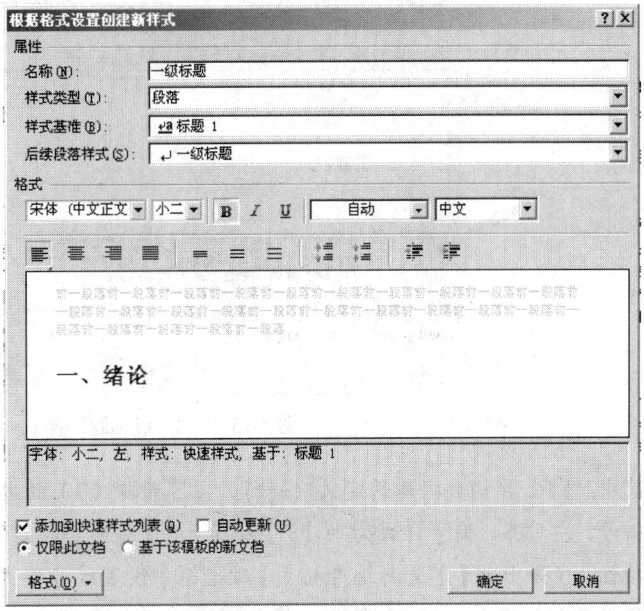

图 4-10　创建新样式

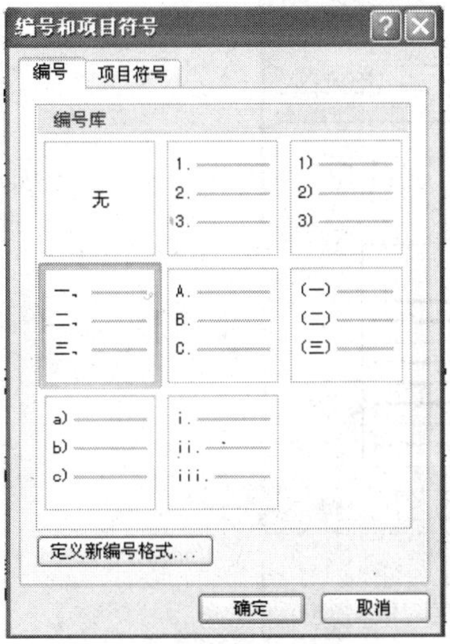

图 4-11　设置编号格式

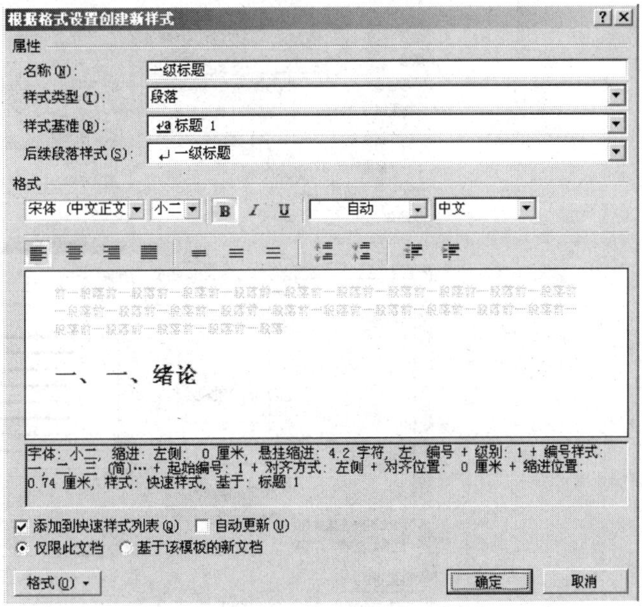

图 4-12　“一级标题”样式

(4) 选择“1. 引言”一行，参照步骤（3）的方法设置“二级标题”样式为黑体、小三、左对齐、编号样式为“1.”。完成后的“二级标题”样式如图4-13所示，单击 确定 按钮完成“二级标题”样式的设置。删除“1. 引言”前面的“1.”。

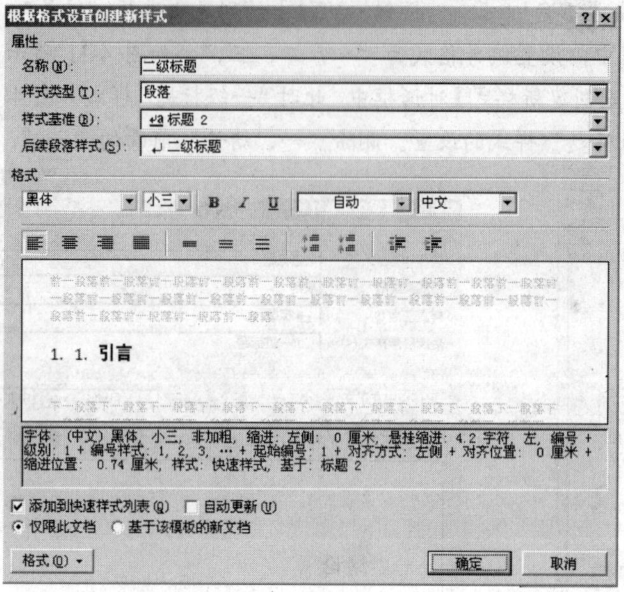

图4-13 “二级标题”样式

(5) 选中“(1)异构数据库的定义”一行，参照步骤（3）的方法设置“三级标题”样式为黑体、四号、左对齐、编号样式为“(1)”。提示：在【编号和项目符号】对话框中，单击 定义新编号格式... 按钮，在弹出的【定义新编号格式】对话框中设置编号格式，如图4-14所示。设置完成的“三级标题”样式如图4-15所示，单击 确定 按钮完成“三级标题”样式的设置。删除“(1)异构数据库的定义”中的“(1)”。

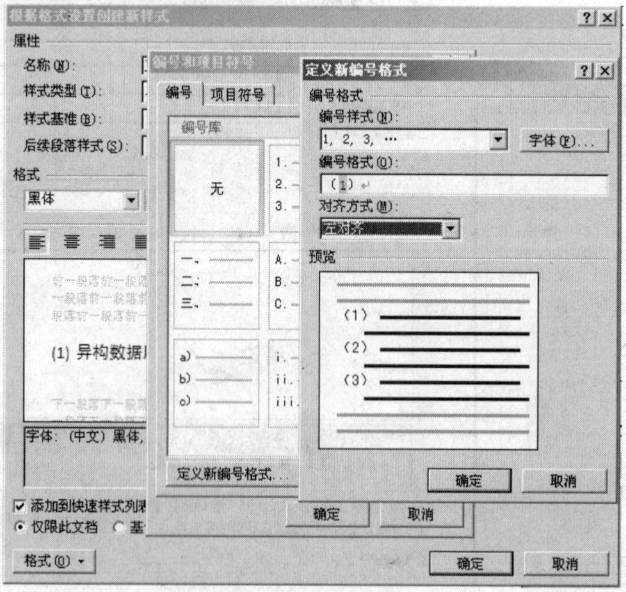

图4-14 定义新编号格式

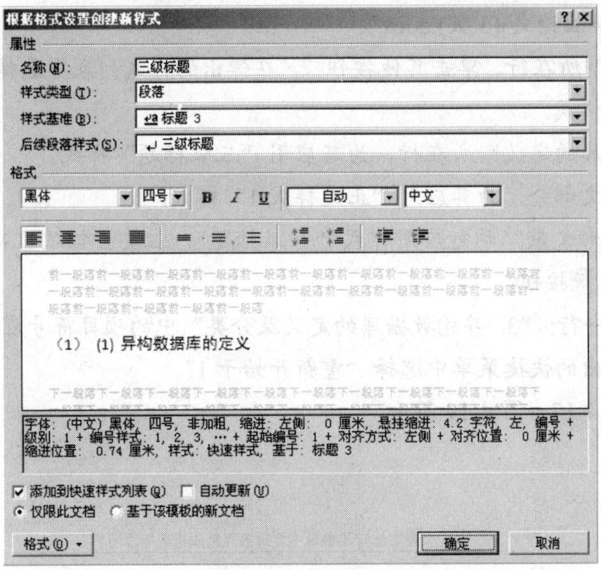

图 4-15　“三级标题”样式

(6)　选择“引言”后面的一段正文，参照步骤（3）的方法设置“正文样式 1”为宋体、小四、两端对齐；单击左下角的 格式(O) 按钮，在弹出的列表中选择“段落”，在弹出的【段落】对话框中设置首行缩进 2 字符、段前和段后各 0.5 行、行距为固定值 22 磅，修改后的“正文”样式如图 4-16 所示，单击 确定 按钮完成“正文样式 1”的设置。

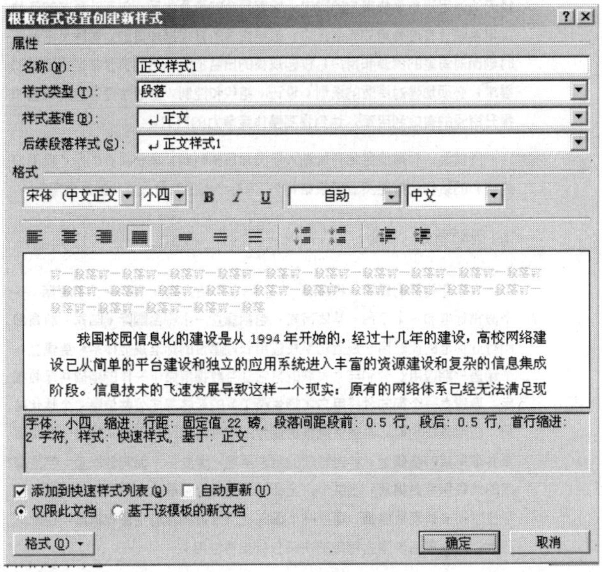

图 4-16　正文样式 1

任务五　使用样式

【操作步骤】

(1)　复制文件“4-4(毕业论文)(4 版).docx”，并将文件重命名为“4-5(毕业论文)(5 版).docx”。

(2) 打开文件“4-5(毕业论文)(5 版).docx”。

(3) 选中“选题背景”所在行，单击其他按钮，在弹出的样式列表中选择“二级标题”，为其应用“二级标题”样式。

(4) 选中“异构数据库的定义”所在行，为其应用“三级标题”样式。

(5) 将光标移动到正文部分，为其应用“正文样式 1”样式。

(6) “结论”和“参考文献”两行应用样式“一级标题”，但要去掉项目符号，方式是单击“开始/段落”组中的按钮。

(7) 完成后发现其中一行：“3. 异构数据库的定义及分类”中的项目符号应改为“1. ”，为此，右击这一行，在弹出的快捷菜单中选择“重新开始于 1”。

(8) 完成后样张如图 4-17～图 4-19 所示。

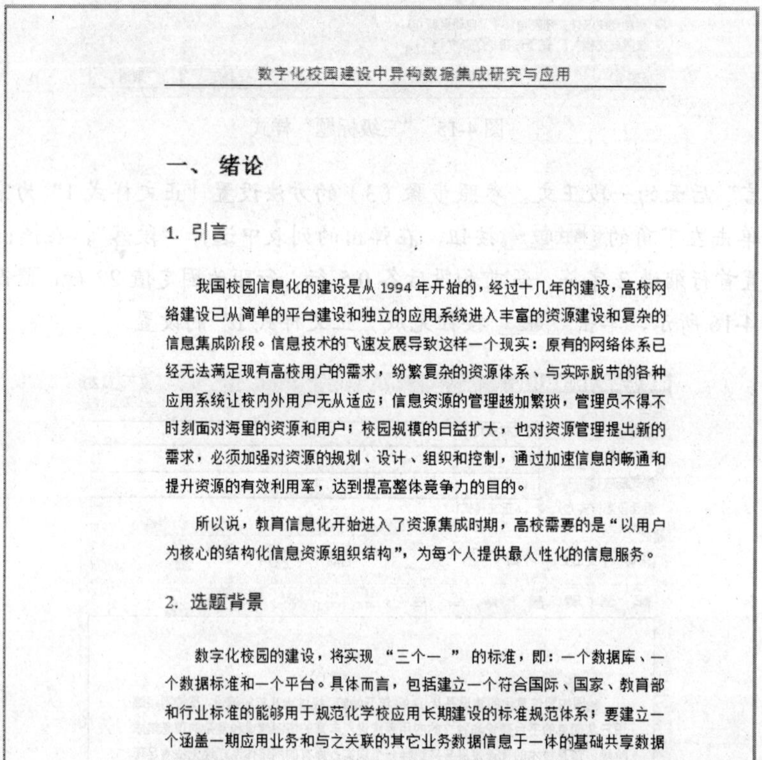

数字化校园建设中异构数据集成研究与应用

一、绪论

1. 引言

我国校园信息化的建设是从 1994 年开始的，经过十几年的建设，高校网络建设已从简单的平台建设和独立的应用系统进入丰富的资源建设和复杂的信息集成阶段。信息技术的飞速发展导致这样一个现实：原有的网络体系已经无法满足现有高校用户的需求，纷繁复杂的资源体系、与实际脱节的各种应用系统让校内外用户无从适应；信息资源的管理越加繁琐，管理员不得不时刻面对海量的资源和用户；校园规模的日益扩大，也对资源管理提出新的需求，必须加强对资源的规划、设计、组织和控制，通过加速信息的畅通和提升资源的有效利用率，达到提高整体竞争力的目的。

所以说，教育信息化开始进入了资源集成时期，高校需要的是“以用户为核心的结构化信息资源组织结构”，为每个人提供最人性化的信息服务。

2. 选题背景

数字化校园的建设，将实现“三个一”的标准，即：一个数据库、一个数据标准和一个平台。具体而言，包括建立一个符合国际、国家、教育部和行业标准的能够用于规范化学校应用长期建设的标准规范体系；要建立一个涵盖一期应用业务和与之关联的其它业务数据信息于一体的基础共享数据库；要建立一个面向最终用户（师生员工）的能够集成公共信息、个性化信息、应用模块功能，具有信息推送能力的应用信息门户平台。在这个数据资源共享集成的基础上，针对特定的用户角色，建立一个面向教职工、学生需求的信息服务数据集，提供个人全面的信息服务。最后在共享数据平台中为学校发展决策积累数据，建立一个面向决策分析支持的主题数据集，在此基础上，可以再逐步建立相应的决策分析支持应用。

1

图 4-17 第 1 页样张

皮皮鲁科技大学毕业论文

二、 异构数据的概念及技术分析

1. 异构数据库的定义及分类

（1） 异构数据库的定义

异构数据库系统是相关的多个数据库系统的集合，可以实现数据的共享和透明访问，每个数据库系统在加入异构数据库系统之前本身就已经存在，拥有自己的 DBMS。异构数据库的各个组成部分具有自身的自治性，实现数据共享的同时，每个数据库系统仍保有自己的应用特性、完整性控制和安全性控制。

（2） 异构数据库系统的异构性主要体现在以下几个方面：

- 计算机体系结构的异构各个参与的数据库可以分别运行在大型机、小型机、工作站、PC 或嵌入式系统中。
- 基本操作系统的异构各个数据库系统的基本操作系统可以是 Unix、Linux、WindowsNT、OS/2 等。
- DBMS 本身的异构可以是同为关系型数据库系统的 Oracle、Informix、DB2、Sybase、SQL Server 等，也可以是不同数据模型的数据库，如层次、网状、关系面向对象，函数型数据库共同组成一个异构数据库系统。
- 异构数据库系统的目标在于实现不同数据库之间的数据信息资源、硬件设备资源和人力资源的合并和共享。异构数据库系统集成就是要将数据库管理系统的不同、操作系统的不同、操作平台的不同或者底层网络的不同进行屏蔽，使得用户可以将这些异构的数据库系统看成普通的单一的数据库系统，用自己熟悉的数据处理语言去访问数据库，对其进行透明的操作。

在异构数据库集成系统中，由于组成整个系统的各个常规数据库可能是分布在网络的不同结点上，我们将这些常规数据库称为局部数据库，将以这些网络中不同结点

2

图 4-18　第 2 页样张

数字化校园建设中异构数据集成研究与应用

结论

本文采用 XML 技术来研究企业信息化过程中多种数据源的数据集成。文章首先分析了前人所做的工作，介绍了 XML 技术及一些相关标准和概念，提出基于 XML 的数据集成。接着，在研究了已有的 XML 文档与关系型数据之间相互转换的方法和模型后，我们提出了基于 XML 的数据集成解决方案的开发框架，介绍了其体系结构及实现模式。并重点实现了其中基于 Java 语言的数据集成系统，该系统主要实现了 XML 文档与关系数据库的双向映射转换。通过实际运行表明，本系统是解决企业信息化过程中满足数据集成需求的一个可行方案。最后本文介绍了基于 XML 技术，利用本课题的背景船员学院信息化平台——船员学院数据集成系统实现异构数据集成。

参考文献

[1]马淑娇，李晓，周俊林.异构数据库集成中的XML 技术探讨［J］.计算机应用研究，2004，96-99

[2](美）Michael Morrison, et al.著，陆新年、陆新宇等译.XML 揭秘［M］.清华大学出版社，2001

[3]吴慧萍，葛隆和.XML 在电子商务中的应用前景［J］.计算机应用，2001,21(8)：64-66

[4]谢芳华，任午令，唐任仲.基于 XML 的异构数据交换集成技术及其实现［J］.制造业自动化，2004.26(4)：30-32

图 4-19　第 3 页样张

任务六　生成目录

【操作步骤】

(1) 复制文件“4-5(毕业论文)(5 版).docx”，并将文件重命名为“4-6(毕业论文)(6 版).docx”。

(2) 打开文件“4-6(毕业论文)(6 版).docx”。

(3) 在“一、绪论”前面插入 1 行。将插入点移动到“一、绪论”，按下 Enter 键，输入“目录”二字并按 Enter 键换行。设置“目录”样式为“正文”，同时设置字体为“黑体”、字号为“小三”，对齐方式为居中。

(4) 单击“引用/目录”组中的按钮，在弹出的列表中选择“插入目录”。在弹出的【目录】对话框中，设置参数，如图 4-20 所示。

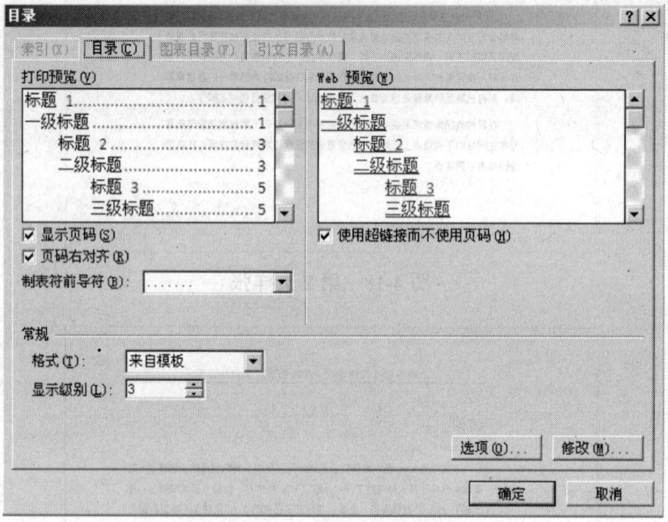

图 4-20 【目录】对话框

(5) 将光标置于“一、绪论”上方，插入分页符。完成的“目录”效果图如图 4-21 所示。

目录

图 4-21　“目录”效果图

本项目在整个排版过程中，重点应用了样式和分节。采用样式，可以实现快速排版，修改格式时能够使整篇文档中多处用到的某个样式自动更改格式，并且易于进行文档的层次结构的调整和生成目录。对文档的不同部分进行分节，有利于对不同的节设置不同的页眉和页脚。无论多么复杂的排版，只要用好了分节、样式、页面设置、页眉和页脚设置，就能轻松、快捷地制作出专业水准的文档。

说明

项目升级　审阅文档

在审阅文档时，如果需要插入批注，可以先打开该文档，然后进行批注的插入。在添加批注前，首先要确保批注中标出的作者名字是自己。

【操作步骤】

(1) 复制文件“4-6(毕业论文)(6版).docx”，并将文件重命名为“4-7(毕业论文).docx”。

(2) 打开文件“4-7(毕业论文).docx”。

(3) 单击“审阅/修订”组中的按钮，在弹出的列表中选择“更改用户名”，在弹出的【Word选项】对话框中，设置用户名和缩写等参数，如图4-22所示，单击确定按钮完成。

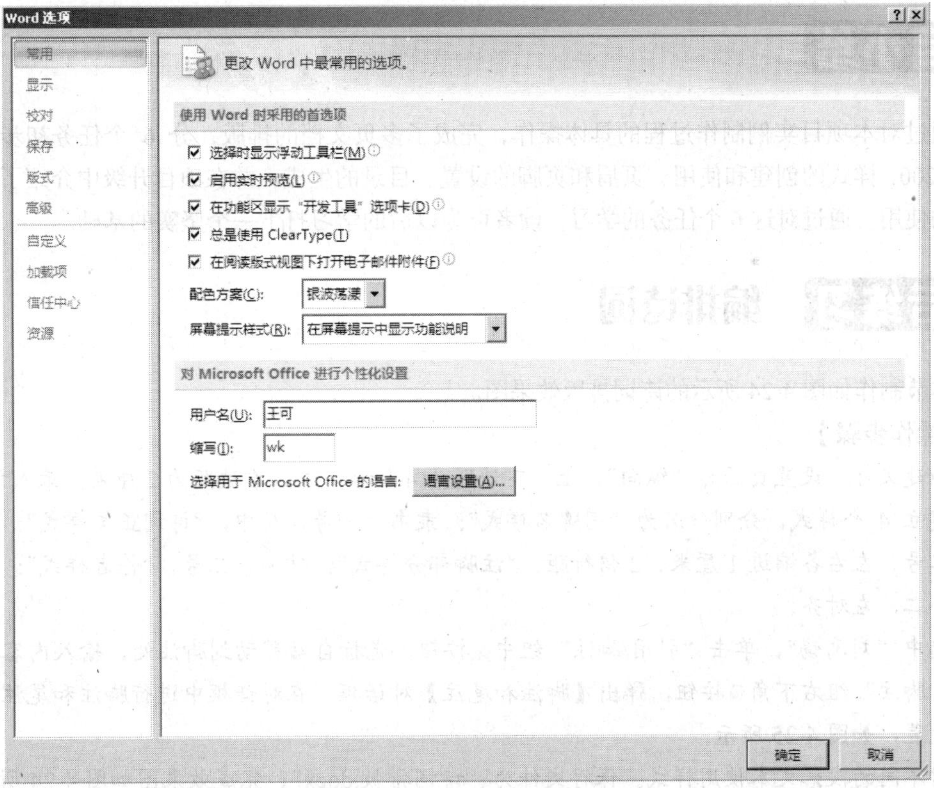

图4-22　修改审阅者信息

(4) 如果准备将文档发送给多位审阅者，最好要求所有审阅者按步骤（3）添加他们名字的缩写。

这样在查看批注时，便于了解批注的来源。

(5) 添加批注的方法：选中相应文字，如选中“三个一”，单击“审阅/批注”组中的按钮，在右侧的标注框中编辑、修改批注内容，如图4-23所示。

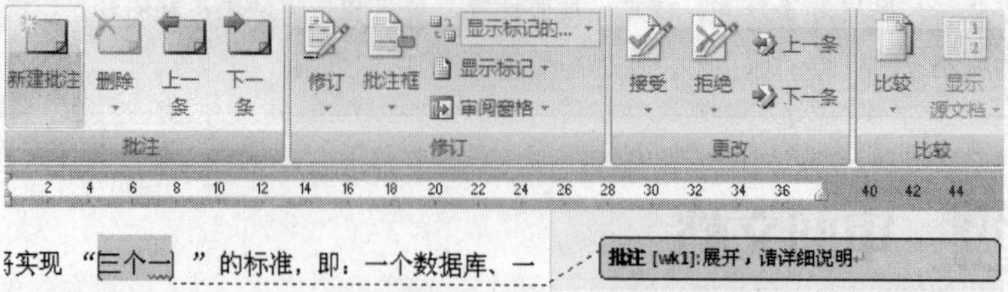

图4-23　新建批注

(6) 修改完毕后，单击标注框外其他位置即可。

(7) 选中插入批注所对应的文本，单击“审阅/批注”组中的按钮，可删除批注。

(8) 在审阅文档的时候，往往会出现审阅者直接修改的情况，这就用到了修订命令。单击“审阅/修订”组中的按钮，使“修订”命令处于工作状态（再次单击，退出工作状态）。审阅者对文章直接进行修订，所修订内容以不同的格式显示。单击“审阅/更改”组中按钮即可接受修订。

项目小结

通过对本项目实例制作过程的具体操作，完成了多页文档的排版，分6个任务初步介绍了Word 2007样式的创建和使用、页眉和页脚的设置、目录的生成，并在项目升级中介绍了批注和修订的使用。通过对这6个任务的学习，读者可为以后的学习打下一个坚实的基础。

课后练习　编排诗词

本节制作如图4-24所示的诗词排版效果图。

【操作步骤】

(1) 新建文件，设置页面为“纵向”，上、下边距为4厘米，左、右边距为2厘米，录入诗词。

(2) 建立4个样式，分别命名为“词牌名样式”：隶书、一号、居中，“诗词正文样式”：楷体、二号、左右各缩进1厘米、2倍行距，“注脚部分样式”：仿宋、三号，“作者样式”：黑体、小二、左对齐。

(3) 选中“刘禹锡”，单击“引用/脚注”组中按钮，光标自动移动到脚注处，输入内容。点击“脚注”组右下角按钮，弹出【脚注和尾注】对话框，在对话框中进行脚注和尾注的格式设置，如图4-25所示。

(4) 对不同的段落文本使用样式。保存文件为“诗词排版.docx”。完成效果图如图4-24所示。

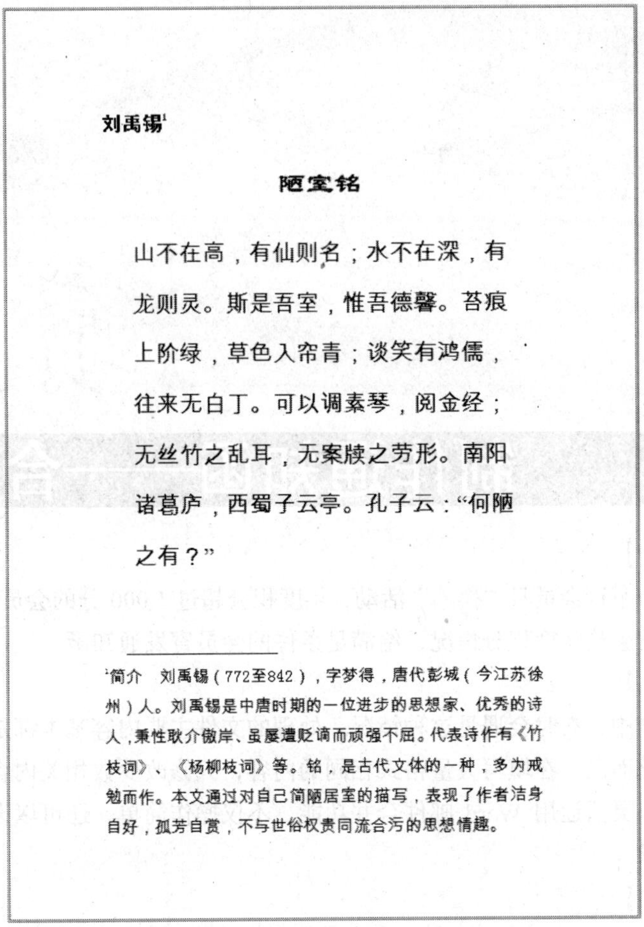

刘禹锡[1]

陋室铭

山不在高，有仙则名；水不在深，有龙则灵。斯是吾室，惟吾德馨。苔痕上阶绿，草色入帘青；谈笑有鸿儒，往来无白丁。可以调素琴，阅金经；无丝竹之乱耳，无案牍之劳形。南阳诸葛庐，西蜀子云亭。孔子云："何陋之有？"

[1]简介　刘禹锡（772至842），字梦得，唐代彭城（今江苏徐州）人。刘禹锡是中唐时期的一位进步的思想家、优秀的诗人，秉性耿介傲岸、虽屡遭贬谪而顽强不屈。代表诗作有《竹枝词》、《杨柳枝词》等。铭，是古代文体的一种，多为戒勉而作。本文通过对自己简陋居室的描写，表现了作者洁身自好，孤芳自赏，不与世俗权贵同流合污的思想情趣。

图 4-24　诗词排版效果图

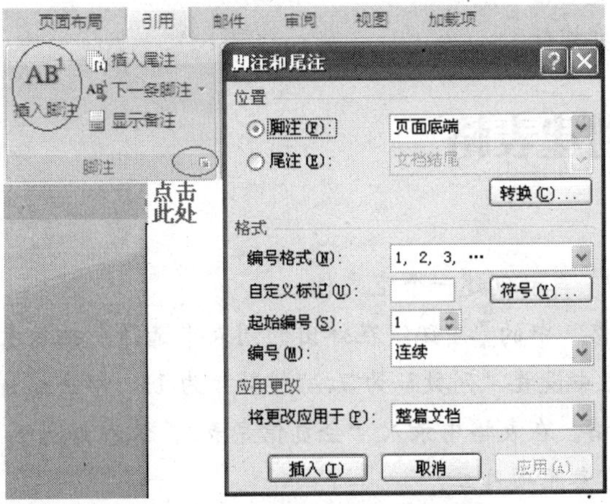

图 4-25 【脚注和尾注】对话框

项目五

制作通知函——合并邮件

【项目背景】

某大型超市举行会员日“换购”活动，年度积分超过 1 000 分的会员都可参加活动。商场客户部根据会员年度积分情况，给满足条件的会员寄发通知函。

【项目分析】

在日常工作中，有时会遇见这种情况：处理的文件主要内容基本都是相同的，只是具体数据有变化而已。在填写大量格式相同的内容，只修改少数相关内容，其他文档内容不变时，可以灵活运用 Word 邮件合并功能。不仅操作简单，还可以设置各种格式，满足不同的需求。

【解决方案】

本项目可以通过以下几个任务来完成。

- 任务一 创建表格
- 任务二 合并邮件

任务一 创建表格

【操作步骤】

(1) 启动 Word 2007，自动创建一个空文档。

(2) 单击“插入/表格”中的按钮，在弹出的列表中选择“插入表格”，在弹出的【插入表格】对话框中设置“列数”为 7、“行数”为 11，单击确定按钮，插入一个 11 行 7 列的表格。在表格中录入“会员信息表”，录入如图 5-1 所示的内容。关于表格的操作，可参照项目二。

(3) 保存文档，命名为“5-1(客户信息).docx”。

序号	姓名	性别	会员卡号	年度积分	家庭地址	邮政编号
1	周　可	女士	19960007	5620	八大湖鄱阳湖路 156 号	266071
2	赵莉阳	女士	20030011	3670	清风岭来虎路 2 号	266000
3	钱三多	先生	20031123	2345	穆柯寨 135 号	012530
4	孙少峰	先生	19991237	7891	市南区江西路 84 号	266070
5	王　丽	女士	19983456	560	延吉路 154 号	266072
6	周克敌	先生	20122380	789	四方区罗东小区 1 号楼 2 单元 502 户	266173
7	吴　华	女士	20105678	2356	天都府小区 4 号楼 1302 户	264210
8	郑　青	先生	20090015	4561	市南区江西路 84 号	266071
9	李明洋	先生	20110004	288	延吉路 154 号	266071
10	刘　蕾	女士	20105601	1256	四方区罗东小区 3 号楼 2 单元 502 户	266174

图 5-1　会员信息表

任务二　合并邮件

邮件合并需要两个文档：一个是数据源，通常是一个表格（已建立的会员信息表）；另一个是主文档（信函文档，仅包含公共内容）。邮件合并就是把数据源和主文档合并成一个新文档，对所有名单或部分名单在新文档中生成相应的内容。

【操作步骤】

(1) 新建文件名为“5-2(会员通知函).docx”的主文档，录入如图 5-2 所示的文本，单击左上角的按钮。

(2) 单击“邮件/开始邮件合并”组中的按钮，在弹出的列表中选择“信函”，如图 5-3 所示。

尊敬的，您好：

截止到 2012 年 10 月 31 日，您在大庄商厦会员卡年度积分为，超过 1000 分，您可以参加我商厦组织的 2012 年度第二期换购活动，具体内容敬请参阅（第二期换购活动海报）。

大庄商厦全体员工向您和您全家致以最真诚的问候，祝您身体健康，心想事成！

大庄商厦客服部

2012-10-31

图 5-2　会员通知函

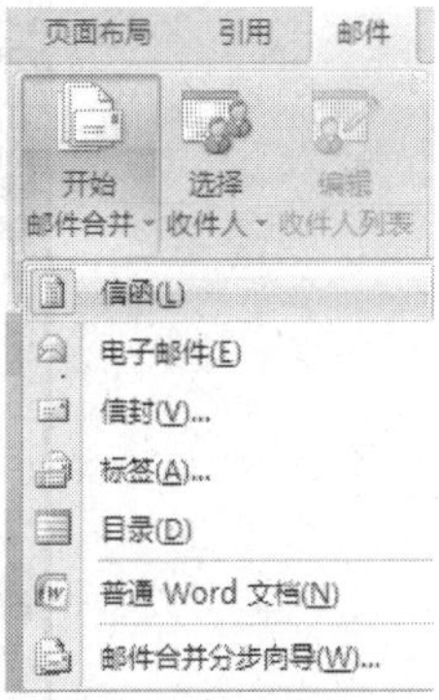

图 5-3　邮件合并（一）

(3) 单击“邮件/开始邮件合并”组中的按钮，在弹出的列表中选择“使用现有列表”，如图 5-4 所示；在弹出的“读取数据源”对话框中选择“5-1(客户信息).docx”，如图 5-5 所示，单击打开(O)按钮。

图 5-4　邮件合并（二）

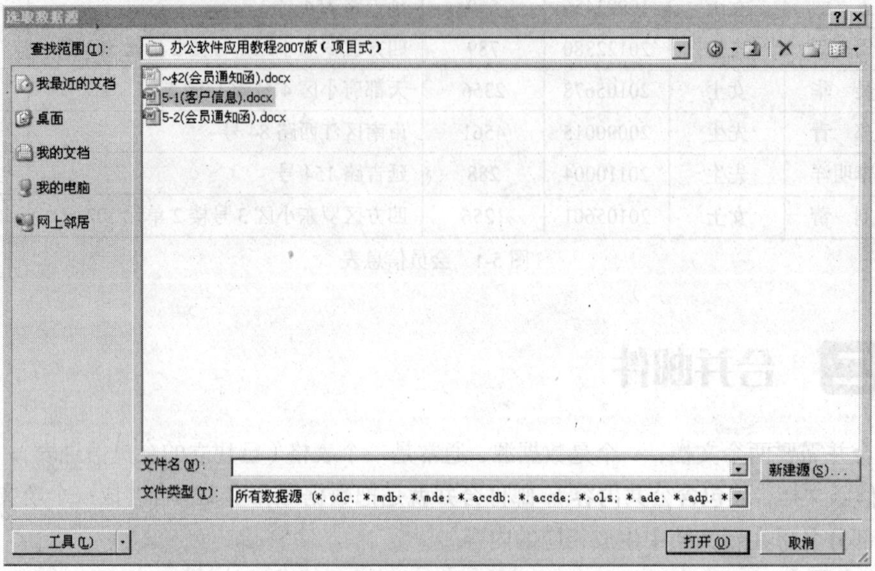

图 5-5　邮件合并（三）

(4)　单击“邮件/开始邮件合并”组中的按钮，这时弹出【邮件合并收件人】对话框，如图 5-6 所示；在该对话框中，单击“筛选”选项，在弹出的【查询选项】对话框中，设置如图 5-7 所示的筛选条件，单击 确定 按钮返回【邮件合并收件人】对话框中。

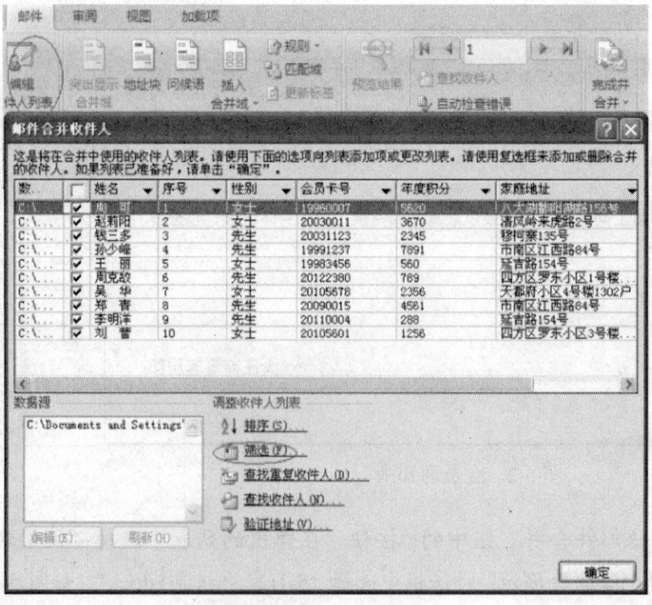

图 5-6　邮件合并（四）

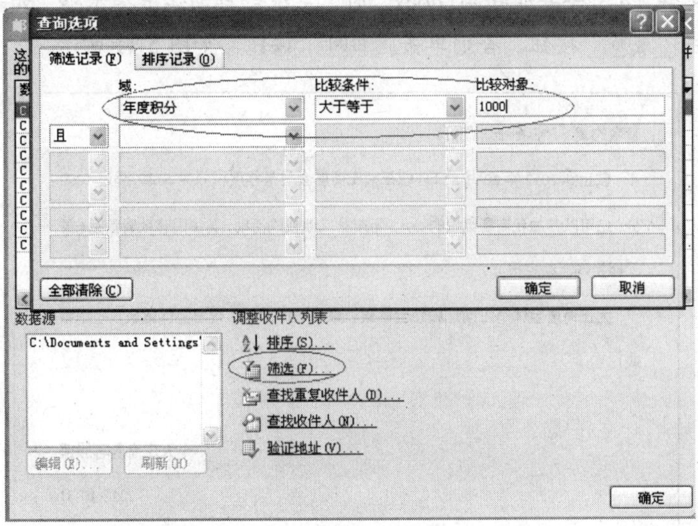

图 5-7　邮件合并（五）

(5) 将鼠标置于“尊敬的”的后面，单击“邮件/编写和插入域”组中的按钮，依次在会员通知函中，插入“姓名”、“性别”、“年度积分”；并在“开始/字体”组中设置字体为华文行楷、字号为四号；在“开始/段落”组中设置全文行距为2倍行距，并将“《年度积分》”移动到“积分为”后面，如图5-8所示。

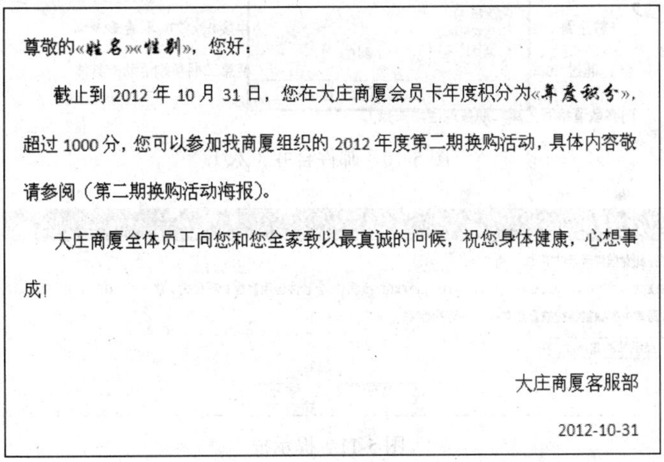

尊敬的«姓名»«性别»，您好：

截止到 2012 年 10 月 31 日，您在大庄商厦会员卡年度积分为«年度积分»，超过 1000 分，您可以参加我商厦组织的 2012 年度第二期换购活动，具体内容敬请参阅（第二期换购活动海报）。

大庄商厦全体员工向您和您全家致以最真诚的问候，祝您身体健康，心想事成！

大庄商厦客服部

2012-10-31

图 5-8　邮件合并（六）

(6) 单击“邮件/预览结果”组中的按钮，将会员通知函中的合并域替换成文件“5-1(客户信息).docx”中的数据，预览结果如图5-9所示。

(7) 单击“邮件/完成”组中的按钮，在弹出的列表中选择“编辑单个文档”，在弹出的【合并到新文档】对话框中，选择“合并记录”为“全部”，如图5-10所示，单击确定按钮，这时系统自动生成“信函1”文档，会员通知函制作完成。将“信函1”保存为“5-4(打印通知函).docx”。

(8) 单击左上角的按钮，在弹出的列表中选择“另存为”，在弹出的【另存为】对话框中输入文件名“5-3(合并通知函).docx”后，单击保存(S)按钮，单击右上角的按钮，退出Word 2007。

当再次打开文件“5-3(合并通知函).docx”时，系统会自动弹出提示框。如果继续连接之前的数据库，单击 是(Y) 按钮，否则单击 否(N) 按钮，如图5-11所示。

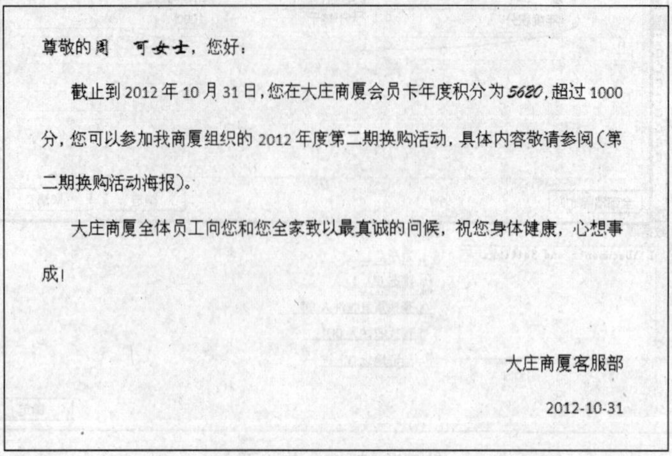
尊敬的周　可女士，您好：

截止到2012年10月31日，您在大庄商厦会员卡年度积分为5680，超过1000分，您可以参加我商厦组织的2012年度第二期换购活动，具体内容敬请参阅（第二期换购活动海报）。

大庄商厦全体员工向您和您全家致以最真诚的问候，祝您身体健康，心想事成！

大庄商厦客服部

2012-10-31

图5-9　邮件合并（七）

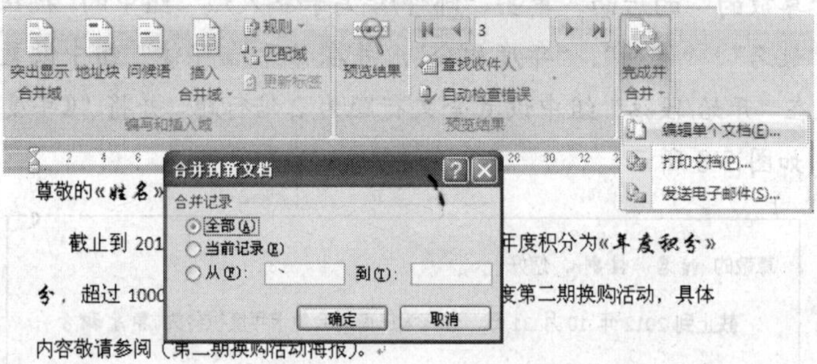

图5-10　邮件合并（八）

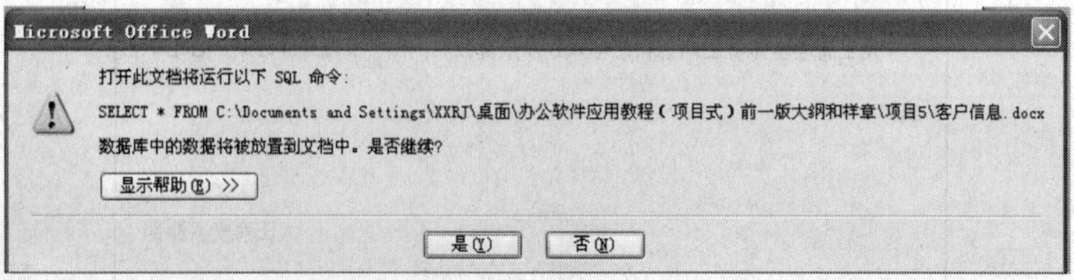

图5-11　提示框

项目升级　制作通知函信封

【操作步骤】

(1)　启动Word 2007，新建一个空白文档。单击“邮件/创建”组中的按钮，打开“信封制作向导”，如图5-12所示。

(2)　单击 下一步(N)> 按钮，在弹出的对话框中进行信封样式的设置，如图5-13所示。

(3)　单击 下一步(N)> 按钮，在弹出的对话框中进行生成信封的方式和数量的设置，建议选择“键入收信人信息，生成单个信封”，如图5-14所示。

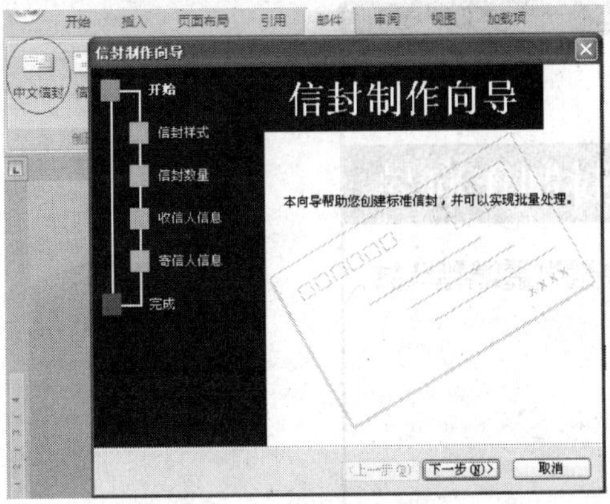

图 5-12 信封制作向导（一）

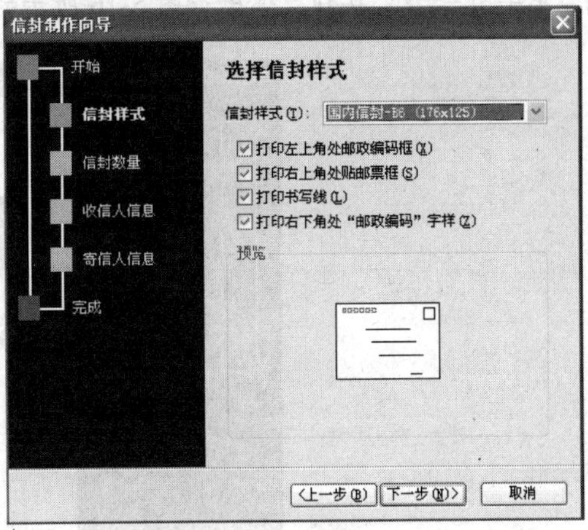

图 5-13 信封制作向导（二）

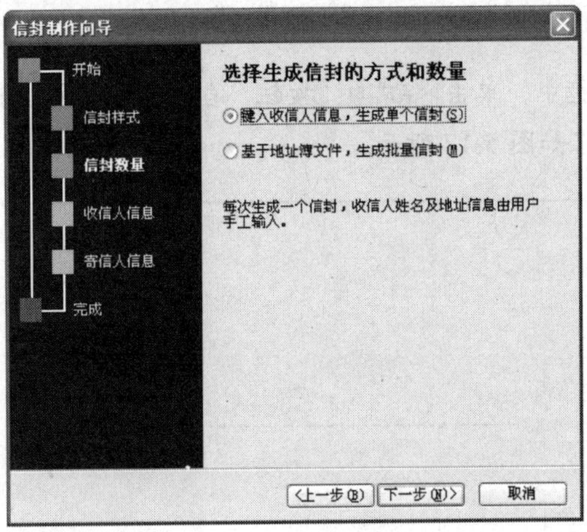

图 5-14 信封制作向导（三）

(4) 单击下一步(N)>按钮，在弹出的对话框中对收信人信息参数进行设置，全部为空。寄信人信息同上，如图 5-15 所示。

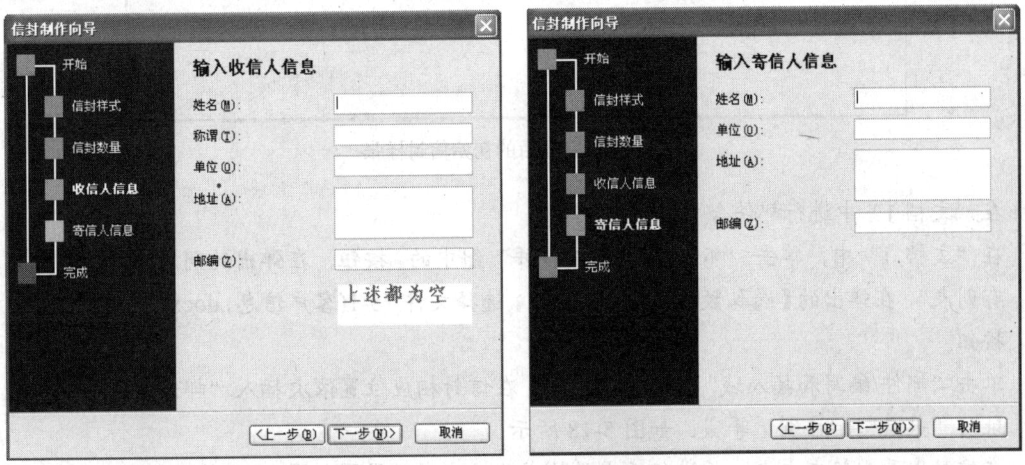

图 5-15 信封制作向导（四）

(5) 单击[下一步(N)>]按钮，弹出如图 5-16 所示的对话框。

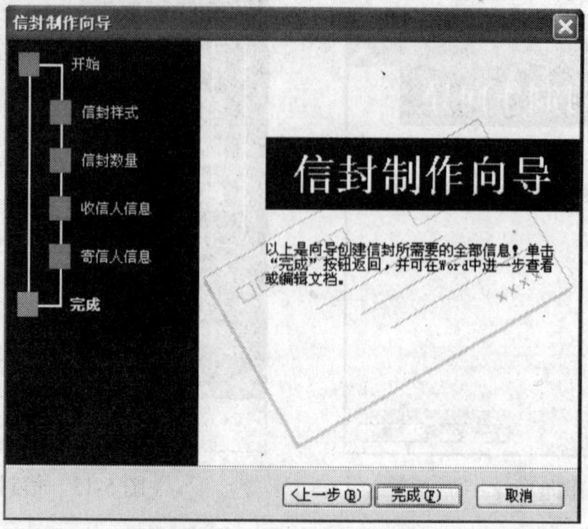

图 5-16　信封制作向导（五）

(6) 在图 5-16 所示的对话框中，单击[完成(F)]按钮，自动生成“文档 1”，完成信封的初始制作。完成后的初始信封样张如图 5-17 所示。

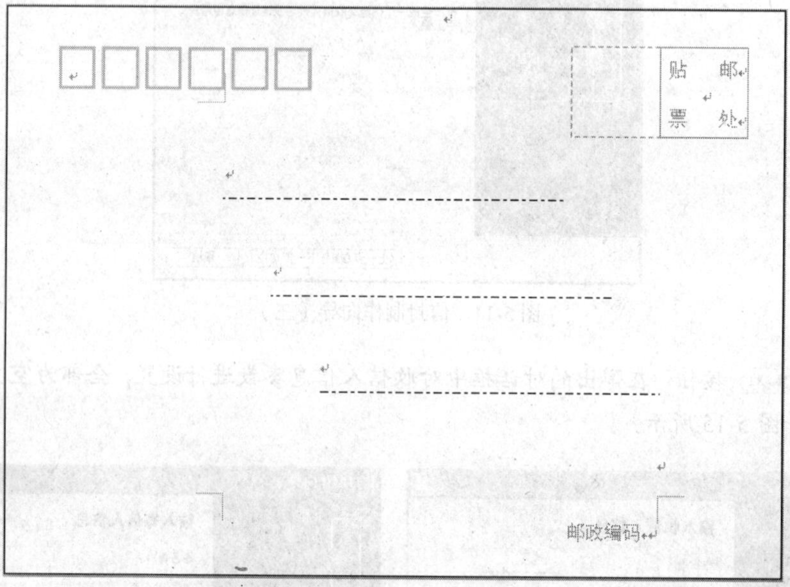

图 5-17　完成后的初始信封样张

(7) 在“文档 1”中进行邮件合并。

① 在“文档 1”中，单击“邮件/开始邮件合并”组中的按钮，在弹出的列表中选择“使用现有列表”，在弹出的【选取数据源】对话框中，选择文件“5-1(客户信息).docx”后，单击[打开(O)]按钮。

② 单击“邮件/编写和插入域”组中的按钮，在信封相应位置依次插入“邮政编号”、“家庭地址”、“姓名”、“性别”等域，如图 5-18 所示。

(8) 在信封上录入静态文本，并进行适当的格式化，完成效果图如图 5-19 所示。

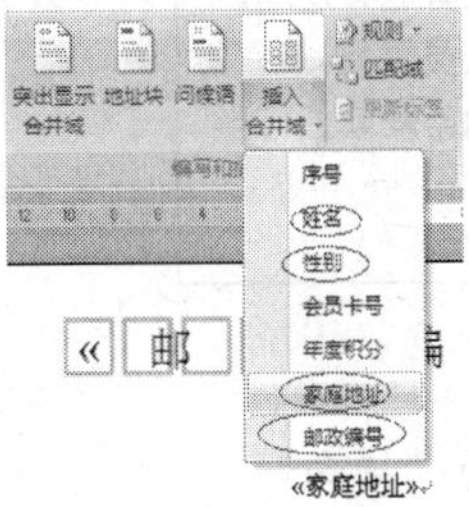

图 5-18　在信封中插入域

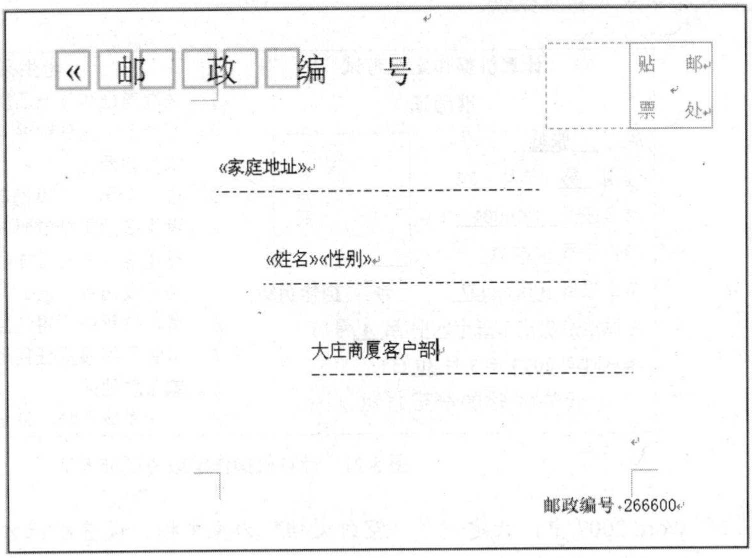

图 5-19　设置信封格式

(9)　将文件保存为“合并后信封”。

(10)　若单击“邮件/完成”组中的按钮，在弹出的列表中选择“编辑单个文档”，在弹出的【合并到新文档】对话框中，选择“合并记录”为“全部”后，单击确定按钮，这时系统自动生成“信函 1”文档，将“信函 1”保存为“5-6(打印信封).docx”；若单击“邮件/完成”组中的按钮，在弹出的列表中选择“打印文档”，在弹出的【合并到打印机】对话框中选择“全部”，如图 5-20 所示，则会批量打印信封。

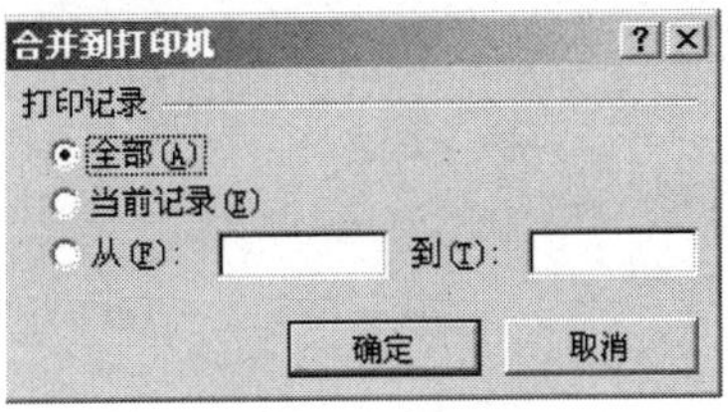

图 5-20　打印信封

项目小结

邮件合并功能非常强大，还需读者继续挖掘以便延伸到更深的领域中。

课后练习　打印准考证

本节制作如图 5-21 所示的“计算机操作定级考试准考证”。

【操作步骤】

(1)　启动 Word 2007，新建“准考证数据源”文件，在文件中插入表格，表格中应包含 9 列，分别是姓名、性别、年龄、准考证号、身份证号、考试项目、等级、考试地点和考试时间，在表格中录入相应数据。

计算机操作定级考试

准考证

姓名 **张峰**

性别 **男** 年龄 **24**

准考证号 **NC0001**

身份证号 **SFZ231**

考试项目 **office2007** 等级 **操作员级**

考试地点 **皮皮市三十六中** 第 **4** 考场

考试时间 **2013** 年 **3** 月 **30** 日

上午 09 时 00 分至 11 时 00 分

近照 一寸免冠

考生须知

1. 凭准考证和身份证参加考试，缺一不可。
2. 开考前十五分钟进入考场，按监考人员要求交验两证。
3. 进入考场，不得携带任何物品。
4. 考生必须按规定时间参加考试
5. 开考信号发出后方可开始答题；考试终了信号发出后，应立即停止答题并退场。
6. 考试过程中不得向监考人员提问。
7. 考生不得接受任何形式的帮助或任何形式帮助他人。
8. 保持考场安静，禁止吸烟

图 5-21　计算机操作定级考试准考证

(2) 在 Word 2007 中，新建一个“空白文档”为主文档，设置纸张方向为“横向”。

(3) 将文档设为两栏格式，栏宽相等。

(4) 在左侧录入文字，在右侧输入考生须知，如图 5-21 所示。

(5) 主文档设置完成后，进行邮件合并，链接“准考证数据源”文件，在对应位置插入合并域。

(6) 将准考证重点位置加粗，单击“完成并合并”按钮，根据实际情况生成新文档或直接打印准考证。

第二篇

Excel 2007 应用集合

本篇介绍 Office 2007 的另一个组件 —— Excel 2007 的应用实例，主要介绍 Excel 2007 中表格的创建与设计、公式与函数的应用、数据处理操作、图表的制作与格式设置以及打印与安全管理等内容，包括以下几个项目。

项目六 制作校历卡——表格的创建与设计
项目七 制作公司销售表——公式与函数的应用
项目八 制作职员工资表——数据处理操作
项目九 制作销售统计表——图表的制作与格式设置
项目十 制作各地菜市场蔬菜价格统计表——打印与安全管理

项目六

制作校历卡——表格的创建与设计

【项目背景】

制作表格是 Excel 中最基础的工作，也是重要的工作。Excel 文件又称为工作簿，工作簿中可以有多张工作表，每张工作表由 65 536 行 256 列组成，共有 65 536 × 256 个单元格，就是说，每个工作表有超过 1 600 万个的单元格。单元格中可以存放数值、字符、日期等多种类型的数据。数据的显示也有很多格式，同一个数据显示格式不同，显示结果也不同。当然，也能对表格进行美化，如设置字体和对齐方式，改变行高和列宽，添加边框线和底纹，进行单元格的合并和拆分等。可以根据需要制作表格，并对表格进行美化。本项目主要介绍工作簿的建立和数据输入的方法、对表格如何设置字体和对齐方式、如何改变行高和列宽、如何添加边框线、如何对单元格进行合并和拆分。通过这个制作过程，读者可以熟练掌握表格的制作、保存和美化。

【项目分析】

校历卡以表格形式显示上课周数，同时在醒目位置标明开学日期和放假日期，时间安排一目了然，直观清晰，方便使用，是老师和学生的有力助手。

Excel 工作表本身就由单元格组成，制作表格非常方便，首先设计表格的基本架构，其次输入数据，然后画出基本框线，这之中可能会进行一些单元格的合并和拆分，最后就是设置字体、对齐方式和行距等美化表格的工作。

本项目主要介绍校历卡的制作过程，如图 6-1 所示，在表格中输入内容，然后对部分单元格进行合并居中或水平垂直居中；改变字体、大小，对文字进行加粗；对个别单元格需要将文字变成两行显示，这时需要做特别处理；对周六、周日及国庆节放假和期中教学检查周做出特别标示，使用起来方便、一目了然。

【解决方案】

本项目可以通过以下几个任务来完成。

- 任务一　建立工作簿并输入数据
- 任务二　格式化工作表

远方技术学院

2012～2013学年第一学期校历

星期 周次	星期一	星期二	星期三	星期四	星期五	星期六	星期日	月份
1	27	28	29	30	31	1	2	9月
2	3	4	5	6	7	8	9	
3	10	11	12	13	14	15	16	
4	17	18	19	20	21	22	23	
5	24	25	26	27	28	29	30	
6	1	2	3	4	5	6	7	10月
7	8	9	10	11	12	13	14	
8	15	16	17	18	19	20	21	
9	22	23	24	25	26	27	28	
10	29	30	31	1	2	3	4	11月
11	5	6	7	8	9	10	11	
12	12	13	14	15	16	17	18	
13	19	20	21	22	23	24	25	
14	26	27	28	29	30	1	2	12月
15	3	4	5	6	7	8	9	
16	10	11	12	13	14	15	16	
17	17	18	19	20	21	22	23	
18	24	25	26	27	28	29	30	
19	31	1	2	3	4	5	6	1月
20	7	8	9	10	11	12	13	
21	14	15	16	17	18	19	20	
22	21	22	23	24	25	26	27	
23	28	29	30	31	1	2	3	2月
24	4	5	6	7	8	9	10	
25	11	12	13	14	15	16	17	
26	18	19	20	21	22	23	24	

本学期教学周数：20周　　期中教学检查周：第10、11周

本学期开学日期：2012年8月27日　　放寒假日期：2013年1月14日

图 6-1 校历卡

任务一 建立工作簿并输入数据

建立工作簿就是建立 Excel 文件。工作簿中包含工作表，工作表中有单元格，所有数据都是输入单元格中，单元格是 Excel 中最小的单位，录入数据是一切工作的前提，是最基础的工作。当然，在录入数据前，要先规划出表格的布局。需要注意的是，Excel 2007 工作簿文件的扩展名是.xlsx。在 Excel 2007 中保存的文件要在 Excel 2003 中打开，则需要在保存文件时，选择扩展名为.xls，这样文件的扩展名就变成了.xls，就可以在 Excel 2003 中打开了。

【操作步骤】

(1) 启动 Excel 2007，单击左上角按钮，在弹出的菜单中选择“新建”，弹出【新建工作簿】对话框，在左边的框中选择“空白文档”，在中间的框中单击“空工作簿”，单击右下角的创建按钮，新建一个空白工作簿“Book1”。

(2) 选择 A1 单元格，输入“远方技术学院”；选择 A2 单元格，输入“2012～2013 学年第一学期校历”。

(3) 按同样方法在单元格 A3 至 I29 中输入“星期 周次 月份”，如图 6-2 所示。

(4) 在单元格 A30 中输入“本学期教学周数：20 周”，在单元格 E30 中输入“期中教学检查周：第 10、11 周”，在单元格 A31 中输入“本学期开学日期：2012 年 8 月 27 日”，在单元格 F31 中输入“放寒假日期：2013 年 1 月 14 日”，如图 6-2 所示。

	A	B	C	D	E	F	G	H	I
1	远方技术学院								
2	2012～2013学年第一学期校历								
3	星期周次	星期一	星期二	星期三	星期四	星期五	星期六	星期日	月份
4	1	27	28	29	30	31	1	2	9月
5	2	3	4	5	6	7	8	9	
6	3	10	11	12	13	14	15	16	
7	4	17	18	19	20	21	22	23	
8	5	24	25	26	27	28	29	30	
9	6	1	2	3	4	5	6	7	10月
10	7	8	9	10	11	12	13	14	
11	8	15	16	17	18	19	20	21	
12	9	22	23	24	25	26	27	28	
13	10	29	30	31	1	2	3	4	11月
14	11	5	6	7	8	9	10	11	
15	12	12	13	14	15	16	17	18	
16	13	19	20	21	22	23	24	25	
17	14	26	27	28	29	30	1	2	12月
18	15	3	4	5	6	7	8	9	
19	16	10	11	12	13	14	15	16	
20	17	17	18	19	20	21	22	23	
21	18	24	25	26	27	28	29	30	
22	19	31	1	2	3	4	5	6	1月
23	20	7	8	9	10	11	12	13	
24	21	14	15	16	17	18	19	20	
25	22	21	22	23	24	25	26	27	
26	23	28	29	30	31	1	2	3	2月
27	24	4	5	6	7	8	9	10	
28	25	11	12	13	14	15	16	17	
29	26	18	19	20	21	22	23	24	
30	27	25	26	27	28	1	2	3	3月
31	本学期教学周数：20周				期中教学检查周：第10、11周				
32	本学期开学日期：2012年8月27日				放寒假日期：2013年1月14日				

图 6-2　录入数据

(5) 单击左上角的按钮，在弹出的菜单中选择“保存”，在弹出的【另存为】对话框中，选择文件位置为“计算机 ▸ 本地磁盘(D:) ▸ 办公软件应用教程 2007 版(项目式)”、输入文件名称“06-1(校历卡)”、选择文件类型“Excel 工作簿(*.xlsx)”，如图 6-3 所示，单击 保存(S) 按钮。

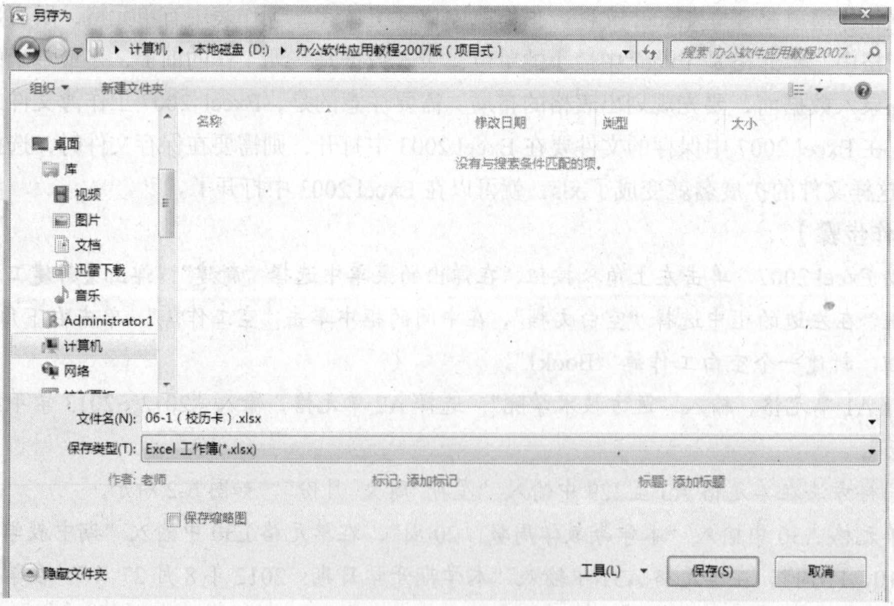

图 6-3 【另存为】对话框

任务二　格式化工作表

为了美化工作表，一般都要对工作表进行格式化，如设置字体、对齐方式、边框线等。

操作一　设置字体

【操作步骤】

(1) 设置标题的字体、字号。选择单元格 A1，在“开始/字体”组中将字体设置为华文楷体，字号设置为 18。

(2) 设置副标题的字体、字号。按同样方法，选择单元格 A2，在“开始/字体”组中将字体设置为华文仿宋，字号设置为 20。

(3) 设置表格中文字的字体、字号和加粗。选中单元格区域 A3:I29，在“开始/字体”组中，将字体设置为宋体，字号设置为 12；单击 **B** 按钮，对单元格区域中的文字进行加粗。

(4) 将“星期六”、“星期日”和节假日设置成红色。用鼠标拖动选择单元格区域 G3:H29，按下 Ctrl 键，再用鼠标拖动选择单元格区域 B9:F9，这时上面两个区域就都选择了；继续按住 Ctrl 键单击选择单元格 C22，这时选择的区域中多了 1 个单元格，要去掉单元格 G8，方法是继续按住 Ctrl 键，单击单元格 G8。这样要设置成红色的单元格区域选好了，单击“开始/字体”组中的字体颜色按钮 A· 右侧的箭头，从颜色列表中选择红色，这样就完成了将“星期六”、“星期日”和节假日设置成红色。

(5) 将第 10 周和第 11 周设置成粉色。用鼠标拖动选择单元格区域 A13:F14，在“开始/字体”组中设置字体颜色为粉色，这样就完成了将第 10 周和第 11 周设置成粉色。

操作二　设置对齐方式

【操作步骤】

(1) 设置标题的对齐方式。将鼠标从单元格 A1 拖动至单元格 I1，选择单元格区域 A1:I1，单击“开始/对齐方式”组中的合并后居中按钮，这时“远方技术学院”就会自动调整到单元格区域 A1:I1 的正中央位置。

(2) 设置副标题的对齐方式。将鼠标从单元格 A2 拖动至单元格 I2，选择单元格区域 A2:I2，单击“开始/对齐方式”组中的合并后居中按钮，这时“2012～2013 学年第一学期校历”就会自动调整到单元格区域 A2:I2 的正中央位置。

(3) 调整一个单元格中显示两行。双击单元格 A3，将插入点移动到“周”字的前面，按下 Alt+Enter 组合键，再按下 Enter 键，将“周”以后的文字调整到下一行，这样就可以调整单元格中的文字显示在多个行上。

(4) 设置月份的对齐方式。选中单元格区域 I4:I8，单击“开始/对齐方式”组中的合并后居中按钮，这时“9 月”就自动调整到单元格区域 I4:I8 的正中央；按同样方法分别选中单元格区域 I9:I12、I13:I16、I17:I21、I22:I25 和 I26:I29，单击按钮，对每个单元格区域进行合并居中，这样“10 月”、“11 月”、“12 月”、“1 月”和“2 月”就显示在对应日期的正中央。

(5) 设置表格下方说明的对齐方式。选中单元格区域A30:D30，单击按钮，将“本学期教学周数：20周”放在单元格区域A30:D30的正中央；选中单元格区域E30:I30，单击按钮，将“期中教学检查周：第10、11周”放在单元格区域E30:I30的正中央；选中单元格区域A31:E31，单击按钮，将“本学期开学日期：2012年8月27日”放在单元格区域A31:E31的正中央；选中单元格区域F31:I31，单击按钮，将“放寒假日期：2013年1月14日”放在单元格区域F31:I31的正中央。

操作三　设置行高和列宽

【操作步骤】

(1) 设置行高。将鼠标移到行标签“1”处，右击，在弹出的快捷菜单中选择“行高”，在弹出的【行高】对话框中输入24.75，单击确定按钮，这样第1行的行高就设置为24.75磅；按同样方法，设置第2行和第3行的行高为30磅；将鼠标移到行标签“4”处，拖动鼠标直到行标签“29”处，选择第4行至第29行，再在选择的区域中右击，设置行高为15.75磅，这样单元格区域第4行至第29行的行高就设置完成了；再选择第30行和第31行，将行高设置为20.25磅。

(2) 设置列宽。将鼠标移到列标签“A”处，右击，在弹出的快捷菜单中选择“列宽”，在弹出的【列宽】对话框中输入8.38，单击确定按钮，这样第1列的列宽就设置为8.38磅；将鼠标移到列标签“B”处，拖动鼠标直到列标签“I”处，选择B列至I列，再在选择的区域中右击，设置列宽为7.63磅，这样单元格区域B列至I列的列宽就设置完成了。

操作四　设置边框线

【操作步骤】

(1) 给整个表格添加边框线。选择单元格区域A3:I29，单击“开始/段落”组中的框线按钮的右侧箭头，从弹出的列表中选择最后一项“其他边框”，这时弹出【设置单元格格式】对话框，如图6-4所示。依次在“线条样式”列表框中单击选择粗的实线，在“预置”中单击“外边框”，这时在“边框”中看到外围的边线变成了粗实线；再在“线条样式”列表框中单击选择细的实线，在“预置”中单击“内部”，这时在“边框”中看到内部的边线变成了细实线，单击确定按钮，这时所选区域A3:I29的外围边线变成了粗实线，内部边线变成了细实线。

(2) 设置局部区域中的局部边框线。选中单元格区域A3:I3，单击“开始/段落”组中的框线按钮的右侧箭头，从弹出的列表中选择最后一项“其他边框”，在弹出的【设置单元格格式】对话框中，在“线条样式”列表框中单击选择粗的实线，在“边框”中单击下面的边线，这时只改变了选中区域中的下面边线，其他位置的线条保持不变，单击确定按钮。

(3) 设置局部区域中的所有边框线。选中单元格区域I3:I29，单击“开始/段落”组中的框线按钮的右侧箭头，从弹出的列表中选择最后一项“其他边框”，在弹出的【设置单元格格式】对话框中，在“线条样式”列表框中单击选择粗的实线，在“预置”中单击“外边框”和“内部”，这时单元格区域I3:I29的所有边线都变成粗实线，如图6-4所示，单击确定按钮。

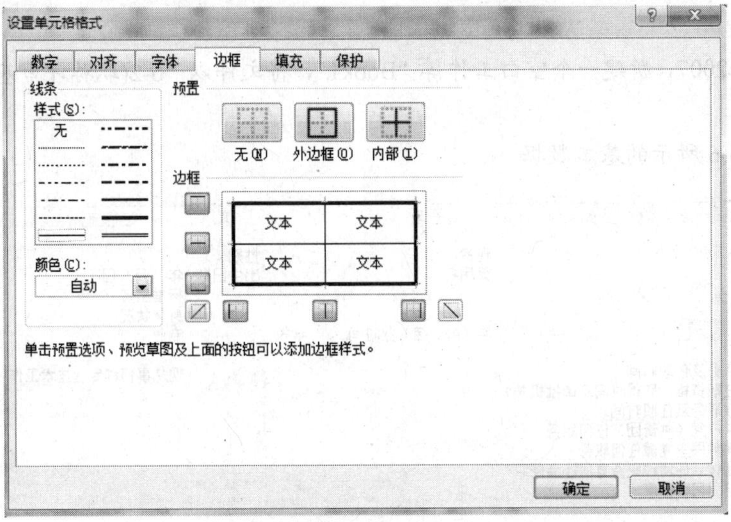

图 6-4 【设置单元格格式】对话框

(4) 保存和关闭文件。单击左上角的“Office 按钮”，在弹出的菜单中选择“保存”；单击右上角的按钮，则完成了文件的保存和关闭。

项目升级　制作职称评审基本情况表

本节介绍制作职称评审基本情况表的方法，制作的表格如图 6-5 所示。

<table>
<tr><td rowspan="2">姓名</td><td>现名</td><td colspan="2"></td><td>性别</td><td></td><td>民族</td><td></td><td rowspan="3">相片</td></tr>
<tr><td>曾用名</td><td colspan="2"></td><td>出生日期</td><td colspan="3">年　月　日</td></tr>
<tr><td colspan="2">出生地</td><td colspan="2"></td><td>标准工资</td><td colspan="3"></td></tr>
<tr><td colspan="2">参加工作时间</td><td colspan="2"></td><td>身体状况</td><td colspan="4"></td></tr>
<tr><td rowspan="2">最高学历</td><td colspan="2">毕（肄、结）业时间</td><td>学校</td><td colspan="2">专业</td><td>学制</td><td colspan="2">学位</td></tr>
<tr><td colspan="2"></td><td></td><td colspan="2"></td><td></td><td colspan="2"></td></tr>
<tr><td colspan="3">现任专业技术职务及任职时间</td><td></td><td colspan="2">现从事何种专业技术工作</td><td colspan="3"></td></tr>
<tr><td colspan="3">专业技术职务任职资格（取得时间及审批机关）</td><td colspan="6"></td></tr>
<tr><td colspan="3">现（兼）任行政职务及任职时间</td><td colspan="6"></td></tr>
<tr><td colspan="3">何时加入中国共产党（共青团）任何</td><td colspan="6"></td></tr>
<tr><td colspan="3">何时何地参加何种民主党派任何职务</td><td colspan="6"></td></tr>
<tr><td colspan="3">参加何种学术团体，任何种职务有何社会</td><td colspan="6"></td></tr>
<tr><td colspan="3">懂何种外语，达到何种程度</td><td colspan="6"></td></tr>
</table>

图 6-5　职称评审基本情况表

【操作步骤】

(1) 启动 Excel 2007，新建一个空白工作簿“Book1”，将文件以“6-2(职称评审基本情况表).xlsx”为名保存。

(2) 录入如图 6-6 所示的基本数据。

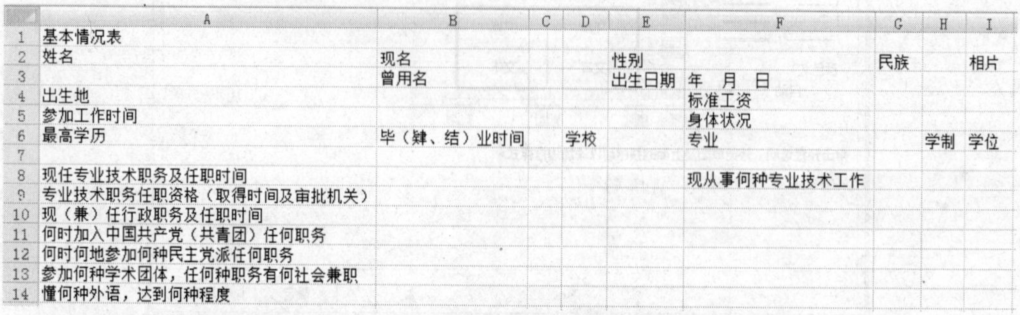

	A	B	C	D	E	F	G	H	I
1	基本情况表								
2	姓名	现名			性别		民族		相片
3		曾用名			出生日期	年 月 日			
4	出生地					标准工资			
5	参加工作时间					身体状况			
6	最高学历	毕（肄、结）业时间		学校		专业		学制	学位
7									
8	现任专业技术职务及任职时间					现从事何种专业技术工作			
9	专业技术职务任职资格（取得时间及审批机关）								
10	现（兼）任行政职务及任职时间								
11	何时加入中国共产党（共青团）任何职务								
12	何时何地参加何种民主党派任何职务								
13	参加何种学术团体，任何种职务有何社会兼职								
14	懂何种外语，达到何种程度								

图 6-6　录入基本数据

(3) 设置表格的边框线。选中单元格区域 A2:I14，单击“开始/段落”组中的框线按钮的右侧箭头，从弹出的列表中选择最后一项“其他边框”，这时弹出【设置单元格格式】对话框，依次在“线条样式”列表框中单击选择粗的实线，在“预置”中单击“外边框”，再在“线条样式”列表框中单击选择细的实线，在“预置”中单击“内部”，单击 确定 按钮。

(4) 设置字体、字号。选中 A1 单元格，在“开始/字体”组中，将标题字体设置为华文楷体，字号设置为 16；选择其余文字单元格，将其余单元格字体也设置为华文楷体，字号设置为 11。

(5) 合并标题。选中单元格区域 A1:I1，单击“开始/对齐方式”组中的按钮“合并后居中”。

(6) 合并“姓名”。选中单元格区域 A2:A3，单击按钮；在编辑栏中将插入点移到“名”的前面，按下 Alt+Enter 组合键，使得单元格中的文字显示在两行。

(7) 合并“现名”后面的单元格。选中单元格区域 C2:D2，单击按钮。

(8) 合并“曾用名”后面的单元格。选中单元格区域 C3:D3，单击按钮。

(9) 合并“年月日”所在的单元格。选中单元格区域 F3:H3，单击按钮。

(10) 合并“相片”所在的单元格。选中单元格区域 I2:I4，单击按钮。

(11) 合并“出生地”所在的单元格。选中单元格区域 A4:B4，单击按钮。

(12) 合并“出生地”后面的单元格。选中单元格区域 C4:E4，单击按钮。

(13) 合并“标准工资”后面的单元格。选中单元格区域 G4:H4，单击按钮。

(14) 合并“参加工作时间”所在的单元格。选中单元格区域 A5:B5，单击按钮；在编辑栏中将插入点移到“作”的前面，按下 Alt+Enter 组合键。

(15) 合并“参加工作时间”后面的单元格。选中单元格区域 C5:E5，单击按钮。

(16) 合并“身体状况”后面的单元格。选中单元格区域 G5:I5，单击按钮。

(17) 合并“最高学历”所在的单元格。选中单元格区域 A6:A7，单击按钮。

(18) 合并“毕（肄、结）业时间”所在的单元格。选中单元格区域 B6:C6，单击按钮。

(19) 合并“学校”所在的单元格。选中单元格区域 D6:E6，单击按钮。

(20) 合并“专业”所在的单元格。选中单元格区域 F6:G6，单击按钮。

(21) 合并“毕（肄、结）业时间”下面的单元格。选中单元格区域 B7:C7，单击按钮。

(22) 合并“学校”下面的单元格。选中单元格区域 D7:E7，单击按钮。

(23) 合并“专业”下面的单元格。选中单元格区域 F7:G7，单击按钮。

(24) 合并“现任专业技术职务及任职时间”所在的单元格。选中单元格区域 A8:C8，单击按钮；将插入点移到“务”的后面，按下 Alt+Enter 组合键。

(25) 合并“现任专业技术职务及任职时间”右边的单元格。选中单元格区域 D8:E8，单击按钮。

(26) 合并“现从事何种专业技术工作”所在的单元格。选中单元格区域 F8:G8，单击按钮；将插入点移到“专”的后面，按下 Alt+Enter 组合键。

(27) 合并“现从事何种专业技术工作”右边的单元格。选中单元格区域 H8:I8，单击按钮。

(28) 合并“专业技术职务任职资格（取得时间及审批机关）”所在的单元格。选中单元格区域 A9:C9，单击按钮；将插入点分别移到“职”和“及”的后面，按下 Alt+Enter 组合键。

(29) 合并“专业技术职务任职资格（取得时间及审批机关）”后面的单元格。选中单元格区域 D9:I9，单击按钮。

(30) 按步骤（28）、步骤（29）的方法合并下面的五行。

(31) 设置行高。用鼠标单击行标签“1”，按住 Ctrl 键，继续选择行标签“2”和“4”，选中第 1 行、第 2 行和第 4 行，在选中的行标签的位置右击，选择“行高”，在弹出的【行高】对话框中输入 24，单击 确定 按钮；按同样方法，设置第 3 行、第 5 行至第 8 行及第 10 行至第 12 行和第 14 行的行高为 37，设置第 9 行和第 13 行的行高为 50。

(32) 设置列宽。用鼠标单击列标签“A”，选中 A 列，在选中的列标签的位置右击，选择“列宽”，在弹出的【列宽】对话框中输入 3，单击 确定 按钮，设置 A 列的列宽为 3 磅；按同样方法，分别设置 B 列至 I 列的列宽分别为 7、4.25、7、6、8、6、9 和 12 磅。

(33) 设置文字的对齐方式。选择所有文字单元格，单击“开始/对齐方式”组中的垂直居中按钮和水平居中按钮，使得文字放在单元格的正中央；将鼠标光标置于单元格 F3 中，单击按钮，设置其为水平右对齐，同时注意“年月日”之间要有空格隔开。

(34) 保存和关闭文件。单击左上角的“Office 按钮”，在弹出的菜单中选择“保存”；单击右上角的按钮，就完成了文件的保存和关闭。

项目小结

建立 Excel 文件、录入数据和对表格进行格式化是最基础的工作，只有做好这一步，后续的工作才能有保障，所以工作虽然简单，也要做好。

课后练习　制作公司通信录

本节介绍制作公司通信录的方法，制作的表格如图 6-7 所示。

【操作步骤】

(1) 启动 Excel 2007，新建一个空白工作簿“Book1”，将文件以“6-3(公司通信录).xlsx”为名保存。

	A	B	C	D	E	F	G	H	I	J	K
1	电脑公司通信录										
2	序号	部门	职务	姓名	性别	身份证号	手机号	办公电话	传真	QQ号	籍贯
3	1	总经理办公室	董事长	李中华	男	370202196012034923	13998756023	98564232	98652315	156598478	济南
4	2		总经理	张鸿	男	652315197805054911	15023658974	87569875	87569876	78954623	北京
5	3		秘书	刘芳	女	785623197503212612	13658984745	65987423	65987426	4897231	上海
6	4		副总	刘安	男	985623265457891127	13856498756	56987453	56987483	65987523	河北
7	5	市场部	部长	邱松	男	370106198802204221	15869856236	69852362	69852365	789654	南京
8	6		副部长	王平平	男	650298196302254946	13165429845	12398756	12398758	487965	河南
9	7		主干	陈栋	男	320506199011295611	13502659816	56987563	56987565	98563214789	大连
10	8		干事	乔伟	男	362586198505268955	13402659587	65325698	65325695	6598236	安徽
11	9	生产部	部长	王爱华	女	253698197809262653	13069852342	63286946	63286945	6987423	黑龙江
12	10		副部长	张正	男	652365197906062523	13065256352	98532126	98532123	56987423	重庆
13	11		主干	刘志军	男	984562196905065625	13965896322	56983652	56983656	2365987	北京
14	12		干事	杜淳	男	364526198806282327	13602598765	23698742	23698743	9875236	成都
15	13	后勤部	部长	毛遂	男	652312196803154621	13702365489	89657232	89657236	5632156	武汉
16	14		副部长	兰曼曼	女	650203196302251956	13026514987	56982356	56982358	982312	长沙
17	15		仓管	王秀秀	女	792563196606062356	13602565987	95236452	95236453	9236542	哈尔滨
18	16		厨师	张根硕	男	652315196506292359	13208964563	56231598	56231599	623589	无锡
19	17		司机	吴巧	女	235698196303034688	13506598745	89563214	89563215	325698	武汉
20	18	财务部	部长	王春	男	895623198902255611	13402269875	36569877	36569878	365894	北京
21	19		副部长	赵坤	男	659874196201018945	13502267896	89652365	89652366	569874523	青岛
22	20		会计	刘荣	男	987519660226789653	13026547895	56327452	56327453	987452362	上海
23	21		出纳	赵文	男	654235198506265613	13625987456	85623412	85623413	785236	北京

图 6-7　公司通信录

(2) 录入如图 6-8 所示的基本数据。

	A	B	C	D	E	F	G	H	I	J	K	L	M
1	电脑公司通信录												
2	序号	部门	职务	姓名	性别	身份证号	手机号	办公电话	传真	QQ号	籍贯		
3	1	总经理办公室	董事长	李中华	男	370202196012034923	13998756023	98564232	98652315	156598478	济南		男
4	2		总经理	张鸿	男	652315197805054911	15023658974	87569875	87569876	78954623	北京		女
5	3		秘书	刘芳	女	785623197503212612	13658984745	65987423	65987426	4897231	上海		
6	4		副总	刘安	男	985623265457891127	13856498756	56987453	56987483	65987523	河北		
7	5	市场部	部长	邱松	男	370106198802204221	15869856236	69852362	69852365	789654	南京		
8	6		副部长	王平平	男	650298196302254946	13165429845	12398756	12398758	487965	河南		
9	7		主干	陈栋	男	320506199011295611	13502659816	56987563	56987565	98563214789	大连		
10	8		干事	乔伟	男	362586198505268955	13402659587	65325698	65325695	6598236	安徽		
11	9	生产部	部长	王爱华	女	253698197809262653	13069852342	63286946	63286945	6987423	黑龙江		
12	10		副部长	张正	男	652365197906062523	13065256352	98532126	98532123	56987423	重庆		
13	11		主干	刘志军	男	984562196905065625	13965896322	56983652	56983656	2365987	北京		
14	12		干事	杜淳	男	364526198806282327	13602598765	23698742	23698743	9875236	成都		
15	13	后勤部	部长	毛遂	男	652312196803154621	13702365489	89657232	89657236	5632156	武汉		
16	14		副部长	兰曼曼	女	650203196302251956	13026514987	56982356	56982358	982312	长沙		
17	15		仓管	王秀秀	女	792563196606062356	13602565987	95236452	95236453	9236542	哈尔滨		
18	16		厨师	张根硕	男	652315196506292359	13208964563	56231598	56231599	623589	无锡		
19	17		司机	吴巧	女	235698196303034688	13506598745	89563214	89563215	325698	武汉		
20	18	财务部	部长	王春	男	895623198902255611	13402269875	36569877	36569878	365894	北京		
21	19		副部长	赵坤	男	659874196201018945	13502267896	89652365	89652366	569874523	青岛		
22	20		会计	刘荣	男	987519660226789653	13026547895	56327452	56327453	987452362	上海		
23	21		出纳	赵文	男	654235198506265613	13625987456	85623412	85623413	785236	北京		

图 6-8　录入基本数据

- 这里特别说明“序号”、“身份证号”和“性别”3 列数据的输入方法。
- “序号”的输入方法：在单元格 A3 和 A4 中分别输入数字 1 和 2，再选择单元格区域 A3:A4，之后将鼠标指针移到选定区域的右下角，当鼠标指针变成填充柄**+**时，向下拖动填充柄至单元格 A23，这样单元格区域 A3:A23 就填充了数字 1～21。
- “身份证号”的输入方法：首先设置单元格区域 F3:F23 的“数字”格式为“文本”，选定单元格区域 F3:F23，在选定的区域上右击，在弹出的快捷菜单中选择“设置单元格格式”，在弹出的【设置单元格格式】对话框中，选择“数字”选项卡中的“分类”为“文本”，之后就可以在单元格区域 F3:F23 中输入“身份证号”了。

- “性别”的输入方法：首先在距离表格至少间隔一列的位置输入“男”和“女”，这里在单元格 M3 和 M4 中分别输入“男”和“女”；之后选择单元格区域 E3:E23，单击“数据/数据工具”组中的按钮，在弹出的列表中选择“数据有效性”，在弹出的【数据有效性】大对话框中选择“设置”选项卡，在“有效性条件 允许”的列表框中选择“序列”，在“来源”后面的框中单击红色的折叠按钮，弹出【数据有效性】小对话框，用鼠标选定单元格区域 M3:M4，再单击【数据有效性】小对话框中的按钮，返回【数据有效性】大对话框，也可以在“来源”后面的框中直接输入“=$M$3:$M$4”，如图 6-9 所示，单击按钮。单击单元格 E3，这时在单元格的右侧出现箭头，单击箭头选择“男”，单元格区域 E4:E23 的“性别”的输入方法同单元格 E3。

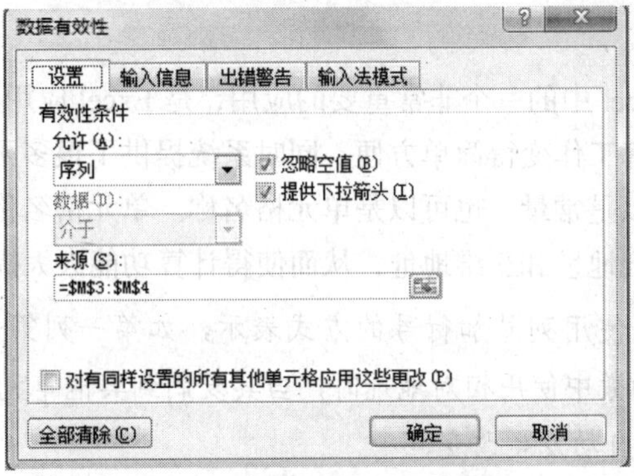

图 6-9 【数据有效性】对话框

(3) 设置表格的边框线。选中单元格区域 A2:K23，单击“开始/段落”组中的框线按钮的右侧箭头，从弹出的列表中选择最后一项“其他边框”，这时弹出【设置单元格格式】对话框，依次在“线条样式”列表框中单击选择粗的实线，在“预置”中单击“外边框”，在“线条样式”列表框中单击选择细的实线，在“预置”中单击“内部”，单击按钮。

(4) 设置字体、字号。选中 A1 单元格，在“开始/字体”组中，将标题字体设置为华文细黑，字号为 18；选择其余文字单元格，将其余单元格字体也设置为宋体，字号为 11。

(5) 合并标题。选中单元格区域 A1:K1，单击“开始/对齐方式”中的按钮。

(6) 按步骤（5）的方法合并居中单元格区域 B3:B6、B7:B10、B11:B14、B15:B19 和 B20:B23。

(7) 设置对齐方式。选择单元格区域 A2:K2，单击“开始/对齐方式”组中的按钮垂直居中和按钮水平居中；选择单元格 B3，在编辑栏中将插入点移到“理”的后面，按下 Alt+Enter 组合键；再选择单元格区域 A3:A23、E3:E23 和 K3:K23 单击按钮和按钮。

(8) 保存和关闭文件。单击左上角的“Office 按钮”，在弹出的菜单中选择“保存”；单击右上角的按钮，就完成了文件的保存和关闭。

项目七

制作公司销售表——公式与函数的应用

【项目背景】

公式与函数是 Excel 中的一个非常重要的应用，是 Excel 应用的一大亮点。Excel 中使用公式计算使得计算工作变得简单方便，同时系统提供了很多函数供用户使用。在公式和函数中，参数可以是常量，也可以是单元格名称。单元格名称的使用可以引用绝对地址、相对地址、混合地址和三维地址，从而使得计算功能大大提高。

- 相对地址可以使用列号加行号的方式表示，如第一列第一行的单元格表示为 A1；公式和函数中使用相对地址时，当其复制到其他单元格时，单元格名称会根据引用位置自动发生改变。
- 绝对地址的表示可以在相对地址的基础上，分别在行号和列号前面加上符号 “$”；若公式和函数中的引用是绝对地址，则当其复制到其他单元格时，单元格名称保持不变。
- 混合地址的表示是行号和列号中之一是相对地址，另一个是绝对地址，即混合地址分为两种情况：一是行号前面有符号 “$”，列号前面没有符号 “$”；另一种是行号前面没有符号 “$”，列号前面有符号 “$”。若公式和函数中引用混合地址，则当其复制到其他单元格时，单元格名称会部分保持不变，部分发生改变，即在 “$” 符号后面的不变，前面没有 “$” 符号的会根据情况发生改变。
- 三维地址指的是某个工作表引用其他工作表中的数据。这时在单元格名称的前面增加工作表的名称，工作表与单元格之间用符号 “!” 连接。

【项目分析】

公司销售表中应用了公式和函数，在函数中应用单元格的相对地址和绝对地址，使用了定义的单元格区域名称。引用名称就是引用了名称所指单元格区域的绝对地址。部分函数中的参数引用另一个函数值，这就是函数嵌套的应用。

本项目首先录入基本数据，基本数据中包含姓名、部门和个人每月的销售额，然后根据基本数据，利用公式和函数计算各部门的总销售额、每个人的销售额排名、各月某些销售额范围的人数和销售标兵（前三名）的姓名等信息。在使用公式时要注意，先输入等号“=”，然后输入表达式或函数等元素。

【解决方案】

本项目可以通过以下几个任务来完成。

- 任务一　使用公式
- 任务二　填充公式
- 任务三　使用函数

任务一　使用公式

使用公式前要先录入基本数据，再根据数据，使用公式和函数进行运算。

【操作步骤】

(1) 启动 Excel 2007，单击左上角的按钮，在弹出的菜单中选择“新建”，弹出【新建工作簿】对话框，在左边的框中选择“空白文档”，在中间的框中单击“空工作簿”，单击右下角的 创建 按钮，新建一个空白工作簿“Book1”。

(2) 输入基本数据，双击工作表标签名称“Sheet1”，将其重命名为“业绩表”；再新建 4 张工作表，将工作表标签分别重命名为“总销售额”、“销售排名”、“各月销售额人数统计”和“销售标兵”，如图 7-1 所示。

	A	B	C	D	E	F	G	H	I
1	森林电器公司2012年上半年业绩表(万元)								
2	序号	姓名	所在部门	一月	二月	三月	四月	五月	六月
3	1	张俊	销售1部	15	16	19	20	21	23
4	2	李明	销售1部	15	18	16	21	20	25
5	3	王牌	销售1部	16	13	18	16	17	24
6	4	杜月	销售1部	18	12	14	19	18	28
7	5	刘丽	销售1部	19	15	15	16	16	27
8	6	王刚	销售2部	18	20	12	23	18	23
9	7	乔强	销售2部	23	19	19	16	23	25
10	8	王树	销售2部	15	16	16	15	15	28
11	9	柳林	销售2部	16	13	17	17	17	21
12	10	田松	销售2部	12	15	18	19	18	26
13	11	杨鹏	销售3部	16	19	16	22	19	24
14	12	刘春	销售3部	22	14	13	18	13	23
15	13	张辉	销售3部	19	16	16	15	17	28
16	14	李诗	销售3部	16	18	91	16	18	27
17	15	张霞	销售3部	18	13	15	17	19	29

图 7-1　公司业绩表

(3) 选定“业绩表”工作表，单击位于行标签“1”的上方、列标签“A”的左方的全选按钮，选定整个工作表，按下 Ctrl+C 组合键复制整个工作表；再单击“销售排名”工作表的全选按钮，选定整个工作表，按下 Ctrl+V 组合键，将“业绩表”工作表全部内容复制到“销售排名”工作表。

(4) 在“销售排名”工作表中，在“六月”的后面增加三列，分别是“总销售额”、“排名”和“百分比排名”，在“开始 / 字体”组中给表格设置适当的字体、字号和边框线，在“开始 / 单元格”组中设置行高和列宽等对表格进行美化，如图 7-2 所示。

(5) 单击选定单元格 J3，然后输入公式“=D3+E3+F3+G3+H3+I3”，最后按下 Enter 键，单元格 J3 就计算完成了。

> **说明**　公式的应用是非常重要的，所有计算都要用到公式。在使用公式进行计算时，一定要先输入半角的等号“=”，再输入数值、单元格名称、函数名等表达式，公式输入完成后要按下 Enter 键，这时计算结果就会显示出来。

(6) 单击左上角的按钮，在弹出的菜单中选择“保存”，将文件保存为“7-1（公司销售表）.xlsx”。

森林电器公司2012年上半年销售排名

序号	姓名	所在部门	一月	二月	三月	四月	五月	六月	总销售额	排名	百分比排名
1	张俊	销售1部	15	16	18	20	21	23			
2	李明	销售1部	15	18	16	21	20	25			
3	王牌	销售1部	16	13	18	16	17	24			
4	杜月	销售1部	18	12	14	19	18	28			
5	刘丽	销售1部	19	15	15	16	16	27			
6	王刚	销售2部	18	20	12	23	20	23			
7	乔强	销售2部	23	19	19	16	23	25			
8	王树	销售2部	15	16	16	15	15	28			
9	柳林	销售2部	16	13	17	17	17	21			
10	田松	销售2部	12	15	18	19	16	26			
11	杨鹏	销售3部	16	19	18	22	19	24			
12	刘春	销售3部	22	14	13	18	13	23			
13	张辉	销售3部	19	16	16	18	17	28			
14	李诗	销售3部	16	18	22	16	18	27			
15	张霞	销售3部	18	13	15	17	19	29			

图 7-2　计算前的“销售排名”工作表

任务二　填充公式

【操作步骤】

(1)　对于单元格区域 J4:J17 的计算，采用填充公式的方法复制单元格 J3 中的公式就可以了。方法是：单击源公式所在的单元格 J3，将鼠标移到单元格 J3 的右下角，当鼠标指针变成填充柄“✚”时，拖动鼠标至单元格 J17，这样单元格区域 J4:J17 就填充了与单元格 J3 相同的公式。

(2)　计算结果如图 7-3 所示。

> 说明：若源公式中引用的是相对地址，则目标单元格中的单元格名称会根据公式的相对位置自动发生变化；若源公式中使用的是绝对地址或是单元格名称，则目标单元格中的单元格名称不会发生改变。

森林电器公司2012年上半年销售排名

序号	姓名	所在部门	一月	二月	三月	四月	五月	六月	总销售额	排名	百分比排名
1	张俊	销售1部	15	16	18	20	21	23	113		
2	李明	销售1部	15	18	16	21	20	25	115		
3	王牌	销售1部	16	13	18	16	17	24	104		
4	杜月	销售1部	18	12	14	19	18	28	109		
5	刘丽	销售1部	19	15	15	16	16	27	108		
6	王刚	销售2部	18	20	12	23	20	23	116		
7	乔强	销售2部	23	19	19	16	23	25	125		
8	王树	销售2部	15	16	16	15	15	28	105		
9	柳林	销售2部	16	13	17	17	17	21	101		
10	田松	销售2部	12	15	18	19	16	26	106		
11	杨鹏	销售3部	16	19	18	22	19	24	118		
12	刘春	销售3部	22	14	13	18	13	23	103		
13	张辉	销售3部	19	16	16	18	17	28	114		
14	李诗	销售3部	16	18	22	16	18	27	117		
15	张霞	销售3部	18	13	15	17	19	29	111		

图 7-3　计算“总销售额”后的“销售排名”工作表

任务三　使用函数

Excel 提供了很多函数应用于计算，函数使得计算功能变得强大且简单。函数是非常重要的一个应用，掌握常用函数的应用是很必要的。

工作表“总销售额”、“销售排名”、“各月销售额人数统计”和“销售标兵”的计算都要用到函数。

【例 7-1】 使用函数对工作表“总销售额”的数据进行统计，统计结果如图 7-4 所示。

这里使用的函数有：SUM 和 AVERAGE。下面分别介绍这 2 个函数的语法。

各部门上半年总销售额
部门
总销售额(万元)
销售1部
550
销售2部
553
销售3部
627
平均销售额
576.7
总销售额
1730
业绩表
总销售额
销售排名

图 7-4　工作表“总销售额”的统计结果

(1) 函数 SUM 语法。

- 含义：返回某一单元格区域中数字、逻辑值及数字的文本表达式之和。
- 语法：SUM(number1,number2, ...)
- 参数：number1，number2，...为 1 到 30 个需要求和的参数，可以是数字，或者是涉及数字的名称、数组或引用。直接键入参数表中的数字、逻辑值及数字的文本表达式也可以被计算。但当通过引用单元格名称来计算时，若单元格中存放的是逻辑值、数字文本或是空白单元格，则不予计算；如果参数为错误值或为不能转换成数字的文本，将会导致错误。

(2) 函数 AVERAGE 语法。

- 含义：返回参数平均值。
- 语法：AVERAGE(number1,number2, ...)
- 参数：参数可以是数字，或者是涉及数字的名称、数组或引用。

如果数组或单元格引用参数中有文字、逻辑值或空单元格，则忽略其值。但是，如果单元格包含零值，则计算在内。

对单元格中的数值求平均值时，应牢记空单元格与含零值单元格的区别，尤其是在单击了窗口左上角“Office 按钮”，在弹出的对话框中，单击右下角的 Excel 选项(I) 按钮后，在【Excel 选项】对话框中取消了“高级”选项中的“在具有零值的单元格中显示零”复选框，如图 7-5 所示。

【操作步骤】

(1) 选定工作表“总销售额”，单击选择单元格 B3，输入半角等号“=”，单击“公式／函数库”组中的 按钮，这时弹出【插入函数】对话框，如图 7-6 所示。

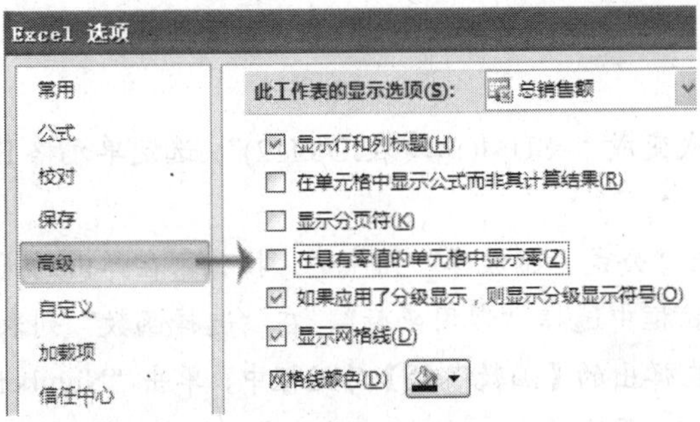

图 7-5　【Excel 选项】对话框

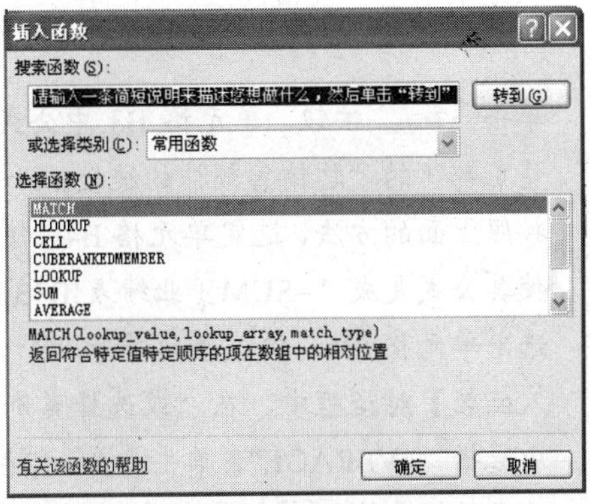

图 7-6　【插入函数】对话框

(2) 在【插入函数】对话框中，在“或选择类别”下拉框中选择“常用函数”，在“选择函数”

列表框中选择“SUM”，单击确定按钮。此时弹出【函数参数】对话框，如图 7-7 所示。

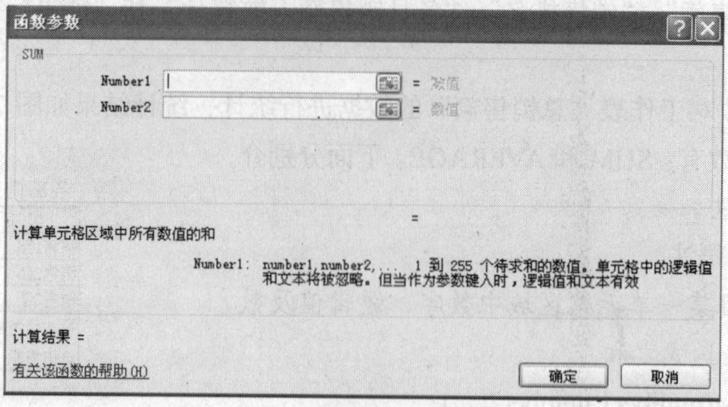

图 7-7 【函数参数】对话框

(3) 单击【函数参数】对话框中的“Number1”后面的折叠按钮，这时【函数参数】对话框折叠起来，如图 7-8 所示。

图 7-8 折叠起来的【函数参数】对话框

(4) 单击后面的折叠按钮，再单击工作表“业绩表”，接着选定单元格区域 D3:I7，最后单击图 7-8 中的折叠按钮，返回展开的【函数参数】对话框，如图 7-9 所示。

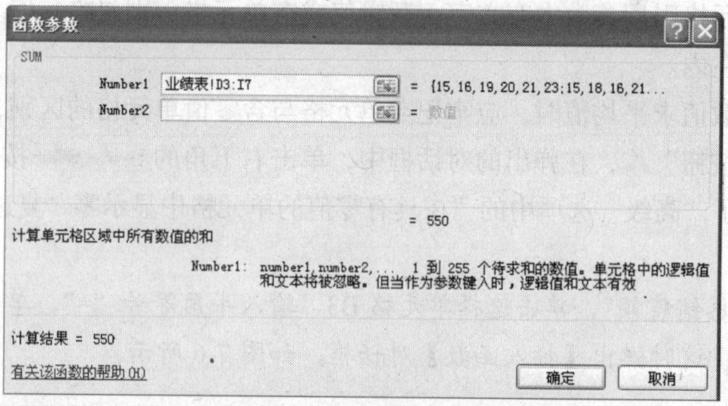

图 7-9 选定参数后的【函数参数】对话框

(5) 单击确定按钮，单元格 B3 中公式就变成了“=SUM(业绩表!D3:I7)”，这样就完成了“销售 1 部”的“总销售额”的统计。

(6) 按照上面的方法，选定单元格 B4，使其公式变成“=SUM(业绩表!D8:I12)”；选定单元格 B5，使其公式变成“=SUM（业绩表!D13:I17）”。

(7) 选定单元格 B6，输入半角等号“=”，单击“公式／函数库”组中的按钮，在弹出的【插入函数】对话框中，在“或选择类别”下拉框中选择“常用函数”，在“选择函数”列表框中选择“AVERAGE”，单击确定按钮。在弹出的【函数参数】对话框中，单击“Number1”后面的折叠按钮，选定单元格区域 B3:B5，再次单击按钮，返回【函数参数】对话框，如图 7-10 所示。单击确定按钮，这时单元格 B6 中的公式变成了“= AVERAGE (B3:B5)”，同时完成了“平均销售额”的计算。

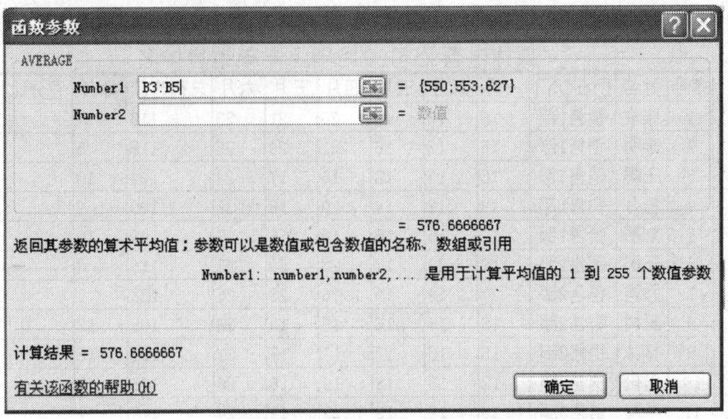

图 7-10　AVERAGE 参数设置

(8) 设置单元格 B6 的格式。右击单元格 B6，在弹出的快捷菜单中选择“设置单元格格式”，在弹出的【设置单元格格式】对话框中，单击选择“数字”选项卡，在“分类”中单击选择“数值”，在右边的“小数位数”中输入“1”，如图 7-11 所示，单击 确定 按钮，这样单元格 B6 中的数值就保留了一位小数。

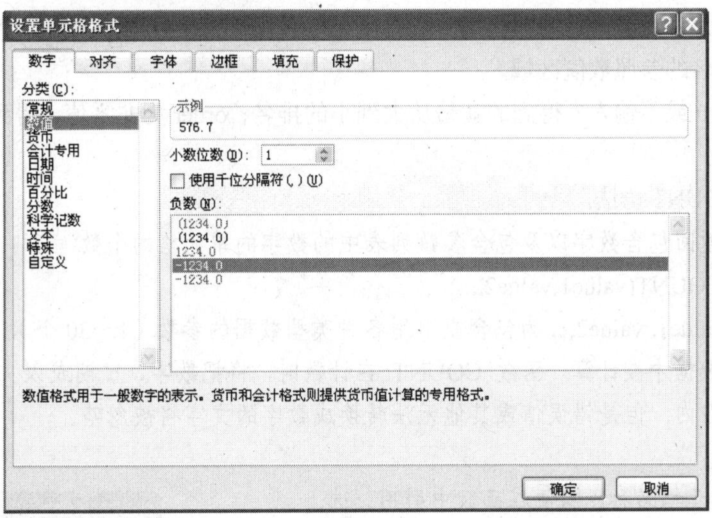

图 7-11　【设置单元格格式】对话框

(9) 选定单元格 B7，输入半角等号“=”，单击“公式／函数库”组中的 按钮，在弹出的【插入函数】对话框中，在“或选择类别”下拉框中选择“常用函数”，在“选择函数”列表框中选择“SUM”，单击 确定 按钮。在弹出的【函数参数】对话框中，单击“Number1”后面的折叠按钮，选定单元格区域 B3:B5，再次单击按钮，返回【函数参数】对话框。单击 确定 按钮，这时单元格 B7 中的公式变成了“=SUM(B3:B5)”，同时完成了“总销售额”的计算。

【例 7-2】 使用函数对工作表“销售排名”的数据进行统计，统计结果如图 7-12 所示。

这里使用的函数有：RANK 和 COUNT。下面分别介绍这 2 个函数的语法。

(1) 函数 RANK 语法。

- 含义：求某一个数值在某一区域内的排名。
- 语法：RANK（number，ref，[order]）

	A	B	C	D	E	F	G	H	I	J	K	L
1	森林电器公司2012年上半年销售排名											
2	序号	姓名	所在部门	一月	二月	三月	四月	五月	六月	总销售额	排名	百分比排名
3	1	张俊	销售1部	15	16	18	20	21	23	113	7	57%
4	2	李明	销售1部	15	18	16	21	20	25	115	5	71%
5	3	王牌	销售1部	16	13	18	16	17	24	104	13	14%
6	4	杜月	销售1部	18	12	14	19	18	28	109	9	43%
7	5	刘丽	销售1部	19	15	15	16	16	27	108	10	36%
8	6	王刚	销售2部	18	20	12	23	20	23	116	4	79%
9	7	乔强	销售2部	23	19	19	16	23	25	125	1	100%
10	8	王树	销售2部	15	16	16	15	15	28	105	12	21%
11	9	柳林	销售2部	16	13	17	17	17	21	101	15	0%
12	10	田松	销售2部	12	15	18	19	16	26	106	11	29%
13	11	杨鹏	销售3部	16	19	18	22	19	24	118	2	93%
14	12	刘春	销售3部	22	14	13	18	13	23	103	14	7%
15	13	张辉	销售3部	19	16	16	18	17	28	114	6	64%
16	14	李诗	销售3部	16	18	22	16	18	27	117	3	86%
17	15	张霞	销售3部	18	13	15	17	19	29	111	8	50%

业绩表 / 总销售额 / 销售排名 / 各月销售额人数统计 / 销售标兵

图 7-12　工作表“销售排名”的统计结果

- 参数：

① number 为需要求排名的那个数值或者单元格名称（单元格内必须为数字）。

② ref 为排名的参照数值区域。

③ order 为 0 或不输入，得到的就是从大到小的排名；order 为非零值，得到的是从小到大的排名。

(2) 函数 COUNT 语法。

- 含义：返回包含数字以及包含参数列表中的数字的单元格的个数。
- 语法：COUNT(value1,value2,...)
- 参数：value1, value2, ...为包含或引用各种类型数据的参数（1～30 个），但只有数字类型的数据才被计算。函数 COUNT 在计数时，将把数字、日期或以文本代表的数字计算在内；但是错误值或其他无法转换成数字的文字将被忽略。

【操作步骤】

(1) 首先定义单元格名称，以便在函数中引用。选定工作表“销售排名”，选定单元格区域 A2:L17，单击“公式／定义的名称”组中的根据所选内容创建按钮，在弹出的【以选定区域创建名称】对话框中选中“首行”，如图 7-13 所示。单击确定按钮，则给选定的单元格区域 A2:L17 的第一行定义了名称。

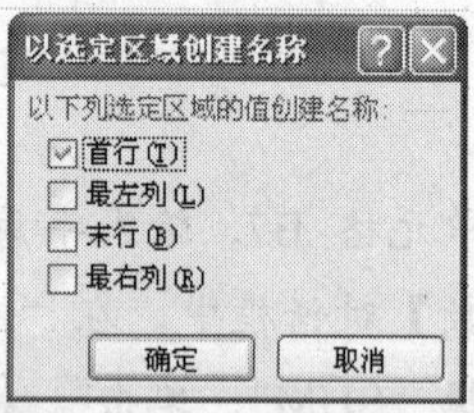

图 7-13　【以选定区域创建名称】对话框

(2) 单击单元格 K3，输入半角等号“=”，单击“公式／函数库”中的按钮，在弹出的【插入函数】对话框中，在“或选择类别”下拉框中选择“全部”，在“选择函数”列表框中选择“RANK”，单击确定按钮。在弹出的【函数参数】对话框中，单击“Number”后面的折叠按钮，选定单元格 J3，再次单击按钮，返回【函数参数】对话框；单击“Ref”后面的折叠按钮，选定单元格区域 J3:J17，再次单击按钮，返回【函数参数】对话框，如图 7-14 所示，将“Ref”后面的单元格区域 J3:J17 改写成$J$3:$J$17，引用单元格区域 J3:J17 的绝对地址，使得公式复制到下面的单元格时，单元格区域J3:J17的地址保持不变。单击确定按钮，这时单元格K3中的公式变成了“=RANK(J3,$J$3:$J$17)”，同时完成了第一个人的“排名”的计算。

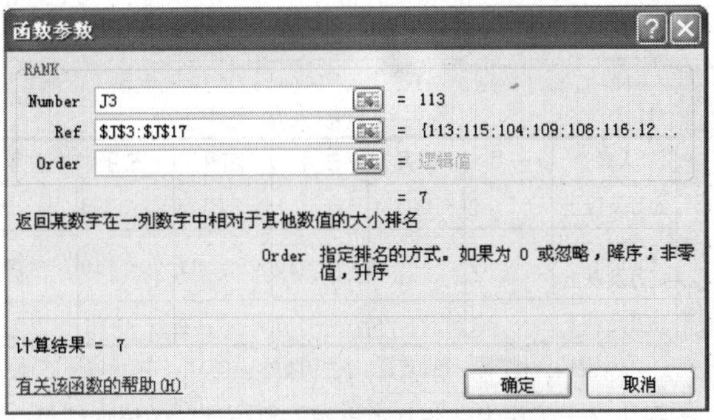

图 7-14　RANK【函数参数】对话框

(3) 将单元格K3中的公式复制到单元格区域K4:K17。单击单元格K3，将鼠标移到K3的右下角，当鼠标指针变成填充柄“+”时，拖动鼠标至单元格K17，这样单元格区域K4:K17就填充了与单元格K3相同的公式。

(4) 计算“百分比排名”，首先要理解什么是百分比排名。百分比排名就是求比此数据小的数据个数除以与此数据进行比较的数据个数总数，转换成百分比的形式表示。计算一个人的百分比排名，首先计算总人数，根据“名次”计算比他小的人数是“总人数”减去他的“名次”；再计算与这个人比较的人数，是“总人数”减去1。有了思路，就可以计算第一个人的百分比排名了。选中单元格L3，输入半角等号“=”，单击“公式／函数库”组中的f_x按钮，在弹出的【插入函数】对话框中，在“或选择类别”下拉框中选择“全部”，在“选择函数”列表框中选择“COUNT”，单击确定按钮。在弹出的【函数参数】对话框中，单击“Value1”后面的折叠按钮，单击“公式／定义的名称”组中的用于公式按钮，在弹出的列表框中选中“序号”，再次单击按钮，回到【函数参数】对话框，如图7－15所示。单击确定按钮，再在编辑栏中将公式修改成“=（COUNT（序号）-K3）/（COUNT（序号）-1)”，按下Enter键。再将单元格的值转换成百分比，方法是选中单元格L3，单击“开始／数字”组中的%按钮，再单击按钮来增加和减少小数位数。

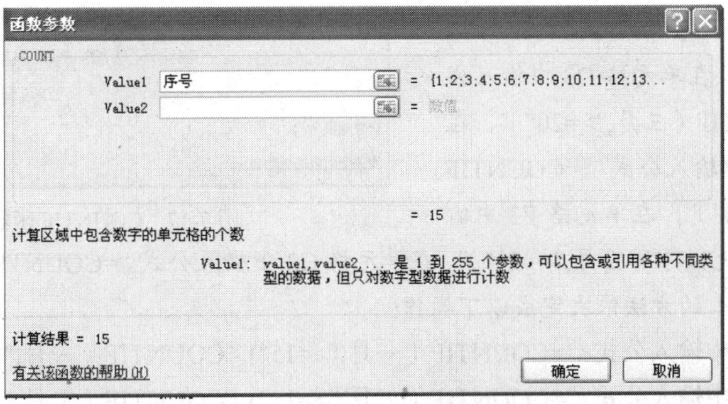

图 7-15　COUNT 函数参数设置

(5) 将单元格L3的公式复制到单元格区域L4:L17。单击单元格L3，将鼠标移到单元格L3的右下角，当鼠标指针变成填充柄“+”时，拖动鼠标至单元格 L17，这样单元格区域 L4:L17 就填充了与单元格 L3 相同的公式。

【例 7-3】 使用函数对工作表“各月销售额人数统计”的数据进行统计，统计结果如图 7-16 所示。

	A	B	C	D	E	F	G
1	各月销售额人数统计						
2	人数	一月	二月	三月	四月	五月	六月
3	20万及以上	2	1	1	4	4	15
4	20万以下 15万及以上	12	8	10	11	10	0
5	15万元以下	1	5	3	0	1	0

业绩表 / 总销售额 / 销售排名 / 各月销售额人数统计 / 销售标兵

图 7-16 工作表“各月销售额人数统计”的统计结果

这里使用的函数有：COUNTIF。下面介绍该函数的语法。

函数 COUNTIF 语法如下。

- 含义：计算区域中满足给定条件的单元格的个数。
- 语法：COUNTIF（range,criteria）
- 参数：

① range 为需要计算其中满足条件的单元格数目的单元格区域；

② criteria 为确定哪些单元格将被计算在内的条件，其形式可以为数字、表达式或文本。

【操作步骤】

(1) 单击“各月销售额人数统计”工作表，选中单元格 B3，输入半角等号“=”，单击“公式/函数库”组中的按钮，在弹出的【插入函数】对话框中，在“或选择类别”下拉框中选择“全部”，在“选择函数”列表框中选择“COUNTIF”，单击 确定 按钮。在弹出的【函数参数】对话框中，单击“Range”后面的折叠按钮，单击“公式/定义的名称”组中的 用于公式 按钮，在弹出的列表框中选中“一月”，再次单击按钮，返回【函数参数】对话框；在“Criteria”框中输入“>=20”，如图 7-17 所示。单击 确定 按钮。

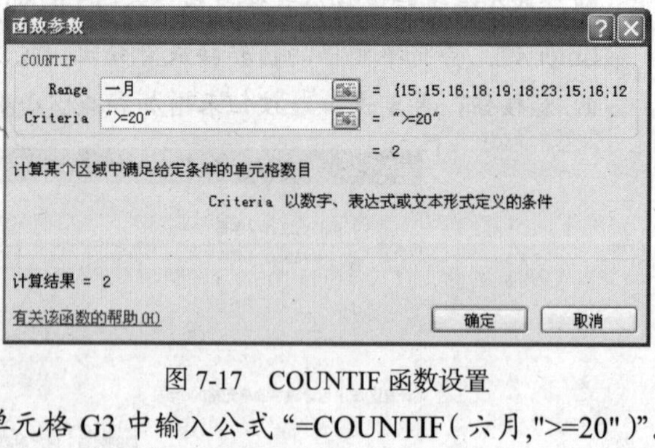

图 7-17 COUNTIF 函数设置

(2) 按照步骤（1）的方法依次在单元格 C3 中输入公式“=COUNTIF（二月,">=20"）”，在单元格 D3 中输入公式“=COUNTIF（三月,">=20"）”，在单元格 E3 中输入公式“=COUNTIF（四月,">=20"）”，在单元格 F3 中输入公式“=COUNTIF（五月,">=20"）”，在单元格 G3 中输入公式“=COUNTIF（六月,">=20"）”。

(3) 按照步骤（1）的方法依次完成以下操作：

在单元格 B4 中输入公式“=COUNTIF（一月,">=15") - COUNTIF（一月,">=20"）”，

在单元格 C4 中输入公式“=COUNTIF（二月,">=15") - COUNTIF（二月,">=20"）”，

在单元格 D4 中输入公式“=COUNTIF（三月,">=15") - COUNTIF（三月,">=20"）”，

在单元格 E4 中输入公式“=COUNTIF（四月,">=15") - COUNTIF（四月,">=20"）”，

在单元格 F4 中输入公式“=COUNTIF（五月,">=15") - COUNTIF（五月,">=20"）”，

在单元格 G4 中输入公式“=COUNTIF（六月,">=15") - COUNTIF（六月,">=20"）”。

(4) 按照步骤（1）的方法依次完成以下操作：

在单元格 B5 中输入公式“=COUNTIF（一月,"<15"）”，

在单元格 C5 中输入公式“=COUNTIF（二月,"<15"）”，

在单元格 D5 中输入公式“=COUNTIF（三月,"<15"）”，

在单元格 E5 中输入公式“=COUNTIF（四月," <15"）”，

在单元格 F5 中输入公式“=COUNTIF（五月," <15"）”，

在单元格 G5 中输入公式“=COUNTIF（六月," <15"）”。

项目升级　使用嵌套函数

使用嵌套函数对工作表“销售标兵”的数据进行统计，统计结果如图 7-18 所示。

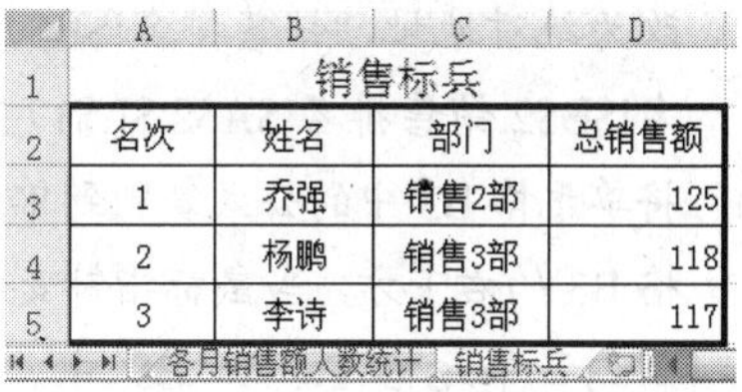

名次	姓名	部门	总销售额
1	乔强	销售2部	125
2	杨鹏	销售3部	118
3	李诗	销售3部	117

图 7-18　工作表“销售标兵”的统计结果

有时使用一个函数时，函数的参数引用的是其他函数值，即函数的参数是另一个函数，这种方式就是函数的嵌套。

这里需要使用 MATCH 和 HLOOKUP 两个函数。下面分别介绍这 2 个函数的语法。

(1) MATCH 函数语法。

- 含义：返回指定数值在指定数组区域中的位置。
- 语法：MATCH(lookup_value, lookup_array, match_type)
- 参数：

① lookup_value 为需要在数据表（lookup_array）中查找的值。

② lookup_array 为可能包含所要查找数值的连续的单元格区域。

③ match_type 为 1 时，查找小于或等于 lookup_value 的最大数值，lookup_array 必须按升序排列；为 0 时，查找等于 lookup_value 的第一个数值，lookup_array 按任意顺序排列；为-1 时，查找大于或等于 lookup_value 的最小数值，lookup_array 必须按降序排列。

(2) HLOOKUP 函数语法。

- 含义：在单元格区域中搜索指定项，然后返回该项在单元格区域中的相对位置。
- 语法：HLOOKUP（查询值,数据查询范围,返回值所在行的行序号,逻辑值）
- 参数：

① “查询值”为在数据表格范围内第一行中要查找的值，可以是数值、引用地址或文本字符串。

② “数据查询范围”为数据表格的范围或范围名称。

③ “返回值所在行的行序号”是一个数字，代表所要返回的值是在查询表中的第几行，即查询表中待返回的匹配值的行序号。为 1 时，返回查询表第一行的数值；为 2 时，返回第二行的数值，以此类推。如果小于 1，HLOOKUP 函数将返回错误值#VALUE!；如果大于查询表的行数，HLOOKUP 函数将返回错误值#REF!。

④ “逻辑值”用来指定是要完全符合或部分符合。默认值为 TRUE 代表部分符合即可。当此参数值为 FALSE 时，会查找完全符合的值，如果找不到，则返回错误值#N/A。

下面计算“销售标兵”工作表就是采用嵌套函数完成的，先使用工作表“销售排名”中的数据，使用函数 MATCH 计算出“排名”是 1、2 和 3 的在“排名”一列中（销售排名!$K$2:$K$17,0）所处的行的位置，再将函数 MATCH 的计算结果作为函数 HLOOKUP 的参数，查找出对应行的“姓名”、“部门”和“总销售额”。

【操作步骤】

(1) 计算“排名”是 1 的在“销售排名”工作表中“排名”一列中的第几行。计算方法是先输入公式“=MATCH(A3,销售排名!K2:K17,0)”，再将“销售排名!K2:K17”改为绝对地址“销售排名!$K$2:$K$17”，最后的公式是“=MATCH(A3,销售排名!$K$2:$K$17,0)”。

(2) 查找“排名”是 1 的对应的“姓名”。在 B3 单元格中输入“=HLOOKUP(销售排名!B2,销售排名!A2:L17,MATCH(A3,销售排名!$K$2:$K$17,0),0)”，再将“销售排名!B2,销售排名!A2:L17”改为绝对地址“销售排名!$B$2,销售排名!$A$2:$L$17”，最后的公式是“=HLOOKUP(销售排名!$B$2,销售排名!$A$2:$L$17,MATCH(A3,销售排名!$K$2:$K$17,0),0)”。

(3) 将单元格 B3 中的公式复制到单元格 B4 和 B5 中。方法是选中单元格 B3，将鼠标指针移到单元格 B3 的右下方，当鼠标指针变成**+**时，拖动鼠标至单元格 B5，这样就将单元格 B3 中的公式复制到了单元格 B4 和 B5 中。单元格 B4 中的公式为“=HLOOKUP(销售排名!$B$2,销售排名!$A$2:$L$17,MATCH(A4,销售排名!$K$2:$K$17,0),0)”，单元格 B5 中的公式为“=HLOOKUP(销售排名!$B$2,销售排名!$A$2:$L$17,MATCH(A5,销售排名!$K$2:$K$17,0),0)”。

(4) 按步骤（2）的方法，在单元格 C3 中输入公式“=HLOOKUP(销售排名!$C$2,销售排名! $A$2:$L$17,MATCH(A3,销售排名!$K$2:$K$17,0),0)”。

(5) 按步骤（3）的方法，将单元格 C3 中的公式复制到单元格 C4 和 C5 中。单元格 C4 中的公式是“=HLOOKUP(销售排名!$C$2,销售排名!$A$2:$L$17,MATCH(A4,销售排名!$K$2:$K$17,0),0)”，单元格 C5 中的公式是“=HLOOKUP(销售排名!$C$2,销售排名!$A$2:$L$17,MATCH(A5,销售排名!$K$2:$K$17,0),0)”。

(6) 按步骤（2）的方法，在单元格 D3 中输入公式“=HLOOKUP(销售排名!$J$2,销售排名!$A$2:$L$17,MATCH(A3,销售排名!$K$2:$K$17,0),0)”。

(7) 按步骤（3）的方法，将单元格 D3 中的公式复制到单元格 D4 和 D5 中。单元格 D4 中的公式是“=HLOOKUP(销售排名!$J$2,销售排名!$A$2:$L$17,MATCH(A4,销售排名!$K$2:$K$17,0),0)”，单元格 D5 中的公式是“=HLOOKUP(销售排名!$J$2,销售排名!$A$2:$L$17,MATCH(A5,销售排名!$K$2:$K$17,0),0)”。

(8) 保存和关闭文件。单击左上角的“Office 按钮”，在弹出的菜单中选择“保存”；单击右上角的“关闭”按钮，就完成了文件的保存和关闭。

项目小结

Excel 中公式和函数应用很广泛，非常适合报表统计，特别是在计算方法相同时，可以将公式中需要变化的单元格名称设置为相对地址，将不能变化的单元格名称设置为绝对地址来进行灵活的运算。同时，系统提供了多种类型的函数，如财务函数、逻辑函数、文本函数、日期和时间函数、数学和三角函数、查找与引用函数等。函数中的参数还可以是另一个函数值，就是说，函数可以嵌套使用，并且可以嵌套多层使用。

课后练习　制作图书借阅表

本节介绍制作图书借阅表的方法，制作的表格如图 7-19 所示。

	A	B	C	D	E	F	G	H
1	图书借阅表							
2	序号	借书证号	书号	借出日期	应还日期	归还日期	是否过期	过期天数
3	1	01-01	01	2012-09-12	2012-12-12	2012-10-16	否	0
4	2	01-02	01	2012-10-25	2013-01-25	2012-02-01	否	0
5	3	03-04	02	2012-09-06	2013-02-06	2012-12-26	否	0
6	4	02-03	05	2012-02-05	2012-06-05	2012-09-06	是	93
7	5	01-01	08	2012-06-05	2012-11-05	2012-09-09	否	0
8	6	01-01	10	2012-10-08	2013-01-08	2012-12-25	否	0
9	7	03-02	05	2012-06-09	2012-10-09	2012-12-23	是	75
10	8	03-02	01	2012-05-05	2012-08-05	2012-06-09	否	0
11	9	04-04	01	2012-05-09	2012-08-09	2012-06-19	否	0
12	10	04-01	02	2012-09-29	2013-03-01	2012-12-28	否	0

图 7-19　图书借阅表

这里需要使用 MATCH、HLOOKUP、DATE、IF 和 TODAY 函数。MATCH 和 HLOOKUP 函数在前面介绍过，下面介绍 DATE、IF 和 TODAY 函数的语法。

(1) DATE 函数语法。

- 含义：将年月日数字转为日期。
- 语法：DATE(year,month,day)
- 参数：

① year ：可以为一到四位数字。

② month ：用数字 1～12 代表一年中从 1 月～12 月。

③ day：用数字 1～31 代表一月中从 1 日～31 日。

(2) IF 函数语法。

- 含义：执行真假值判断，根据逻辑计算的真假值，返回不同结果。
- 语法：IF(logical_test,value_if_true,value_if_false)
- 参数：

① logical_test ：表示计算结果为 TRUE 或 FALSE 的任意值或表达式。

② value_if_true ：logical_test 为 TRUE 时返回的值。

③ value_if_false ：logical_test 为 FALSE 时返回的值。

(3) TODAY 函数语法。

- 含义：取出系统日期。
- 语法：TODAY()
- 参数：无参数。

【操作步骤】

(1) 启动 Excel 2007，新建一个空白工作簿“Book1”，将文件以“7-2(图书).xlsx”为名保存。

(2) 录入如图7-20所示的“借书人”工作表和如图7-21所示的“图书”工作表基本数据。

借书人基本情况表

序号	姓名	部门	借书证号	性别	出生日期	年龄
1	李中华	经理	01-01	男	1962-08-09	
2	张鸿	副经理	01-02	男	1963-05-06	
3	刘芳	办公室	01-03	女	1970-12-06	
4	刘安	办公室	01-04	男	1976-05-09	
5	邱松	市场部	02-01	男	1985-08-08	
6	王平平	市场部	02-02	男	1990-03-05	
7	陈栋	市场部	02-03	男	1992-08-03	
8	乔伟	市场部	02-04	男	1989-09-09	
9	王爱华	生产部	03-01	女	1986-07-03	
10	张正	生产部	03-02	男	1986-06-06	
11	刘志军	生产部	03-03	男	1982-08-04	
12	杜淳	生产部	03-04	男	1982-07-23	
13	毛遂	后勤部	04-01	男	1987-06-25	
14	兰曼曼	后勤部	04-02	女	1975-05-05	
15	王秀秀	后勤部	04-03	女	1984-05-03	
16	张根硕	后勤部	04-04	男	1986-12-25	
17	吴巧	后勤部	04-05	女	1983-12-29	
18	王春	财务部	05-01	男	1982-09-26	
19	赵坤	财务部	05-02	男	1985-05-27	
20	刘荣	财务部	05-03	男	1980-09-25	
21	赵文	财务部	05-04	男	1989-11-10	

图7-20 录入“借书人”工作表基本数据

图书基本情况表

序号	书号	书名	出版社	单价	借期（月）
1	01	Photoshop图像处理	北京出版社	35	3
2	02	Flash动画	大连出版社	32	5
3	03	C语言	青岛出版社	26	6
4	04	计算机基础应用	广州出版社	30	3
5	05	Access数据库	天津出版社	28	4
6	06	Office应用	哈尔滨出版社	25	5
7	07	现代信息技术	人民出版社	45	3
8	08	计算机网络技术	上海出版社	36	5
9	09	Excel应用	四川出版社	27	3
10	10	Word应用	湖南出版社	23	3

图7-21 录入“图书”工作表基本数据

说明

这里特别说明各工作表中的字段格式设置。

①“借书人”工作表中的“姓名”、“部门”、“借书证号”和“性别”为“文本”格式；“出生日期”为“自定义”格式，定义为“yyyy-mm-dd”；“年龄”为“数值”格式，小数位数为0。

②“图书”工作表中的“书号”、“书名”和“出版社”为“文本”格式；“单价”和“借期（月）”为“数值”格式，小数位数为0。

③“图书借阅”工作表中的“借书证号”和“书号”为“文本”格式；“借出日期”、“应还日期”和“归还日期”为“自定义”格式，定义为“yyyy-mm-dd”；“过期天数”为“数值”格式，小数位数为0。

(3) 计算“借书人”工作表中的“年龄”。根据系统日期和“出生日期”计算“年龄”，用系统日期中的年份减去出生日期中的年份就计算出了年龄。选中单元格G3，输入公式“=YEAR(TODAY())-YEAR(F3)”。

(4) 将单元格G3中“年龄”公式复制到单元格区域G4:G23。

(5) 计算“图书借阅”工作表中的“应还日期”。“应还日期”等于“借出日期”加上“借期”（月），

“借出日期”根据“图书借阅”工作表中的“书号”，在“图书”工作表中找到对应“书号”的“借期（月）”，这里的“借期（月）”单位是“月”，为此，使用日期函数 Date（ ）取出年月日，然后在月份中加上“借期”月份，再对计算后的年月日重新组合，计算得到“应还日期”。

选中“图书借阅”工作表中单元格 E3，输入公式“=DATE(YEAR(D3),MONTH(D3)+HLOOKUP(图书!$F$2,图书!$A$2:$F$12,MATCH(C3,图书!$B$2:$B$12,0),0),DAY(D3))”。

(6) 将“图书借阅”工作表中的单元格 E3 中的公式复制到单元格区域 E4:E12 中。

(7) 计算“图书借阅”工作表中的“是否过期”。使用 IF 函数判断，如果“归还日期”小于等于“应还日期”,则没过期，否则为过期。选中单元格 G3，输入公式“=IF(F3<=E3,"否","是")”。

(8) 将“图书借阅”工作表中的单元格 G3 中的公式复制到单元格区域 G4:G12 中。

(9) 计算“图书借阅”工作表中的“过期天数”。使用 IF 函数判断，如果“过期”了，则“过期天数”等于“归还日期”减去“应还日期”；否则，“过期天数”为零。选中单元格 H3，输入公式“=IF(G3="是",F3-E3,0)”。

(10) 将“图书借阅”工作表中的单元格 H3 中的公式复制到单元格区域 H4:H12 中。

(11) 保存和关闭文件。单击左上角的“Office 按钮”，在弹出的菜单中选择“保存”；单击右上角的按钮，就完成了文件的保存和关闭。

项目八

制作职员工资表——数据处理操作

【项目背景】

Excel 具有较强的数据处理功能，能对数据按单列、多列、行或自定义序列进行排序，用户可以根据需要对数据按自己定义的条件进行筛选，可以对数据进行分类汇总，可以根据需要设置多个级别的分类汇总，可以对数据进行合并计算，还可以使用数据透视表进行数据分析。

【项目分析】

职员工资表中应用了多种数据处理的方法，如对职员工资表按单列或多列等多种方式进行排序；对职员工资表按单个或多个条件进行筛选，条件之间可以是“与”的关系，也可以是“或”的关系；对职员工资表按某列进行分类汇总，还可以设置多个级别的分类汇总；对职员工资表按某列进行合并计算；对职员工资表使用数据透视表按要求分析数据。

本项目首先录入职员工资表基本数据，然后在该数据的基础上，对数据应用进行排序、筛选、分类汇总、合并计算和使用数据透视表分析数据和处理数据。这里需要注意的是，在进行分类汇总时，按哪列进行分类汇总，应先按该列进行排序之后，再进行分类汇总；在进行筛选时，自动筛选中的各列条件之间只能是“与”的关系，若想设置某些列之间是“或”的关系，则需要应用高级筛选来完成。

【解决方案】

本项目可以通过以下几个任务来完成。

- 任务一　排序
- 任务二　自动筛选
- 任务三　分类汇总
- 任务四　多级分类汇总
- 任务五　高级筛选、合并计算和数据透视表操作

任务一　排序

排序之前先录入基本数据，再根据数据进行排序。可以按单列排序、按多列排序、

按行排序和自定义序列排序。

【操作步骤】

(1)　录入基本数据。

①　启动 Excel 2007，单击左上角按钮，在弹出的菜单中选择“新建”，弹出【新建工作簿】对话框，在左边的框中选择“空白文档”，在中间的框中单击“空工作簿”，单击右下角的 创建 按钮，新建一个空白工作簿“Book1”。

②　输入基本数据，双击工作表标签名称“Sheet1”，将其重命名为“职员工资表”；再新建 10 张工作表，将工作表标签分别重命名为“单列排序”、“多列排序”、“按行排序”、“自定义序列排序”、“自动筛选”、“分类汇总”、“多级分类汇总”、“高级筛选”、“合并计算”和“数据透视表”，如图 8-1 所示。

职员工资表

序号	姓名	部门	职务	基本工资	奖金	补贴	扣款	实发工资
1	李中华	经理	经理	5600	1600	500	58	7642
2	张鸿	副经理	主任	4200	1200	500	0	5900
3	刘芳	办公室	秘书	3100	1000	500	20	4580
4	刘安	办公室	秘书	3000	800	500	70	4230
5	邱松	市场部	主任	4600	1200	500	36	6264
6	王平平	市场部	主管	4000	1000	500	55	5445
7	陈栋	市场部	主管	3200	900	500	53	4547
8	乔伟	市场部	主管	3500	950	500	800	4150
9	王爱华	生产部	主任	4200	1300	500	50	5950
10	张正	生产部	主管	4100	1200	500	65	5735
11	刘志军	生产部	主管	3600	900	500	68	4932
12	杜淳	生产部	主管	3500	950	500	23	4927
13	毛遂	后勤部	主任	4500	1200	500	0	6200
14	兰曼曼	后勤部	主管	4200	1100	500	59	5741
15	王秀秀	后勤部	主管	3600	900	500	55	4945
16	张根硕	后勤部	主管	3800	980	500	67	5213
17	吴巧	后勤部	主管	3500	950	500	98	4852
18	王春	财务部	主任	4200	1200	500	95	5805
19	赵坤	财务部	主管	4500	1050	500	83	5967
20	刘茉	财务部	主管	3200	960	500	85	4575
21	赵文	财务部	主管	3800	980	500	82	5198

职员工资表　单列排序　多列排序　按行排序　自定义序列排序　自动筛选　分类汇总　多级分类汇总　高级筛选　合并计算　数据透视表

图 8-1　职员工资表

③　选定“职员工资表”工作表，单击位于行标签“1”的上方、列标签“A”的左方的全选按钮，选定整个工作表，按下 Ctrl+C 组合键复制整个工作表；再单击选定“单列排序”工作表，单击全选按钮，选定整个工作表，按下 Ctrl+V 组合键，将“职员工资表”工作表内容全部复制到“单列排序”工作表。

④　按步骤③的方法，将工作表“职员工资表”中的所有数据复制到工作表“多列排序”、“按行排序”、“自定义序列排序”以及后面所有的工作表中。

(2)　单列排序。选定工作表“单列排序”，这里按“实发工资”一列进行“降序”排列。

①　单击选择“实发工资”中的任一数据单元格，即单击选择单元格区域 I2: I23 中的任一单元格，如单击选择单元格 I10。

②　单击“数据 / 排序和筛选”组中的降序按钮，则完成了按“实发工资”一列降序排列。排序结果如图 8-2 所示。

(3)　多列排序。选定工作表“多列排序”，这里先按“职务”和“部门”升序、再按“实发工资”进行“降序”排列。

①　选择工作表中数据区域，即选择单元格区域 A2: I23。

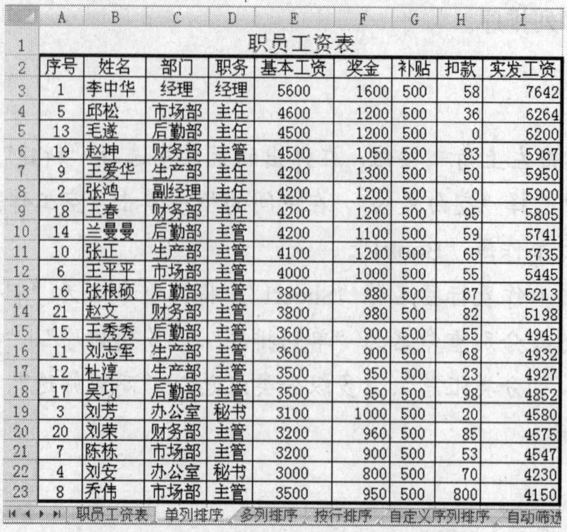

序号	姓名	部门	职务	基本工资	奖金	补贴	扣款	实发工资
1	李中华	经理	经理	5600	1600	500	58	7642
5	邱松	市场部	主任	4600	1200	500	36	6264
13	毛遂	后勤部	主任	4500	1200	500	0	6200
19	赵坤	财务部	主管	4500	1050	500	83	5967
9	王爱华	生产部	主任	4200	1300	500	50	5950
2	张鸿	副经理	主任	4200	1200	500	0	5900
18	王春	财务部	主任	4200	1200	500	95	5805
14	兰曼曼	后勤部	主管	4200	1100	500	59	5741
10	张正	生产部	主管	4100	1200	500	65	5735
6	王平平	市场部	主管	4000	1000	500	55	5445
16	张根硕	后勤部	主管	3800	980	500	67	5213
21	赵文	财务部	主管	3800	980	500	82	5198
15	王秀秀	后勤部	主管	3600	900	500	55	4945
11	刘志军	生产部	主管	3600	900	500	68	4932
12	杜淳	生产部	主管	3500	950	500	23	4927
17	吴巧	后勤部	主管	3500	950	500	98	4852
3	刘芳	办公室	秘书	3100	1000	500	20	4580
20	刘荣	财务部	主管	3200	960	500	85	4575
7	陈栋	市场部	主管	3200	900	500	53	4547
4	刘安	办公室	秘书	3000	800	500	70	4230
8	乔伟	市场部	主管	3500	950	500	800	4150

图 8-2　按“实发工资”降序排列结果

② 单击“数据 / 排序和筛选”中的按钮，弹出【排序】对话框，如图 8-3 所示。

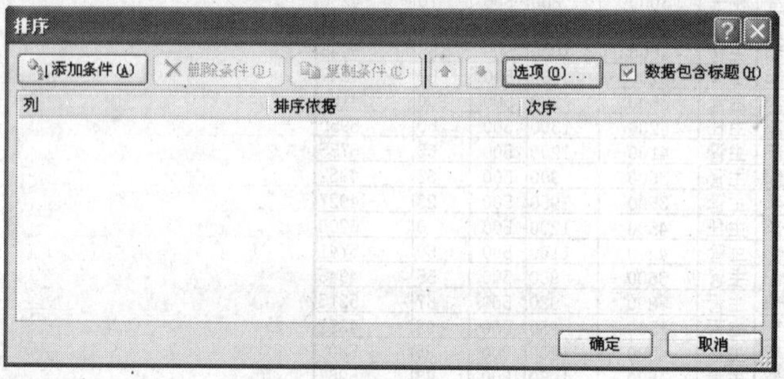

图 8-3 【排序】对话框

③ 单击添加条件(A)按钮，在“主要关键字”右侧的下拉列表框中选择“职务”，在“排序依据”右侧的下拉列表框中选择“数值”，在“次序”右侧的下拉列表框中选择“升序”。

④ 按步骤③的方法添加其他两个条件，同时保留右上角的“☑数据包含标题”选项，如图 8-4 所示。单击确定按钮，完成按多列排序。排序结果如图 8-5 所示。

(4) 按行排序。选定工作表“按行排序”，这里将工作表中的“部门”和“职务”按第 2 行降序排列。

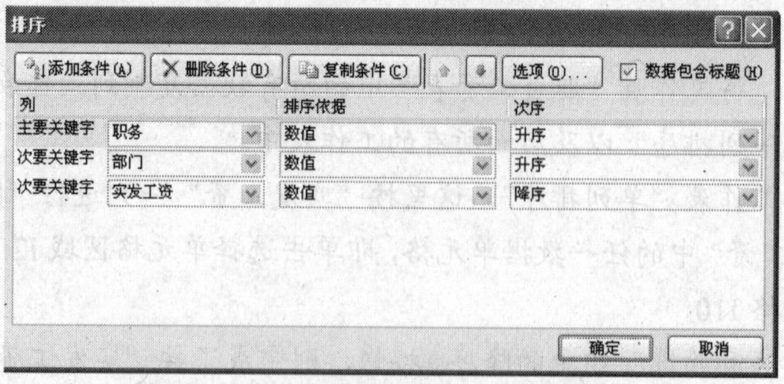

图 8-4　【排序】对话框中“添加条件”

① 选择工作表中要排序的数据区域，即选择单元格区域 C2: D23。

② 单击“数据 / 排序和筛选”组中的按钮，弹出【排序】对话框，单击选项(O)...按钮，弹出【排序选项】对话框。在“方向”框中选中按行排序(L)，如图 8-6 所示，单击确定按钮，弹出

【排序】对话框。

职员工资表

序号	姓名	部门	职务	基本工资	奖金	补贴	扣款	实发工资
1	李中华	经理	经理	5600	1600	500	58	7642
3	刘芳	办公室	秘书	3100	1000	500	20	4580
4	刘安	办公室	秘书	3000	800	500	70	4230
19	赵坤	财务部	主管	4500	1050	500	83	5967
21	赵文	财务部	主管	3800	980	500	82	5198
20	刘茉	财务部	主管	3200	960	500	85	4575
14	兰曼曼	后勤部	主管	4200	1100	500	59	5741
16	张根硕	后勤部	主管	3800	980	500	67	5213
15	王秀秀	后勤部	主管	3600	900	500	55	4945
17	吴巧	后勤部	主管	3500	950	500	98	4852
10	张正	生产部	主管	4100	1200	500	65	5735
11	刘志军	生产部	主管	3600	900	500	68	4932
12	杜淳	生产部	主管	3500	950	500	23	4927
6	王平平	市场部	主管	4000	1000	500	55	5445
7	陈栋	市场部	主管	3200	900	500	53	4547
8	乔伟	市场部	主管	3500	950	500	800	4150
18	王春	财务部	主任	4200	1200	500	95	5805
2	张鸿	副经理	主任	4200	1200	500	0	5900
13	毛遂	后勤部	主任	4500	1200	500	0	6200
9	王爱华	生产部	主任	4200	1300	500	50	5950
5	邱松	市场部	主任	4600	1200	500	36	6264

职员工资表 / 单列排序 / 多列排序 / 按行排序 / 自定义序列排序 / 自动筛选

图 8-5　按"职务"、"部门"和"实发工资"多列排序结果

③　在【排序】对话框中，单击 添加条件(A) 按钮，在"主要关键字"右侧的下拉列表框中选择"行 2"，在"排序依据"右侧的下拉列表框中选择"数值"，在"次序"右侧的下拉列表框中选择"降序"，如图 8-7 所示。单击 确定 按钮，就完成了按第 2 行降序排列。

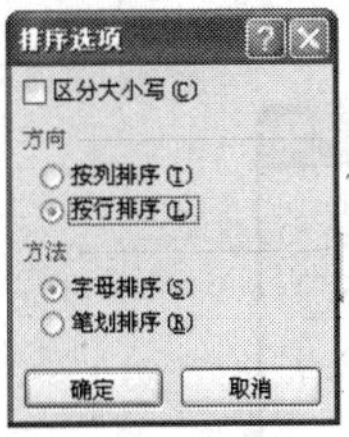

图 8-6　按行排序

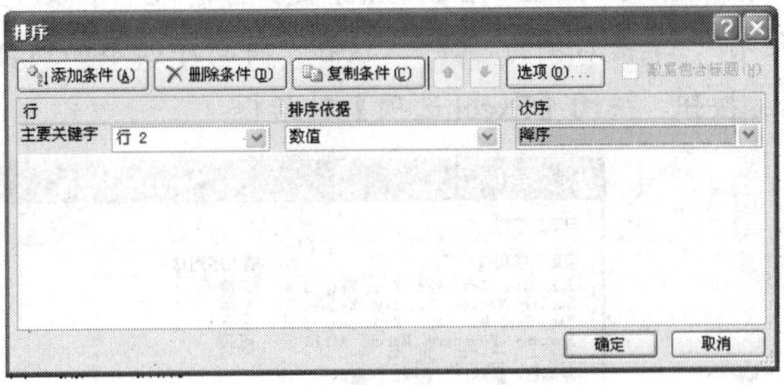

图 8-7　按行排序

④　在"开始/单元格"组中，适当调整 C 列和 D 列的列宽，得到结果如图 8-8 所示。

职员工资表

序号	姓名	职务	部门	基本工资	奖金	补贴	扣款	实发工资
1	李中华	经理	经理	5600	1600	500	58	7642
2	张鸿	主任	副经理	4200	1200	500	0	5900
3	刘芳	秘书	办公室	3100	1000	500	20	4580
4	刘安	秘书	办公室	3000	800	500	70	4230
5	邱松	主任	市场部	4600	1200	500	36	6264
6	王平平	主管	市场部	4000	1000	500	55	5445
7	陈栋	主管	市场部	3200	900	500	53	4547
8	乔伟	主管	市场部	3500	950	500	800	4150
9	王爱华	主任	生产部	4200	1300	500	50	5950
10	张正	主管	生产部	4100	1200	500	65	5735
11	刘志军	主管	生产部	3600	900	500	68	4932
12	杜淳	主管	生产部	3500	950	500	23	4927
13	毛遂	主任	后勤部	4500	1200	500	0	6200
14	兰曼曼	主管	后勤部	4200	1100	500	59	5741
15	王秀秀	主管	后勤部	3600	900	500	55	4945
16	张根硕	主管	后勤部	3800	980	500	67	5213
17	吴巧	主管	后勤部	3500	950	500	98	4852
18	王春	主任	财务部	4200	1200	500	95	5805
19	赵坤	主管	财务部	4500	1050	500	83	5967
20	刘茉	主管	财务部	3200	960	500	85	4575
21	赵文	主管	财务部	3800	980	500	82	5198

职员工资表 / 单列排序 / 多列排序 / 按行排序 / 自定义序列排序 / 自动筛选

图 8-8　按第 2 行排序结果

(5) 自定义序列排序。选定工作表“自定义序列排序”，这里首先自定义序列“经理，主任，主管，秘书”，再按自定义序列进行排序。

① 自定义序列“经理，主任，主管，秘书”。

a. 单击窗口左上角的按钮，在弹出的菜单中单击右下角的 Excel 选项(I) 按钮，在弹出的【Excel 选项】对话框中，单击“常用”选项卡中的 编辑自定义列表(O)... 按钮，如图 8-9 所示。弹出【自定义序列】对话框。

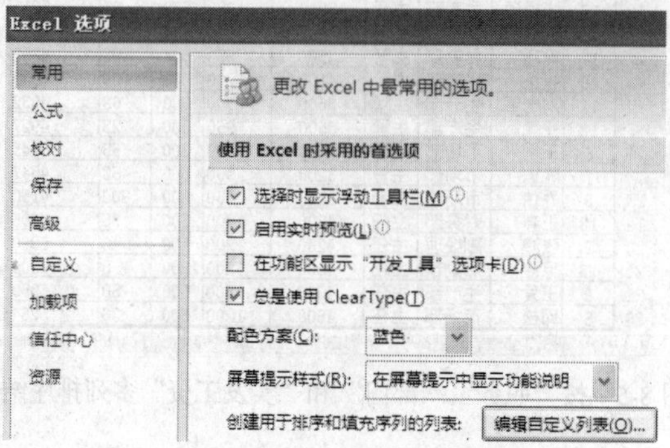

图 8-9 【Excel 选项】对话框

b. 在【自定义序列】对话框中，在左边的“自定义序列”中选择“新序列”，在右边的“输入序列”框中输入“经理”后按 Enter 键，再输入下一项“主任”，依次类推，继续输入“主管”和“秘书”，单击右侧的 添加(A) 按钮，将新序列添加到自定义序列中，如图 8-10 所示。单击 确定 按钮，关闭【Excel 选项】对话框。

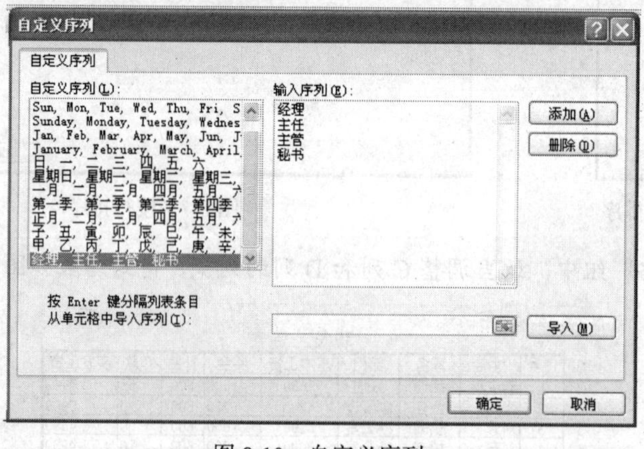

图 8-10 自定义序列

② 按自定义序列排列。

a. 选择工作表中要排序的数据区域，即选择单元格区域 C2:D23。

b. 选择“数据”选项卡，单击按钮，弹出【排序】对话框，单击 选项(O)... 按钮，弹出【排序选项】对话框，在“方向”框中选中 按列排序(T)，如图 8-11 所示，单击 确定 按钮。弹出【排序】对话框。

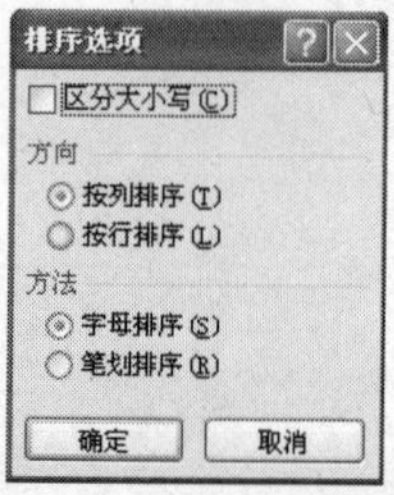

图 8-11 【排序选项】对话框

c. 在【排序】对话框中单击“添加条件”按钮，在“主要关键字”右侧的下拉列表框中选择“职务”，在“排序依据”右侧的下拉列表框中选择“数值”，在“次序”右侧的下拉列表框中选择“自定义序列”，这时弹出【自定义序列】对话框，在“自定义序列”框中单击选择序列“经理，主任，主管，秘书”，单击 确定 按钮，返回【排序】对话框中，如图 8-12 所示。单击 确定 按钮，就完成了按自定义序列排序。排序结果如图 8-13 所示。

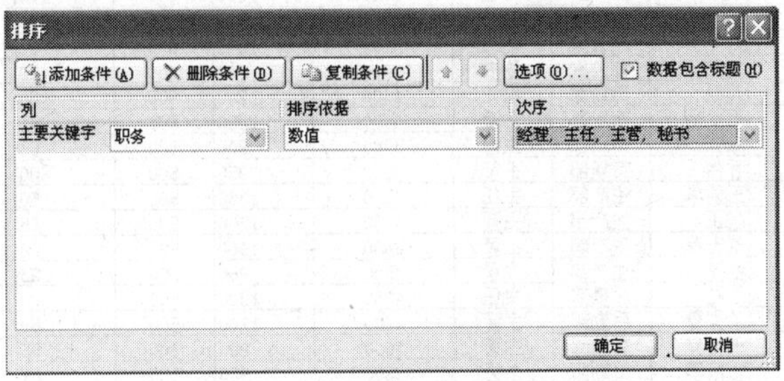

图 8-12　按自定义序列排序

	A	B	C	D	E	F	G	H	I
1	职员工资表								
2	序号	姓名	部门	职务	基本工资	奖金	补贴	扣款	实发工资
3	1	李中华	经理	经理	5600	1600	500	58	7642
4	2	张鸿	副经理	主任	4200	1200	500	0	5900
5	5	邱松	市场部	主任	4600	1200	500	36	6264
6	9	王爱华	生产部	主任	4200	1300	500	50	5950
7	13	毛遂	后勤部	主任	4500	1200	500	0	6200
8	18	王春	财务部	主任	4200	1200	500	95	5805
9	6	王平平	市场部	主管	4000	1000	500	55	5445
10	7	陈栋	市场部	主管	3200	900	500	53	4547
11	8	乔伟	市场部	主管	3500	950	500	800	4150
12	10	张正	生产部	主管	4100	1200	500	65	5735
13	11	刘志军	生产部	主管	3600	900	500	68	4932
14	12	杜淳	生产部	主管	3500	950	500	23	4927
15	14	兰曼曼	后勤部	主管	4200	1100	500	59	5741
16	15	王秀秀	后勤部	主管	3600	900	500	55	4945
17	16	张根硕	后勤部	主管	3800	980	500	67	5213
18	17	吴巧	后勤部	主管	3500	950	500	98	4852
19	19	赵坤	财务部	主管	4500	1050	500	83	5967
20	20	刘茱	财务部	主管	3200	960	500	85	4575
21	21	赵文	财务部	主管	3800	980	500	82	5198
22	3	刘芳	办公室	秘书	3100	1000	500	20	4580
23	4	刘安	办公室	秘书	3000	800	500	70	4230

职员工资表 / 单列排序 / 多列排序 / 按行排序 / 自定义序列排序 / 自动筛选

图 8-13　按“自定义序列”排序结果

(6) 单击左上角的按钮，在弹出的菜单中选择“保存”，将文件保存为“8-1（职员工资表）.xlsx”。

任务二　自动筛选

这里设定的筛选条件是：实发工资在 4 500 以上的主管。

【操作步骤】

(1) 选择“自动筛选”工作表中要自动筛选的数据区域，即选择单元格区域 A2: I23。

(2) 单击“数据 / 排序和筛选”中的按钮，此时单元格区域中的第一行中每一个单元格右侧都会出现向下的箭头，在“开始 / 单元格”组中适当调整各列列宽，如图 8-14 所示。

(3) 单击“实发工资”右侧的箭头，在弹出的列表中选择“数字筛选”为“大于”选项，如图 8-15 所示。此时弹出【自定义自动筛选方式】对话框。

(4) 在【自定义自动筛选方式】对话框的第 1 个框中选择“大于”，在第 2 个框中输入“4500”，如图 8-16 所示。单击 确定 按钮。此时“实发工资”右侧的 变成了。

(5) 单击“职务”右侧的箭头，在弹出的列表中选择“文本筛选”为“☑主管”，如图 8-17 所示。单击 确定 按钮。得到的自动筛选结果如图 8-18 所示。

	A	B	C	D	E	F	G	H	I
1	职员工资表								
2	序号	姓名	部门	职务	基本工资	奖金	补贴	扣款	实发工资
3	1	李中华	经理	经理	5600	1600	500	58	7642
4	2	张鸿	副经理	主任	4200	1200	500	0	5900
5	3	刘芳	办公室	秘书	3100	1000	500	20	4580
6	4	刘安	办公室	秘书	3000	800	500	70	4230
7	5	邱松	市场部	主任	4600	1200	500	36	6264
8	6	王平平	市场部	主管	4000	1000	500	55	5445
9	7	陈栋	市场部	主管	3200	900	500	53	4547
10	8	乔伟	市场部	主管	3500	950	500	800	4150
11	9	王爱华	生产部	主任	4200	1300	500	50	5950
12	10	张正	生产部	主管	4100	1200	500	65	5735
13	11	刘志军	生产部	主管	3600	900	500	68	4932
14	12	杜淳	生产部	主管	3500	950	500	23	4927
15	13	毛遂	后勤部	主任	4500	1200	500	0	6200
16	14	兰曼曼	后勤部	主管	4200	1100	500	59	5741
17	15	王秀秀	后勤部	主管	3600	900	500	55	4945
18	16	张根硕	后勤部	主管	3800	980	500	67	5213
19	17	吴巧	后勤部	主管	3500	950	500	98	4852
20	18	王春	财务部	主任	4200	1200	500	95	5805
21	19	赵坤	财务部	主管	4500	1050	500	83	5967
22	20	刘荣	财务部	主管	3200	960	500	85	4575
23	21	赵文	财务部	主管	3800	980	500	82	5198

单列排序 / 多列排序 / 按行排序 / 自定义序列排序 / 自动筛选 / 分类汇总 / 多级分类汇总 / 高级筛选 / 合并计算

图 8-14 自动筛选

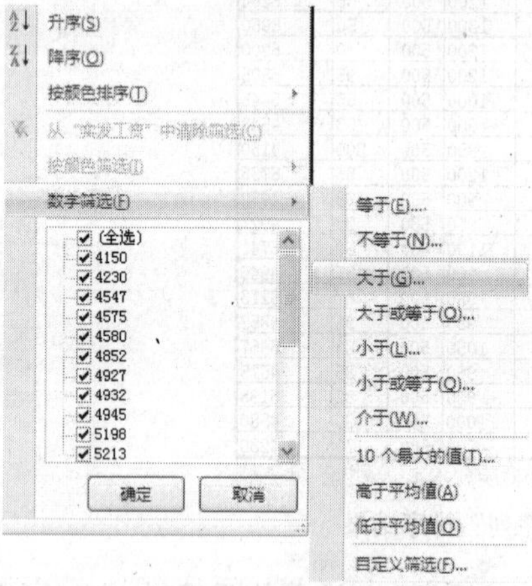

图 8-15 数字筛选

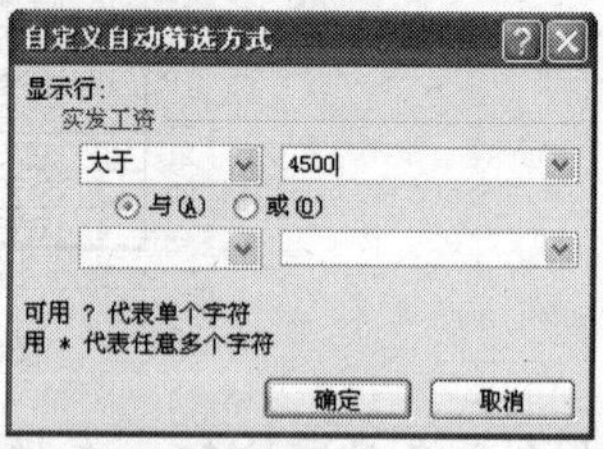

图 8-16 定义实发工资大于 4 500 元

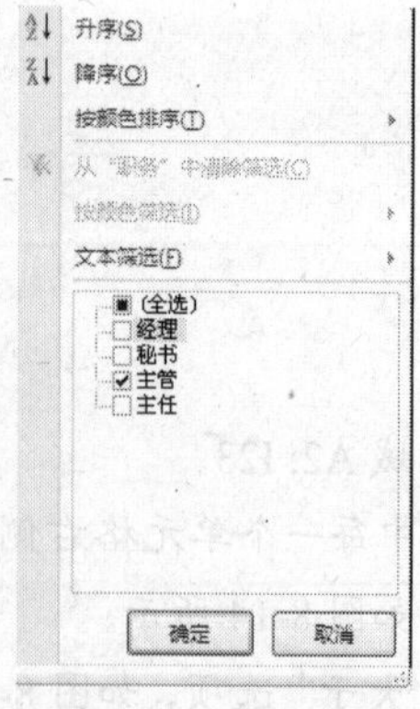

图 8-17 文本筛选

	A	B	C	D	E	F	G	H	I
1	职员工资表								
2	序号	姓名	部门	职务	基本工资	奖金	补贴	扣款	实发工资
8	6	王平平	市场部	主管	4000	1000	500	55	5445
9	7	陈栋	市场部	主管	3200	900	500	53	4547
12	10	张正	生产部	主管	4100	1200	500	65	5735
13	11	刘志军	生产部	主管	3600	900	500	68	4932
14	12	杜淳	生产部	主管	3500	950	500	23	4927
16	14	兰曼曼	后勤部	主管	4200	1100	500	59	5741
17	15	王秀秀	后勤部	主管	3600	900	500	55	4945
18	16	张根硕	后勤部	主管	3800	980	500	67	5213
19	17	吴巧	后勤部	主管	3500	950	500	98	4852
21	19	赵坤	财务部	主管	4500	1050	500	83	5967
22	20	刘荣	财务部	主管	3200	960	500	85	4575
23	21	赵文	财务部	主管	3800	980	500	82	5198

单列排序 / 多列排序 / 按行排序 / 自定义序列排序 / 自动筛选 / 分类汇总 / 多级分类汇总 / 高级筛选 / 合并计算

图 8-18 自动筛选结果

(6) 若要取消自动筛选，只需再次单击“数据 / 排序和筛选”组中的 按钮，则数据恢复到筛选前的状态。

任务三　分类汇总

本例按“职务”，对字段“基本工资”、“奖金”和“实发工资”求平均值。

【操作步骤】

(1) 先按分类字段进行排序，这里要按“职务”进行分类汇总，所以要先按“职务”进行排序。这里按自定义序列“经理，主任，主管，秘书”进行排序。将“自定义序列排序”工作表内容复制到“分类汇总”工作表中。复制方法如下。选定“自定义序列排序”工作表，单击位于行标签“1”的上方、列标签“A”的左方的全选按钮，选定整个工作表，按下 Ctrl+C 组合键复制整个工作表；再单击选定“分类汇总”工作表，单击按钮，选定整个工作表，按下 Ctrl+V 组合键，将“自定义序列排序”工作表内容全部复制到“分类汇总”工作表。

(2) 选择“分类汇总”工作表中要分类汇总的数据区域，即选择单元格区域 A2: I23。

(3) 单击“数据 / 分级显示”组中的按钮，弹出【分类汇总】对话框。

(4) 在【分类汇总】对话框中，在“分类字段”中选择“职务”，在“汇总方式”中选择“平均值”，在“选定汇总项”中选择“☑基本工资”、“☑奖金”和“☑实发工资”，如图 8-19 所示。分类汇总结果如图 8-20 所示。

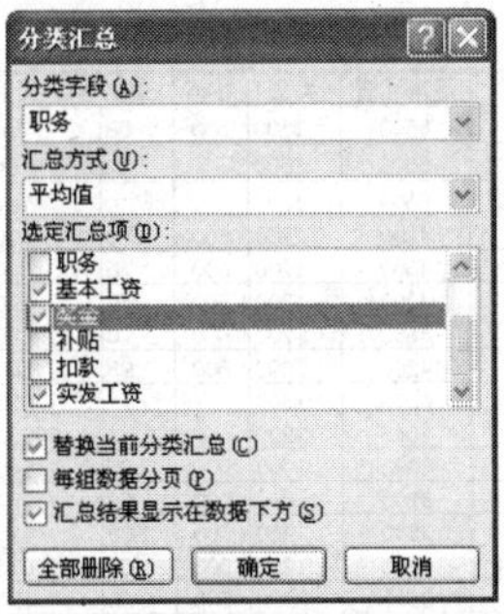

图 8-19　【分类汇总】对话框

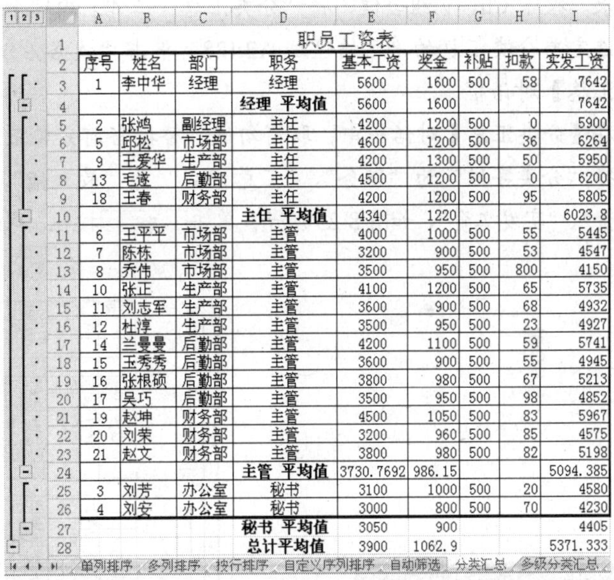

	A	B	C	D	E	F	G	H	I
1	职员工资表								
2	序号	姓名	部门	职务	基本工资	奖金	补贴	扣款	实发工资
3	1	李中华	经理	经理	5600	1600	500	58	7642
4				经理 平均值	5600	1600			7642
5	2	张鸿	副经理	主任	4200	1200	500	0	5900
6	5	邱松	市场部	主任	4600	1200	500	36	6264
7	9	王爱华	生产部	主任	4200	1300	500	50	5950
8	13	毛遂	后勤部	主任	4500	1200	500	0	6200
9	18	王春	财务部	主任	4200	1200	500	95	5805
10				主任 平均值	4340	1220			6023.8
11	6	王平平	市场部	主管	4000	1000	500	55	5445
12	7	陈栋	市场部	主管	3200	900	500	53	4547
13	8	乔伟	市场部	主管	3500	950	500	800	4150
14	10	张正	生产部	主管	4100	1200	500	65	5735
15	11	刘志军	生产部	主管	3600	900	500	68	4932
16	12	杜淳	生产部	主管	3500	950	500	23	4927
17	14	兰曼曼	后勤部	主管	4200	1100	500	59	5741
18	15	玉秀秀	后勤部	主管	3600	900	500	55	4945
19	16	张根硕	后勤部	主管	3800	980	500	67	5213
20	17	吴巧	后勤部	主管	3500	950	500	98	4852
21	19	赵坤	财务部	主管	4500	1050	500	83	5967
22	20	刘荣	财务部	主管	3200	960	500	85	4575
23	21	赵文	财务部	主管	3800	980	500	82	5198
24				主管 平均值	3730.7692	986.15			5094.385
25	3	刘芳	办公室	秘书	3100	1000	500	20	4580
26	4	刘安	办公室	秘书	3000	800	500	70	4230
27				秘书 平均值	3050	900			4405
28				总计平均值	3900	1062.9			5371.333

单列排序 / 多列排序 / 按行排序 / 自定义序列排序 / 自动筛选 / 分类汇总 / 多级分类汇总

图 8-20　分类汇总结果

(5) 图 8-20 显示的是包含详细记录、分类记录和总记录的分类汇总信息。根据需要可以只显示分类记录和总记录的分类汇总，如图 8-21 所示，单击全选按钮前面的数字 2 即可。

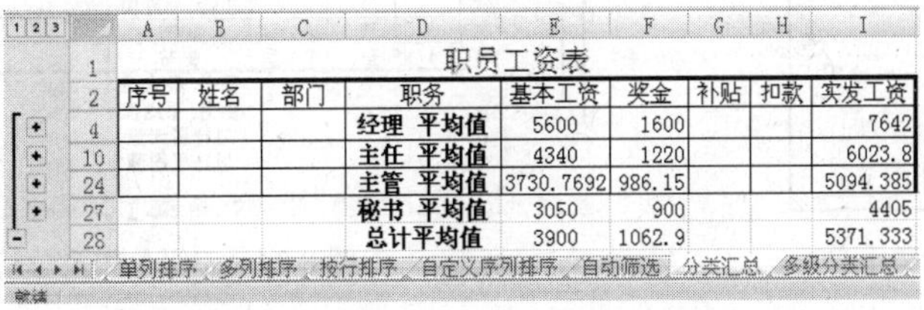

	A	B	C	D	E	F	G	H	I
1	职员工资表								
2	序号	姓名	部门	职务	基本工资	奖金	补贴	扣款	实发工资
4				经理 平均值	5600	1600			7642
10				主任 平均值	4340	1220			6023.8
24				主管 平均值	3730.7692	986.15			5094.385
27				秘书 平均值	3050	900			4405
28				总计平均值	3900	1062.9			5371.333

单列排序 / 多列排序 / 按行排序 / 自定义序列排序 / 自动筛选 / 分类汇总 / 多级分类汇总

就绪

图 8-21　只显示分类记录和总记录的分类汇总

(6) 若分类汇总中要只显示总记录的分类汇总，则单击全选按钮前面的数字 1 即可，如图 8-22 所示。

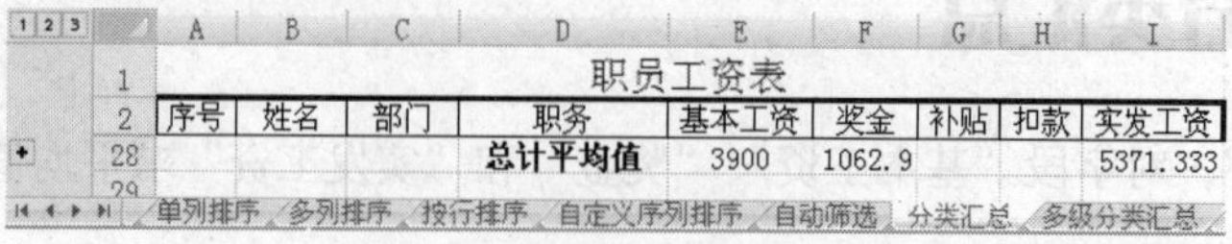

职员工资表								
序号	姓名	部门	职务	基本工资	奖金	补贴	扣款	实发工资
			总计平均值	3900	1062.9			5371.333

图 8-22 只显示总记录的分类汇总

(7) 删除分类汇总的方法：在图 8-19 中，单击全部删除(R)按钮即可。

任务四 多级分类汇总

在前面分类汇总的基础上，再增加一个汇总项：按“职务”，对字段“基本工资”、“奖金”和“实发工资”求最大值。

【操作步骤】

(1) 将“分类汇总”工作表内容复制到“多级分类汇总”工作表中。选定“分类汇总”工作表，单击位于行标签“1”的上方、列标签“A”的左方的全选按钮，选定整个工作表，按下 Ctrl+C 组合键复制整个工作表；再单击选定“多级分类汇总”工作表，单击按钮，选定整个工作表，按下 Ctrl+V 组合键，将“分类汇总”工作表内容全部复制到“多级分类汇总”工作表中。

(2) 选定要分类汇总的单元格区域 A2:I28，单击“数据 / 分级显示”组中的按钮，弹出【分类汇总】对话框。

(3) 在【分类汇总】对话框中，取消勾选“替换当前分类汇总”选项，即变成☐替换当前分类汇总(C)，再选择“分类字段”为“职务”，“汇总方式”为“最大值”，“选定汇总项”为“基本工资”、“奖金”、“实发工资”，如图 8-23 所示。单击确定按钮，得到的二级分类汇总结果如图 8-24 所示。

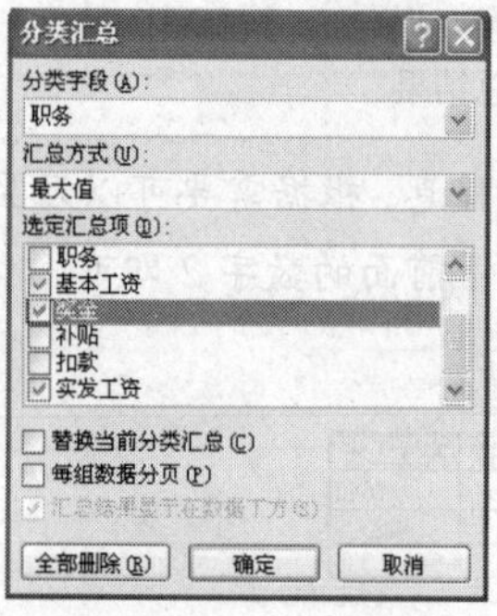

图 8-23 二级分类汇总

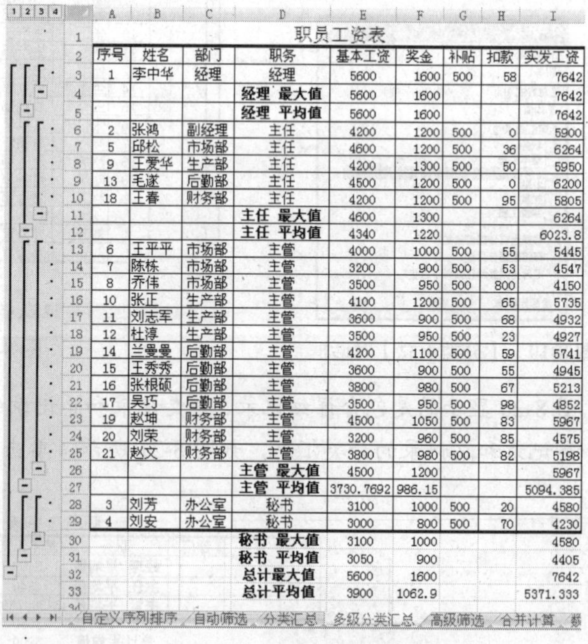

职员工资表								
序号	姓名	部门	职务	基本工资	奖金	补贴	扣款	实发工资
1	李中华	经理	经理	5600	1600	500	58	7642
			经理 最大值	5600	1600			7642
			经理 平均值	5600	1600			7642
2	张鸿	副经理	主任	4200	1200	500	0	5900
5	邱松	市场部	主任	4600	1200	500	36	6264
9	王爱华	生产部	主任	4200	1300	500	50	5950
13	毛遂	后勤部	主任	4500	1200	500	0	6200
18	王春	财务部	主任	4200	1200	500	95	5805
			主任 最大值	4600	1300			6264
			主任 平均值	4340	1220			6023.8
6	王平平	市场部	主管	4000	1000	500	55	5445
7	陈栋	市场部	主管	3200	900	500	53	4547
8	乔伟	市场部	主管	3500	950	500	800	4150
10	张正	生产部	主管	4100	1200	500	65	5735
11	刘志军	生产部	主管	3600	900	500	68	4932
12	杜淳	生产部	主管	3500	950	500	23	4927
14	兰曼曼	后勤部	主管	4200	1100	500	59	5741
15	王秀秀	后勤部	主管	3600	900	500	55	4945
16	张根硕	后勤部	主管	3800	980	500	67	5213
17	吴巧	后勤部	主管	3500	950	500	98	4852
19	赵坤	财务部	主管	4500	1050	500	83	5967
20	刘荣	财务部	主管	3200	960	500	85	4575
21	赵文	财务部	主管	3800	980	500	82	5198
			主管 最大值	4500	1200			5967
			主管 平均值	3730.7692	986.15			5094.385
3	刘芳	办公室	秘书	3100	1000	500	20	4580
4	刘安	办公室	秘书	3000	800	500	70	4230
			秘书 最大值	3100	1000			4580
			秘书 平均值	3050	900			4405
			总计最大值	5600	1600			7642
			总计平均值	3900	1062.9			5371.333

图 8-24 二级分类汇总结果

(4) 对二级分类汇总结果再增加分类汇总级别的方法同步骤（2）和步骤（3）。

任务五　高级筛选、合并计算和数据透视表操作

可以使用高级筛选对数据按照自己定义的多个条件进行筛选，各列条件之间可以是“与”的关系，也可以是“或”的关系，筛选条件可以灵活定义；可以对数据区域按照某列进行合并计算，计算方法简单实用；还可以使用数据透视表分析数据。

操作一　高级筛选

高级筛选最重要的是定义条件，条件要定义在距离数据区域至少隔开一行一列的位置，条件区域的首行是字段名，其他行输入对应字段要满足的条件，写在同一行中的各个条件之间为“与”的关系，反之，写在不同行的各个条件之间为“或”的关系，即同行为“与”，异行为“或”。

这里筛选“职务是主管，或者是实发工资大于 5 000 小于 6 000”的记录。

【操作步骤】

(1) 选定工作表“高级筛选”，在单元格区域 K2:M4 中输入条件，如图 8-25 所示。

(2) 选定单元格区域 A2:I23，单击“数据 / 排序和筛选”组中的“高级”按钮，弹出“高级筛选”对话框。在“方式”中单击选择“将筛选结果复制到其他位置(O)”：单击“条件区域”后面的折叠按钮，选择条件区域 K2:M4；单击“复制到”后面的折叠按钮，选择筛选结果存放的起始位置为 K6，如图 8-26 所示。单击“确定”按钮，得到的高级筛选结果如图 8-27 所示。

	K	L	M
2	职务	实发工资	实发工资
3	主管		
4		>5000	<6000

高级筛选 / 合并计算 / 数据透视

图 8-25　条件区域

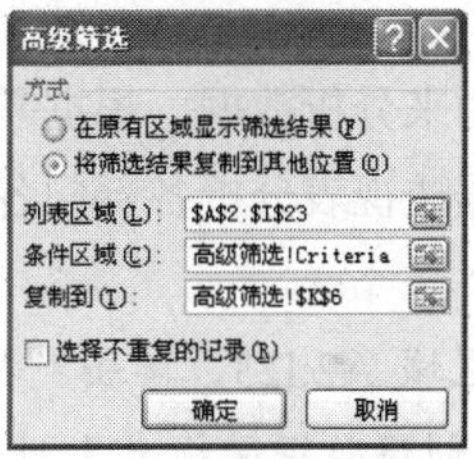

图 8-26　【高级筛选】对话框

	K	L	M	N	O	P	Q	R	S
6	序号	姓名	部门	职务	基本工资	奖金	补贴	扣款	实发工资
7	2	张鸿	副经理	主任	4200	1200	500	0	5900
8	6	王平平	市场部	主管	4000	1000	500	55	5445
9	7	陈栋	市场部	主管	3200	900	500	53	4547
10	8	乔伟	市场部	主管	3500	950	500	800	4150
11	9	王爱华	生产部	主任	4200	1300	500	50	5950
12	10	张正	生产部	主管	4100	1200	500	65	5735
13	11	刘志军	生产部	主管	3600	900	500	68	4932
14	12	杜淳	生产部	主管	3500	950	500	23	4927
15	14	兰曼曼	后勤部	主管	4200	1100	500	59	5741
16	15	王秀秀	后勤部	主管	3600	900	500	55	4945
17	16	张根硕	后勤部	主管	3800	980	500	67	5213
18	17	吴巧	后勤部	主管	3500	950	500	98	4852
19	18	王春	财务部	主任	4200	1200	500	95	5805
20	19	赵坤	财务部	主管	4500	1050	500	83	5967
21	20	刘荣	财务部	主管	3200	960	500	85	4575
22	21	赵文	财务部	主管	3800	980	500	82	5198

自定义序列排序 / 自动筛选 / 分类汇总 / 多级分类汇总 / 高级筛选 / 合并计算 / 数据透视表

图 8-27　高级筛选结果

操作二　合并计算

使用合并计算时，先设计表头，再根据表头的内容，使用合并计算来计算相应内容。

这里应用合并计算，根据职务计算平均基本工资、奖金、补贴、扣款和实发工资。

【操作步骤】

(1) 设计表头，如图 8-28 所示。

	K	L	M	N	O	P
2	职务	平均				
3		基本工资	奖金	补贴	扣款	实发工资

图 8-28 合并计算表头

(2) 选定要存放结果的第一个单元格 K4，单击“数据 / 数据工具”组中的按钮，弹出【合并计算】对话框。

(3) 在【合并计算】对话框中，设置“函数”为“平均值”，单击“引用位置”后面的折叠按钮，选择单元格区域 D3:I23，选择“标签位置”中的☑最左列(L)，如图 8-29 所示。单击 确定 按钮得到合并计算结果，将结果表格美化，如图 8-30 所示。

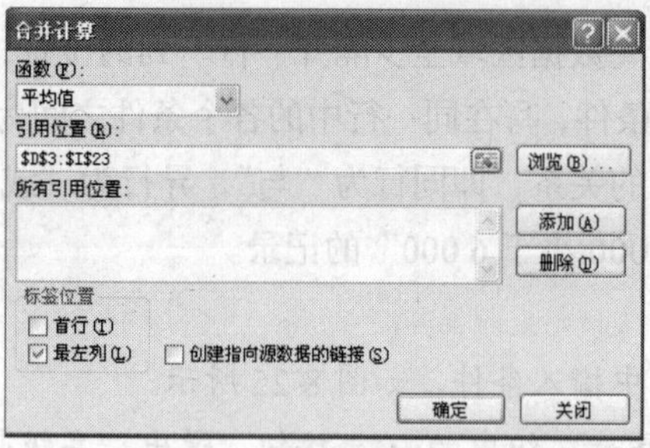

图 8-29 【合并计算】对话框

	K	L	M	N	O	P
2	职务	平均				
3		基本工资	奖金	补贴	扣款	实发工资
4	经理	5600	1600	500	58	7642
5	主任	4340	1220	500	36	6024
6	秘书	3050	900	500	45	4405
7	主管	3731	986	500	123	5094

图 8-30 合并计算结果

操作三 数据透视表

数据透视表用来分析数据，根据需要设计需要分析的数据项。

这里使用数据透视表分析各部门各职务的平均实发工资。

【操作步骤】

(1) 选择单元格区域 A2:I23，单击“插入 / 表”组中的按钮，从弹出的列表中选择“数据透视表”，弹出【创建数据透视表】对话框。

(2) 在【创建数据透视表】对话框中，选择放置数据透视表的位置为“现有工作表”中的 K1 单元格，如图 8-31 所示。单击 确定 按钮，弹出【数据透视表字段列表】窗口。

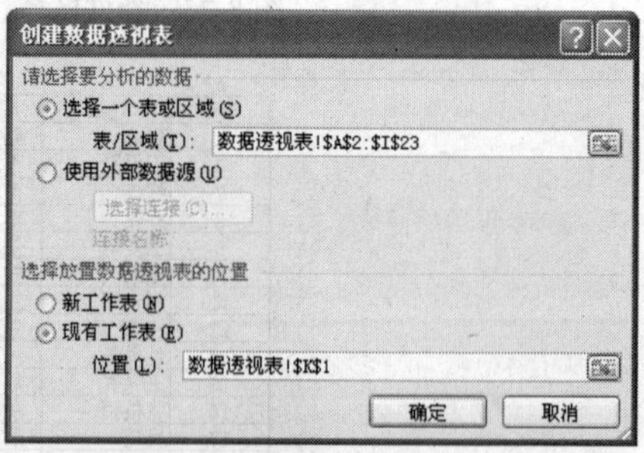

图 8-31 【创建数据透视表】对话框

(3) 在【数据透视表字段列表】窗口中，将“选择要添加到报表的字段”中的“部门”拖动到“报表筛选”框中，将“职务”拖动到“行标签”框中，将“实发工资”拖动到“数值”框中，单击“求和项：实发工资”，单击选择其中的“值字段设置”，弹出【值字段设置】对话框，在对话框中选择“计算类型”为“平均值”，如图 8-32 所示。单击 确定 按钮，返回“数据透视表字段列表”窗口中，如图 8-33 所示。

(4) 这时，单元格区域 K1:L8 中显示了数据透视表的结果，进行美化后的结果如图 8-34 所示。

(5) 若要查看某些或某个部门的平均实发工资，可以单击“部门”后面的(全部)按钮，从弹出的列表中选择☑选择多项，再选择出要查看的部门即可，如图 8-35 所示。

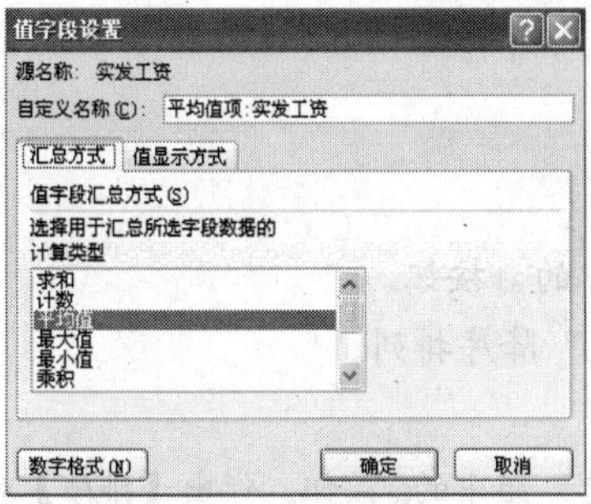

图 8-32　【值字段设置】对话框

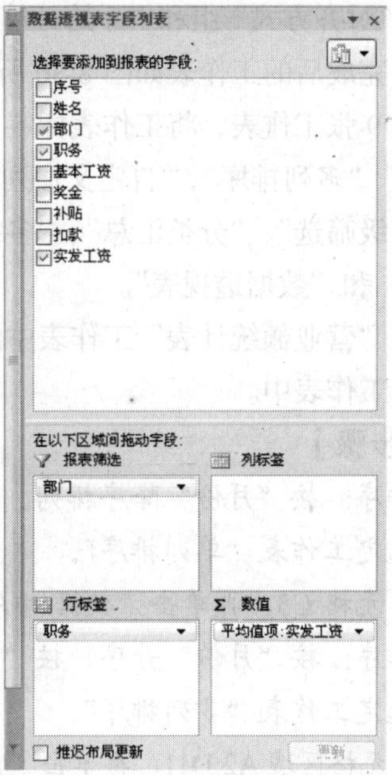

图 8-33　【数据透视表字段列表】窗口

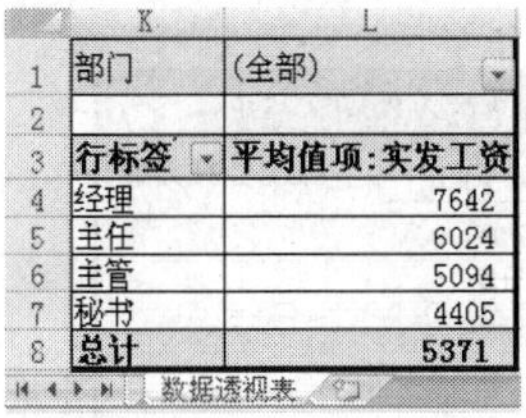

图 8-34　数据透视表结果

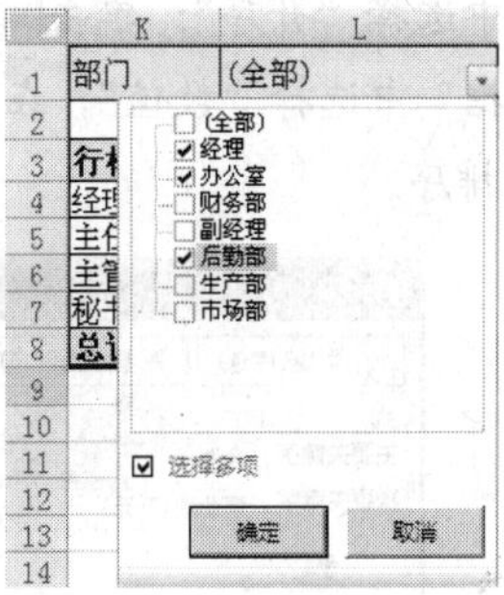

图 8-35　选择部分部门

(6)　保存和关闭文件。单击左上角的“Office 按钮”，在弹出的菜单中选择“保存”；单击右上角的按钮，就完成了文件的保存和关闭。

项目小结

Excel 数据处理功能强大，可以对数据表按多种方式进行排序，可以按某个字段建立多级分类汇总，可以根据数据表进行合并计算，可以对数据进行筛选，筛选条件可以自定义，还可以使用数据透视表对数据进行分析。掌握 Excel 的数据处理方法非常必要。

课后练习　营业额统计表

本节介绍使用“2012 年一季度绿草公司营业额统计表”进行数据处理的方法。

首先启动 Excel 2007，新建一个空白工作簿“Book1”，将文件以“8-2(营业额统计表).xls” 为名保存，将工作表标签“Sheet1”重命名为“营业额统计表”，录入基本数据，并在“开始 / 字体”

组、“开始 / 对齐方式”组和“开始 / 单元格”组中美化工作表，完成后的工作表如图 8-36 所示。

再新建 9 张工作表，将工作表标签分别重命名为“单列排序”、“多列排序”、“自定义序列排序”、“自动筛选”、“高级筛选”、“分类汇总”、“多级分类汇总”、“合并计算”和“数据透视表”。

最后将“营业额统计表”工作表中的数据全部复制到新建的工作表中。

	A	B	C	D
1	2012年一季度绿草公司营业额统计表			
2	商品种类	部门	月份	营业额(万元)
3	服装	销售一部	一月	20
4	电器	销售一部	二月	200
5	食品	销售一部	三月	25
6	服装	销售二部	一月	26
7	电器	销售二部	二月	180
8	食品	销售二部	三月	30
9	服装	销售三部	一月	30
10	电器	销售三部	二月	260
11	食品	销售三部	三月	50

图 8-36　2012 年一季度绿草公司营业额统计表

【操作步骤】

(1)　单列排序：按“月份”降序排列。

①　单击选定工作表“单列排序”。

②　单击单元格 C3，再单击“数据/排序和筛选”组中的按钮。

(2)　多列排序：按“月份”升序、按“营业额（万元）”降序排列。

①　单击选定工作表“多列排序”。

②　选定单元格区域 A2:D11，再单击“数据/排序和筛选”组中的按钮。弹出【排序】对话框。

③　在【排序】对话框中，在“主要关键字”框中选择“月份”，在“排序依据”中选择“数值”，在“次序”中选择“升序”；单击添加条件(A)按钮，在“次要关键字”中选择“营业额(万元)”，在“排序依据”中选择“数值”，在“次序”中选择“降序”，如图 8-37 所示。单击确定按钮完成多列排序。

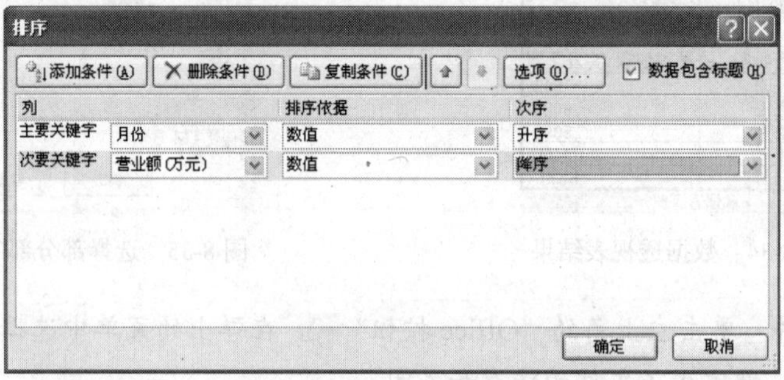

图 8-37　按两列排序

(3)　自定义序列排序：按“月份”一列排序，排列顺序为“一月，二月，三月”。

①　单击选定工作表“自定义序列排序”。

②　定义自定义序列“一月，二月，三月”。

a.　单击窗口左上角 Office 按钮，单击右下角的Excel 选项(I)按钮后，在【Excel 选项】对话框中，单击“常用”选项卡中的编辑自定义列表(O)...按钮。弹出【自定义序列】对话框。

b.　在【自定义序列】对话框中，在其左边的“自定义序列”中选择“新序列”，在右边的“输入序列”框中输入“一月”后按下 Enter 键，再输入下一项“二月”，按下 Enter 键，继续输入“三月”，单击右侧的添加(A)按钮，将新序列添加到自定义序列中，如图 8-38 所示。单击确定按钮关闭【Excel 选项】对话框。

③　按自定义序列“一月，二月，三月”排序。

a.　选择工作表中要排序的数据区域，即选择单元格区域 A2: D11。

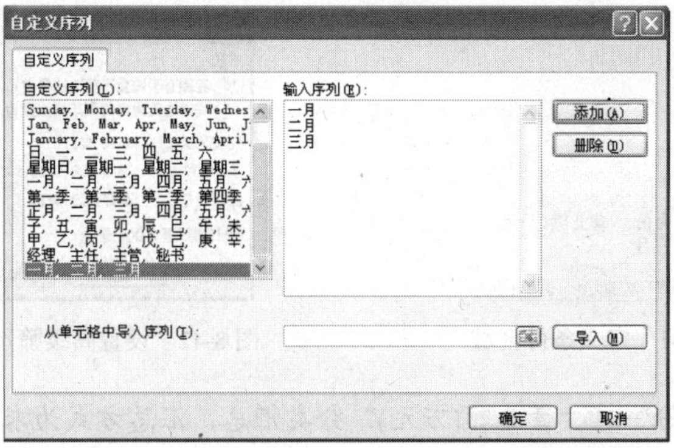

图 8-38　定义序列“一月，二月，三月”

b.　单击“数据/排序和筛选”组中的按钮，弹出【排序】对话框，单击选项(O)...按钮，弹出【排序选项】对话框，在“方向”框中选中按列排序(T)，单击确定按钮。弹出【排序】对话框。

c.　在【排序】对话框中单击“添加条件”按钮，在“主要关键字”右侧的下拉列表框中选择“月份”，在“排序依据”右侧的下拉列表框中选择“数值”，在“次序”右侧的下拉列表框中选择“自定义序列”，这时弹出【自定义序列】对话框，在“自定义序列”框中单击选择序列“一月，二月，三月”，单击确定按钮，返回【排序】对话框中，如图 8-39 所示。单击确定按钮，就完成了按自定义序列排序。排序结果如图 8-40 所示。

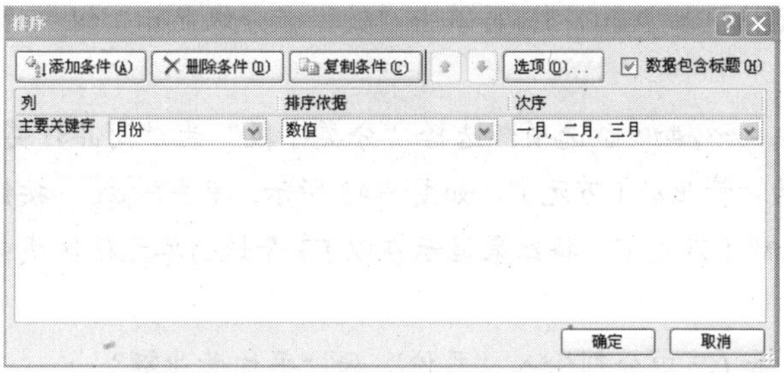

图 8-39　按“一月，二月，三月”排序

	A	B	C	D
1	2012年一季度绿草公司营业额统计表			
2	商品种类	部门	月份	营业额(万元)
3	服装	销售一部	一月	20
4	服装	销售二部	一月	26
5	服装	销售三部	一月	30
6	电器	销售一部	二月	200
7	电器	销售二部	二月	180
8	电器	销售三部	二月	260
9	食品	销售一部	三月	25
10	食品	销售二部	三月	30
11	食品	销售三部	三月	50

图 8-40　按“一月、二月、三月”排序结果

(4)　自动筛选：筛选“月份”是“三月”，并且“营业额(万元)”在 50 及以上的记录。

①　单击选定工作表“自动筛选”。

②　选定单元格区域 A2:D11，再单击“数据 / 排序和筛选”组中的按钮。这时表头行变成了 商品种类 ▾ 部门 ▾ 月份 ▾ 营业额(万元) ▾。

③　单击“月份”右侧的▾按钮，在弹出的框中选中“三月”，单击确定按钮。

④　单击“营业额（万元）”右侧的▾按钮，在弹出的框中选中“数字筛选”为“大于等于”，在弹出的【自定义自动筛选方式】对话框中输入“大于等于”50，单击确定按钮。

(5)　高级筛选：筛选“月份”是“三月”，或者“营业额(万元)”在 50 及以上的记录。

①　单击选定工作表“高级筛选”。

②　在单元格区域 F2:G4 定义条件区域，如图 8-41 所示。

③　选定单元格区域 A2:D11，再单击“数据 / 排序和筛选”组中的高级按钮。选定条件区域 F2:G4，选择将筛选结果复制到其他位置(O)，将筛选结果复制到单元格 F6 为起点的区域，如图 8-42 所示。单击确定按钮。

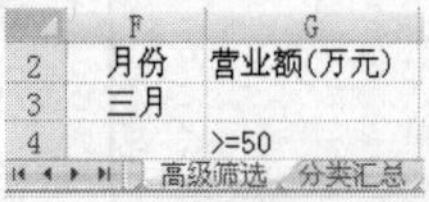

图 8-41 定义条件区域

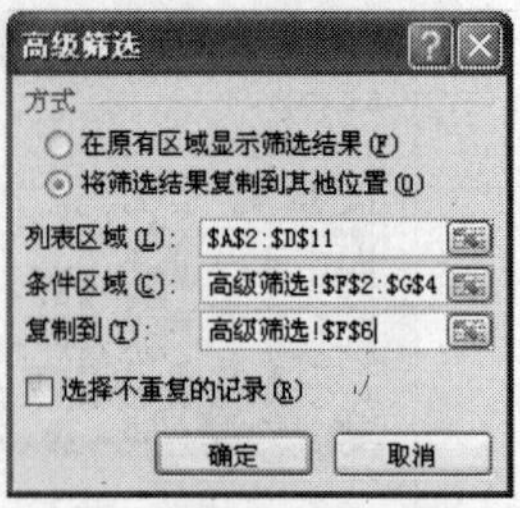

图 8-42 设置高级筛选参数

(6) 分类汇总：按“月份”对“营业额(万元)”分类汇总，汇总方式为求和。

① 单击选定工作表“分类汇总”。

② 按“月份”排序。这里直接将工作表“自定义序列排序”内容复制到工作表“分类汇总”中。

③ 选定工作表“分类汇总”中的单元格区域 A2:D11，再单击“数据 / 分级显示”组中的按钮。弹出【分类汇总】对话框。

④ 在【分类汇总】对话框中，选择分类字段为“月份”，汇总方式为“求和”，选定的汇总项为“营业额（万元）”。单击 确定 按钮。

(7) 多级分类汇总：在前面分类汇总的基础上，再增加一个汇总方式为平均值的分类汇总。

① 单击选定工作表“多级分类汇总”。

② 将工作表“分类汇总”内容复制到工作表“多级分类汇总”中。

③ 选定工作表“多级分类汇总”中的单元格区域 A2:D15，再单击“数据 / 分级显示”组中的按钮。弹出【分类汇总】对话框。

④ 在【分类汇总】对话框中，取消勾选 替换当前分类汇总(C) 选项；选择“分类字段”为“商品种类”，汇总方式为“平均值”，选定的汇总项为“营业额（万元）”，如图 8-43 所示。单击 确定 按钮。

(8) 合并计算：按“月份”统计平均“营业额（万元）”，将结果显示在以 F3 开始的单元格区域中。

① 单击选定工作表“合并计算”。

② 制作显示结果的表头行。在单元格 F2 和 G2 中分别输入“月份”和“平均营业额”。

③ 单击选定单元格 F3，再单击“数据 / 数据工具”组中的按钮，弹出【合并计算】对话框。

④ 在【合并计算】对话框中，选择“函数”为“平均值”，引用位置为 C3:D11，选择标签位置为“最左列”，如图 8-44 所示。单击 确定 按钮。

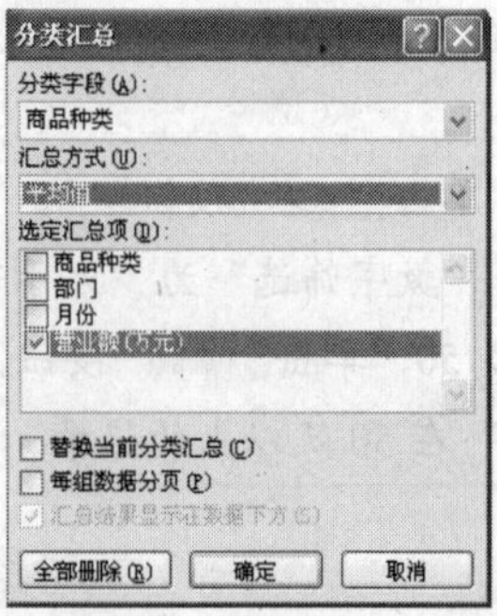

图 8-43 保留以前的分类汇总方式

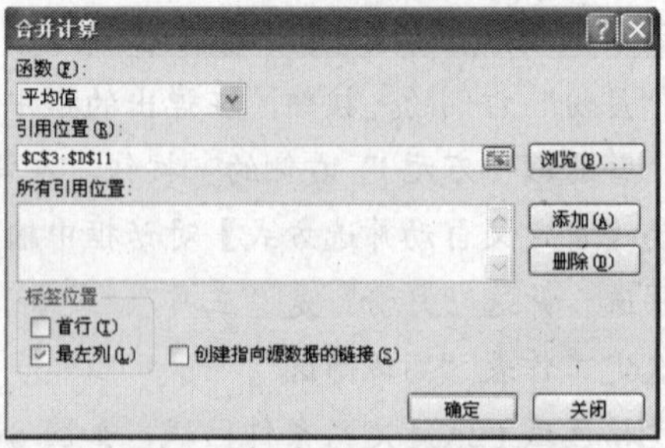

图 8-44 使用合并计算计算平均值

(9) 数据透视表：分析各种商品在一季度的平均及总的营业额。将结果显示在以单元格 F2 为起点的单元格区域中。

① 单击选定工作表“数据透视表”。

② 选定单元格区域 A2:D11，再单击“插入 / 表”组中的按钮，从弹出的列表中选择“数据透视表”，弹出【创建数据透视表】对话框。

③ 在【创建数据透视表】对话框中，单击选择“现有工作表”，在“位置”中输入 F2，单击确定按钮。弹出【数据透视表字段列表】窗口。

④ 在【数据透视表字段列表】窗口中，将“商品种类”字段拖动到“报表筛选”框中，将“月份”字段拖动到“行标签”框中，将“营业额（万元）”拖动两次到“数值”框中，单击“数值”框中的第一个求和项:营业额(万元)按钮，在弹出的【值字段设置】对话框中选择“汇总方式”为“平均值”，单击确定按钮返回【数据透视表字段列表】窗口中，如图 8-45 所示。

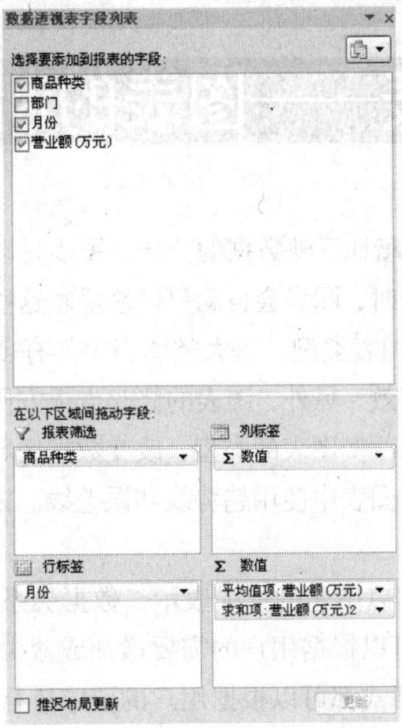

图 8-45 使用数据透视表分析数据

(10) 保存和关闭文件。

项目九

制作销售统计表——图表的制作与格式设置

【项目背景】

Excel 图表能够直观、清晰地反映数据的变化。图表是动态的，图表系列链接到工作表中的数据。当数据发生改变时，图表会自动更新来反映这些改变，实时反映数据的变化情况。系统提供了 11 大类的图表类型，每大类图表中又有多种小类可供选择，可以制作多种类型的图表，使用方便有效。另外，图表的修改也很方便，即使在图表已经完成的情况下，也可以根据用户的要求改变图表的类型，改变数据区域，增加或减少数据系列，还可以设置自己的图表格式，在图表中使用趋势线和误差线。Excel 的图表功能强大。

【项目分析】

Excel 可以有效地将数据以图表的形式表示，数据关系一目了然。从图表中可以直观地看数据的变化情况，还可以根据用户的需要增加或减少数据系列，数据系列、绘图区、坐标轴、标题及图例等格式都可以根据用户的要求进行设置，图表显示的位置可以设置为嵌入工作表中，也可以单独显示在一个工作表中，设置方法灵活方便。

销售统计表的图表制作是根据姓名和销售额，制作柱形图、折线图和复合条饼图，并对图表的格式进行设置。

【解决方案】

本项目可以通过以下几个任务来完成。

- 任务一 创建图表
- 任务二 编辑图表

任务一 创建图表

首先创建销售统计表，再使用“姓名”、“数量”和“销售额”创建由折线图和簇状柱形图共同组成的图表。这里的“数量”的数值在 100 以内，但“销售额”的数值在 100 000 以上，数值差别很大，若使用同一种刻度标准显示，则“数量”值几乎看不到，为此，先使用数据创建折线图，再将其中的“销售额”的图表类型更改为“柱形图”，同时设置

“销售额”数据系列格式为“次坐标轴”，这样一个图表中可以出现标有不同刻度的两个数值轴，分别显示两个数据系列的数据。

【操作步骤】

(1) 启动 Excel 2007，单击左上角的按钮，在弹出的菜单中选择“新建”，弹出【新建工作簿】对话框，在左边的框中选择“空白文档”，在中间的框中单击“空工作簿”，单击右下角的 创建 按钮，新建一个空白工作簿“Book1”。

(2) 单击左上角的按钮，在弹出的菜单中选择“保存”，将文件以“9-1（销售统计表）.xlsx”为名保存。

(3) 将文件“9-1（销售统计表）.xlsx”中的 Sheet1 工作表重命名为“销售统计表”，制作的表格如图 9-1 所示。

森林电器公司2012年10月销售统计表

序号	姓名	所在部门	数量	销售额
1	张俊	销售1部	15	250000
2	李明	销售1部	15	280000
3	王牌	销售1部	16	190000
4	杜月	销售1部	18	210000
5	刘丽	销售1部	16	278000
6	王刚	销售2部	18	260000
7	乔强	销售2部	16	200000
8	王树	销售2部	15	230000
9	柳林	销售2部	16	270000
10	田松	销售2部	22	310000

图 9-1　销售统计表

(4) 选定文件“9-1（销售统计表）.xlsx”中的工作表“销售统计表”，选定要制作图表的数据区，先选定“姓名”区域 B2:B12，按住 Ctrl 键继续选择“数量”和“销售额”区域 D2:E12。

(5) 单击“插入/图表”组中的按钮，从弹出列表中选择第一个折线图按钮，这时在数据区之外创建了一个折线图，如图 9-2 所示。

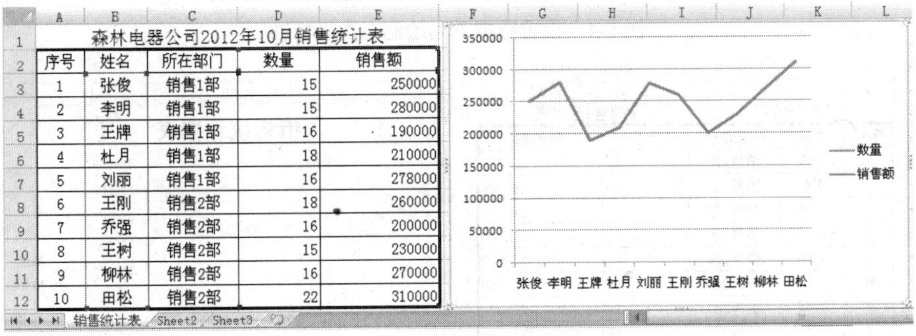

森林电器公司2012年10月销售统计表

序号	姓名	所在部门	数量	销售额
1	张俊	销售1部	15	250000
2	李明	销售1部	15	280000
3	王牌	销售1部	16	190000
4	杜月	销售1部	18	210000
5	刘丽	销售1部	16	278000
6	王刚	销售2部	18	260000
7	乔强	销售2部	16	200000
8	王树	销售2部	15	230000
9	柳林	销售2部	16	270000
10	田松	销售2部	22	310000

图 9-2　数据折线图

说明：图表是由图表元素构成的，图表元素包含图表区、绘图区、数据系列、图例、分类轴、数值轴、图表标题等。图 9-3 是图表元素的分布位置图。

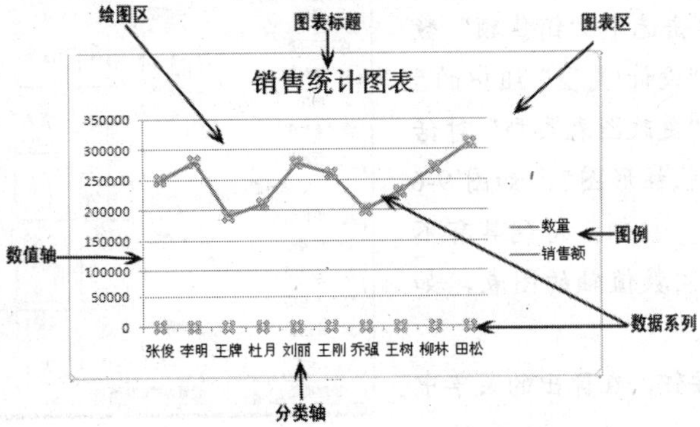

图 9-3　图表元素分布位置图

(6) 这时发现“数量”的折线图几乎看不到，单击选中绘图区中的“销售额”数据系列，再单击“布局/当前所选内容”组中的 设置所选内容格式 按钮，在弹出的【设置数据系列格式】对话框中，选择“系列选项”中的“系列绘制在次坐标轴”，如图 9-4 所示。单击 关闭 按钮。这时图表就具有了两个数值轴，如图 9-5 所示。

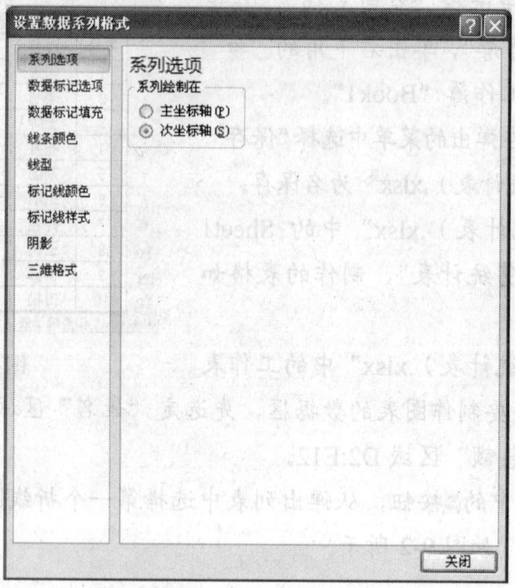

图 9-4 设置数据系列绘制在次坐标轴

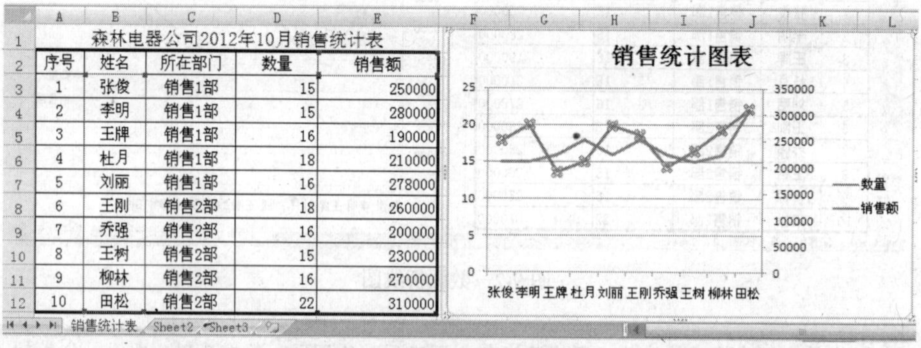

序号	姓名	所在部门	数量	销售额
1	张俊	销售1部	15	250000
2	李明	销售1部	15	280000
3	王牌	销售1部	16	190000
4	杜月	销售1部	18	210000
5	刘丽	销售1部	16	278000
6	王刚	销售2部	18	260000
7	乔强	销售2部	16	200000
8	王树	销售2部	15	230000
9	柳林	销售2部	16	270000
10	田松	销售2部	22	310000

图 9-5 具有两个数值轴的图表

(7) 将“销售额”数据系列的图表类型更改为“柱形图”。单击选中“销售额”数据系列，再单击“设计/类型”组中的 按钮，在弹出的“更改图表类型”对话框中，选择“簇状柱形图”，如图 9-6 所示。单击 确定 按钮。得到具有不同图表类型、不同数值轴的图表，如图 9-7 所示。

(8) 单击左上角的 按钮，在弹出的菜单中选择“保存”。

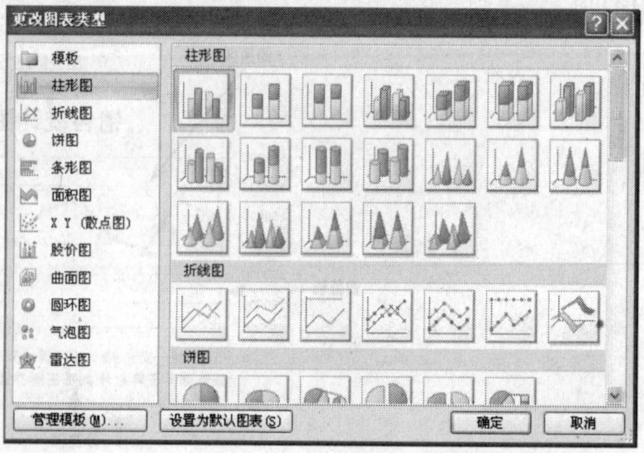

图 9-6 更改图表类型

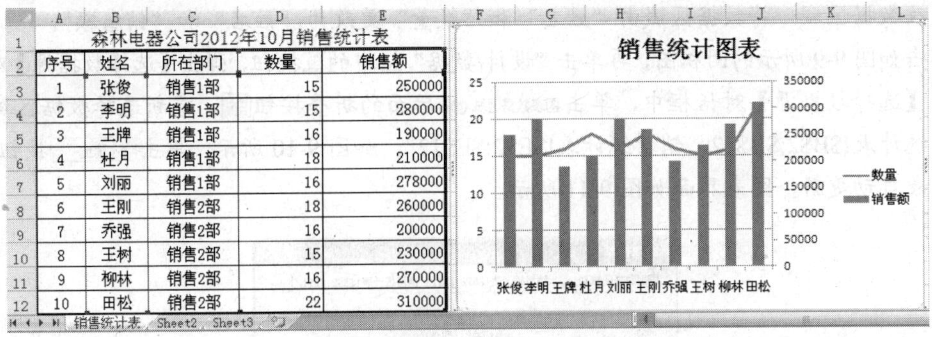

图 9-7　具有不同图表类型和不同数值轴的图表

任务二　编辑图表

图表创建完成后可以根据用户的需要对图表进行编辑，如更改图表类型、更改数据区域、改变图表位置，同时有 8 种图表布局和 48 种图表样式可供选择。

【操作步骤】

(1)　更改图表类型：将折线图更改为面积图。

①　使用工作表“销售统计表”中的“姓名”和“数量”创建一个折线图，如图 9-8 所示。

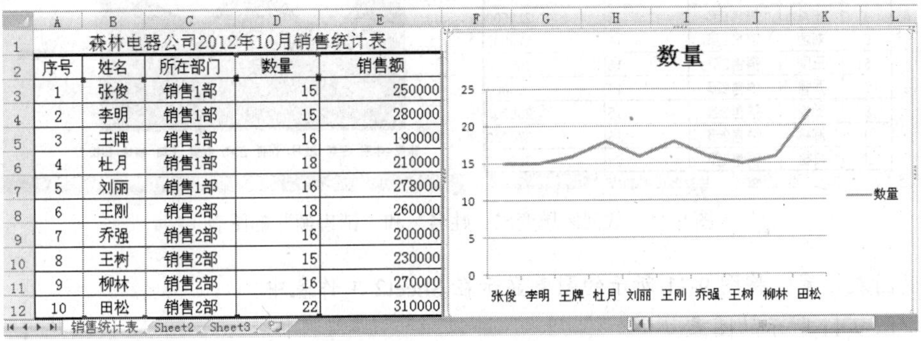

图 9-8　使用“姓名”和“数量”创建的折线图

②　单击选中创建的折线图，再单击“设计/类型”组中的按钮，在弹出的“更改图表类型”对话框中，选择“面积图”中的“面积图”。单击 确定 按钮。图表就变成了面积图，如图 9-9 所示。

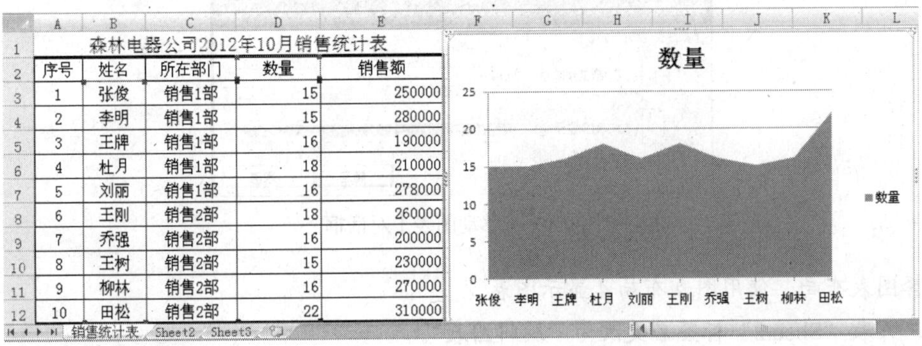

图 9-9　将图表类型更改为面积图

(2) 更改数据区域：将数据区域由“姓名”和“数量”更改为“姓名”和“销售额”。

① 单击如图 9-9 所示的面积图，再单击“设计/数据”组中的按钮，弹出【选择数据源】对话框。

② 在【选择数据源】对话框中，单击图表数据区域(D):后面的折叠按钮，重新选择数据区域“=销售统计表!$B$2:$B$12，销售统计表!$E$2:$E$12”，如图 9-10 所示。单击确定按钮。这时图表自动更新，图表界面如图 9-11 所示。

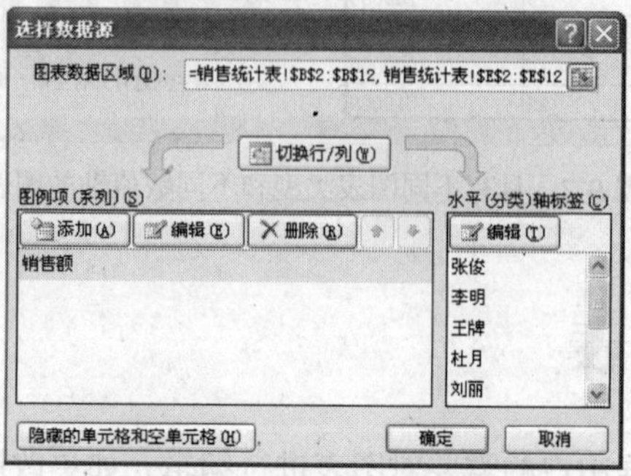

图 9-10 【选择数据源】对话框

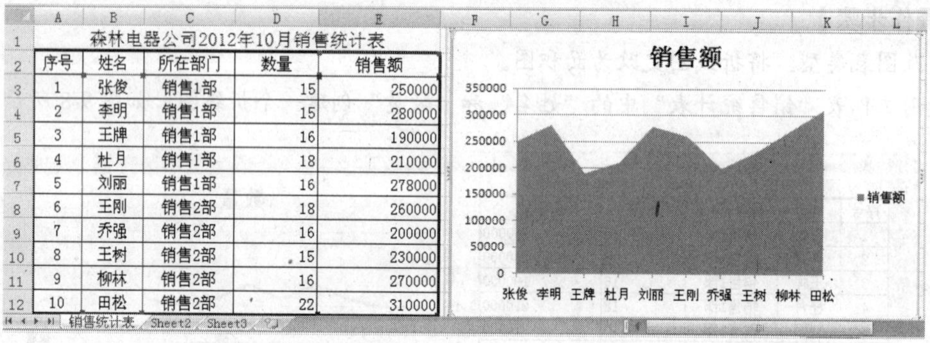

图 9-11 数据区域变成“姓名”和“销售额”的图表

(3) 改变图表位置：将图 9-11 所示的图表显示在 Sheet2 工作表中。

① 选中图 9-11 所示的图表。

② 单击“设计/位置”组中的按钮，弹出【移动图表】对话框。

③ 在“移动图表”对话框中，单击选择对象位于(O):，同时在框中选择“Sheet2”，如图 9-12 所示。单击确定按钮。

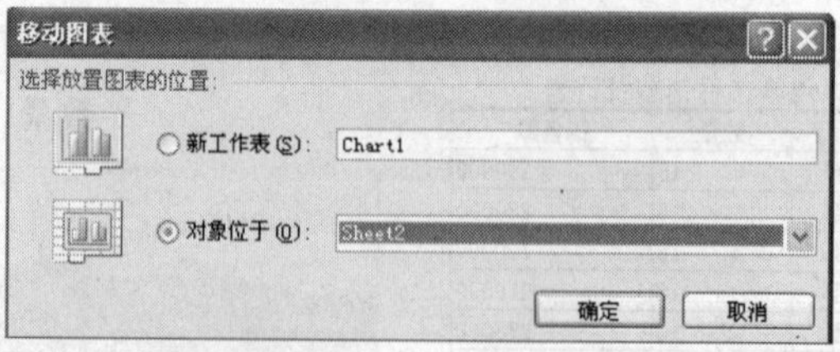

图 9-12 【移动图表】对话框

(4) 选择图表布局：使用图表布局 4 显示图表。

① 将工作表“Sheet2”标签名更改为“编辑图表”。

② 选中“编辑图表”工作表中的图表。

③　单击"设计/图表布局"组 中的其他按钮 ，弹出"图表布局"窗口。

④　在"图表布局"窗口中，单击选择第2行第1列的布局（布局4），如图9-13所示。图表布局更改为布局4后的图表如图9-14所示。

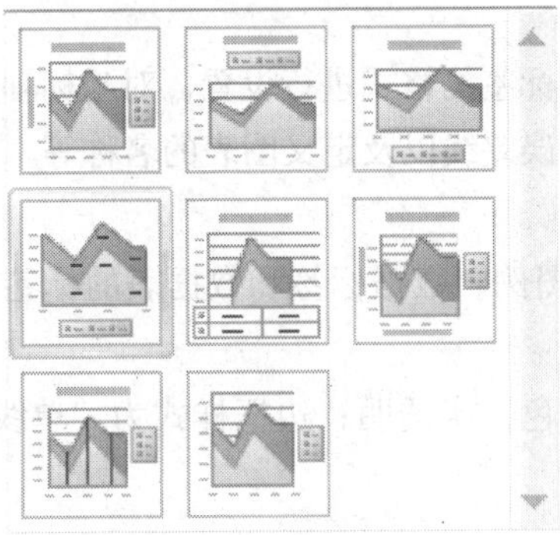

图9-13　图表布局窗口

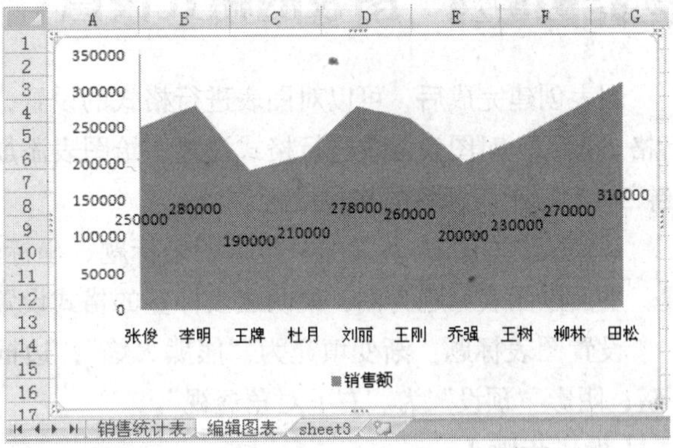

图9-14　图表布局更改为布局4后的图表

(5)　选择图表样式：使用样式31显示图表。

①　选中"编辑图表"工作表中的图表。

②　单击"设计/图表样式"组 中的其他按钮 ，弹出"图表样式"窗口。

③　在"图表样式"窗口中，单击选择第4行第7列的样式（样式31），如图9-15所示。图表样式更改为样式31后的图表如图9-16所示。

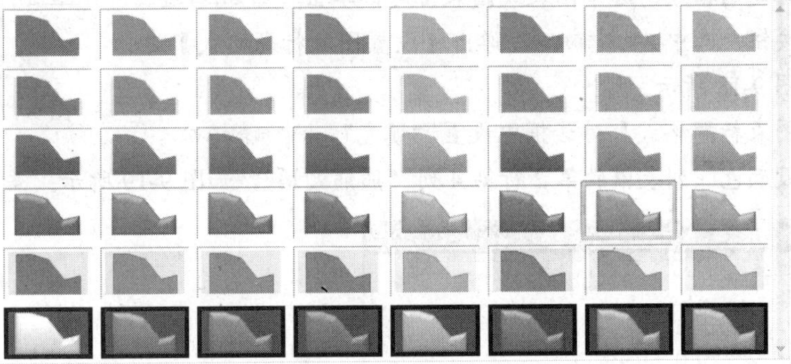

图9-15　"图表样式"窗口

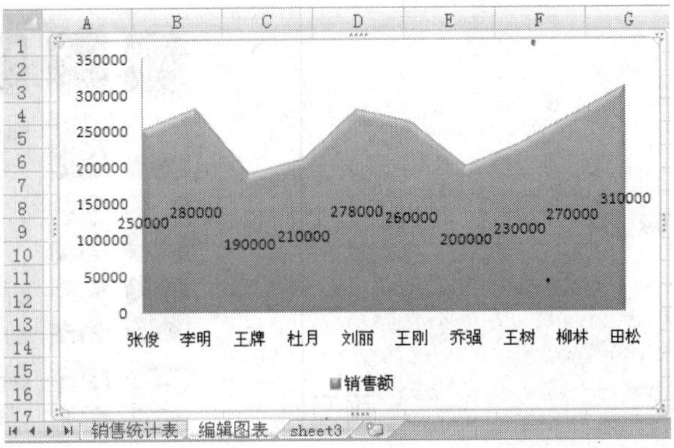

图9-16　图表样式更改为样式31后的图表

(6) 保存和关闭文件。单击左上角的按钮，在弹出的菜单中选择“保存”；单击右上角的按钮，就完成了文件的保存和关闭。

项目升级　图表的格式设置

图表创建完成后，可以对图表进行格式的设置，如对图表标签的格式进行设置，对坐标轴进行格式设置，对图表背景进行格式设置，给图表添加趋势线和误差线以及定义图表的名称等。

【练 9-1】　图表标签的格式设置。

图表标签的格式设置主要包括图表标题、坐标轴标题、图例、数据标签和数据表的标签设置。下面以图表标题为例，说明图表标签的格式设置方法。

设置图表标题：渐变填充为“熊熊火焰”；边框颜色为紫色，半透明；边框样式为“单线”5 磅；阴影“预设”为“右下对角透视”。

【操作步骤】

(1) 将图 9-16 中“编辑图表”工作表中的图表复制到工作表“Sheet3”中。

(2) 将工作表“Sheet3”重命名为“标签设置”。

(3) 选中工作表“标签设置”中的图表，单击“布局/标签”组中的按钮，弹出图表标题选项，如图 9-17 所示。

(4) 在图表标题选项中，单击按钮，这时在图表的上方中间添加了图表标题，将插入点移到标题中可以修改标题内容。

(5) 设置图表标题的格式。选中图表或图表标题，单击“布局/标签”组中的按钮，选中其他标题选项(M)...，弹出【设置图表标题格式】对话框，如图 9-18 所示。

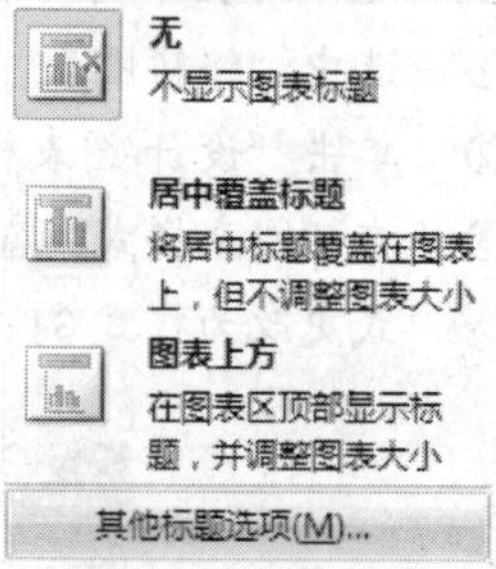

图 9-17　图表标题选项

(6) 在【设置图表标题格式】对话框中设置“填充”为 ◎ 渐变填充(G)，选择“预设颜色”列表中的第 2 行第 4 列“熊熊火焰”，如图 9-19 所示。

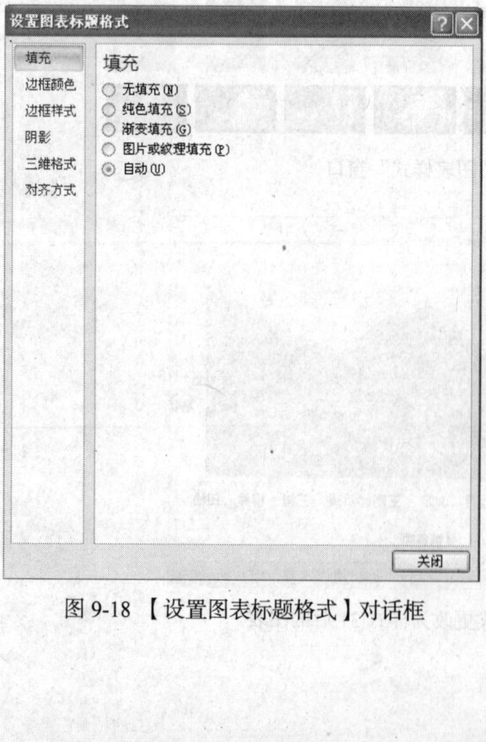

图 9-18 【设置图表标题格式】对话框

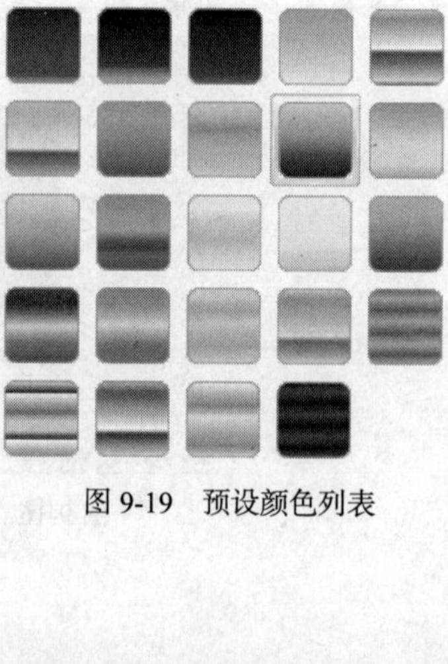

图 9-19　预设颜色列表

(7) 选中“边框颜色”中的 实线(S)，设置颜色为紫色，设置透明度为50%。
(8) 在“边框样式”中的“宽度”中输入“5磅”，在“复合类型”中选择“单线”。
(9) 在“阴影”中的“预设”中选择“透视”组中的“右下对角透视”，在“颜色”中选择橙色，设置透明度为50%，大小为100%，模糊为6磅，角度为45°，距离为1磅，如图9-20所示。
(10) 单击 关闭 按钮。图表标题发生了改变，再添加坐标轴标题，如图9-21所示。

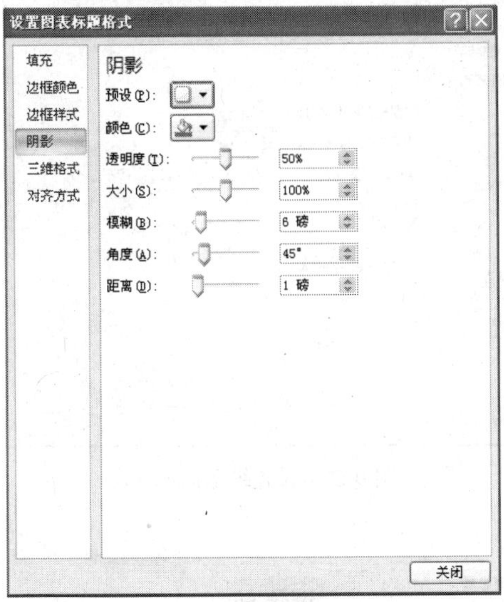

图9-20　设置图表标题格式中的阴影

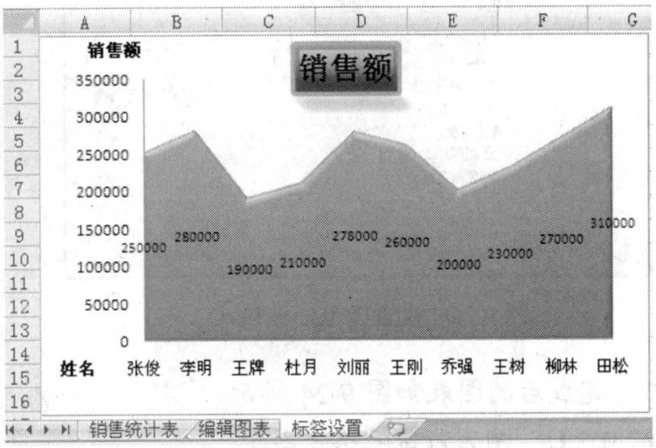

图9-21　图表标题设置完成

【练9-2】　坐标轴的格式设置。

设置横坐标轴的标签与坐标轴的距离为10；设置纵坐标轴刻度的最小值为190 000，最大值为310 000；添加横向主要网格线。

【操作步骤】

(1) 横坐标轴格式的设置。
① 新建一个工作表“坐标轴设置”，将工作表“标签设置”中的图表复制到工作表“坐标轴设置”中。
② 单击“布局/坐标轴”组中的按钮，再单击 主要横坐标轴(H) 按钮，从弹出的列表中单击 其他主要横坐标轴选项(M)... 按钮，弹出【设置坐标轴格式】对话框。
③ 在【设置坐标轴格式】对话框中设置参数，如图9-22所示。
④ 单击 关闭 按钮。
(2) 纵坐标轴格式的设置。
① 单击“布局/坐标轴”组中的按钮，再单击 主要纵坐标轴(V) 按钮，从弹出的列表中单击 其他主要纵坐标轴选项(M)... 按钮，弹出【设置坐标轴格式】对话框。
② 在【设置坐标轴格式】对话框中设置参数，如图9-23所示。
③ 单击 关闭 按钮。
(3) 网格线的设置。

网格线包括主要横网格线和主要纵网格线。下面以横网格线为例说明网格线的设置方法。

① 单击“布局/坐标轴”组中的按钮，再单击 主要横网格线(H) 按钮，从弹出的列表中单击 按

钮，就在图表中添加了横向的主要网格线。

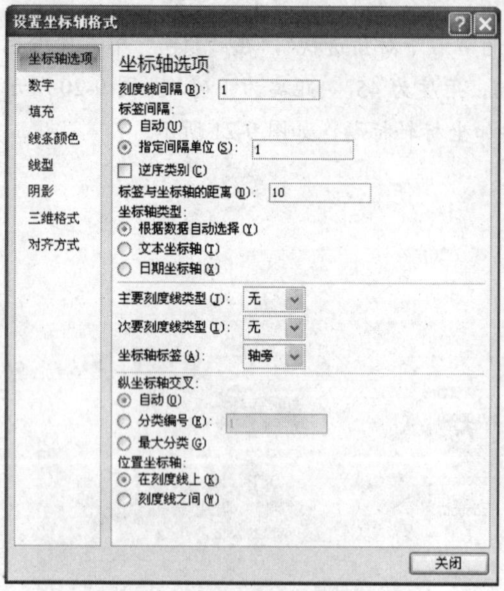

图9-22 设置横坐标轴格式

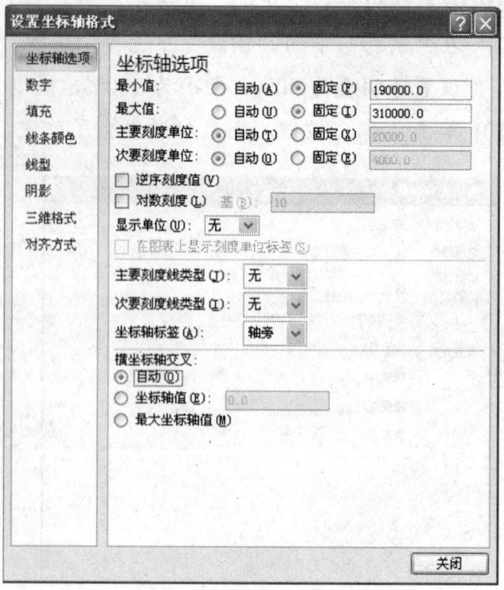

图9-23 设置纵坐标轴格式

② 完成后的图表如图9-24所示。

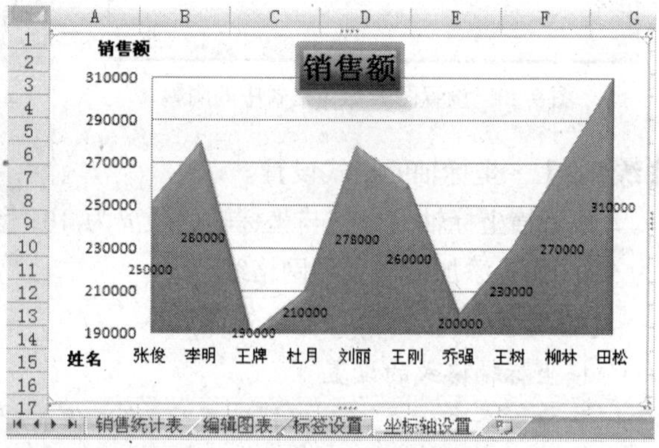

图9-24 设置网格线后的图表

【练9-3】 图表背景的格式设置。

使用“姓名”和“数量”2列数据新建一个“簇状圆柱图”，设置图表的背景墙和基底，并进行三维旋转。

【操作步骤】

(1) 设置背景墙。

① 新建一个工作表“背景设置”。

② 选定工作表“销售统计表”中的单元格区域B2:B12，按住Ctrl键继续选择单元格区域D2:D12。

③ 单击“插入/图表”组中的柱形图中的“簇状圆柱图”。

④ 单击“设计”选项卡中的“位置”组中的移动图表按钮，在弹出的【移动图表】对话框中选择 ⊙ 对象位于(O): 背景设置 ，单击 确定 按钮。

⑤ 选中图表，单击“布局/背景”组中的 图表背景墙 按钮，在弹出的列表中单击 其他背景墙选项(M)... 按钮，弹出【设置背景墙格式】对话框。

⑥ 在【设置背景墙格式】对话框中，设置“填充”为“纯色填充”，颜色为紫色；边框颜色为红色、实线；边框样式的宽度为5磅，如图9-25所示。

⑦ 单击 关闭 按钮，完成背景墙的设置，结果如图9-26所示。

(2) 设置基底。

① 单击“布局/背景”组中的图表基底按钮，再从弹出的列表中单击 其他基底选项(M)... 按钮，弹出【设置基底格式】对话框。

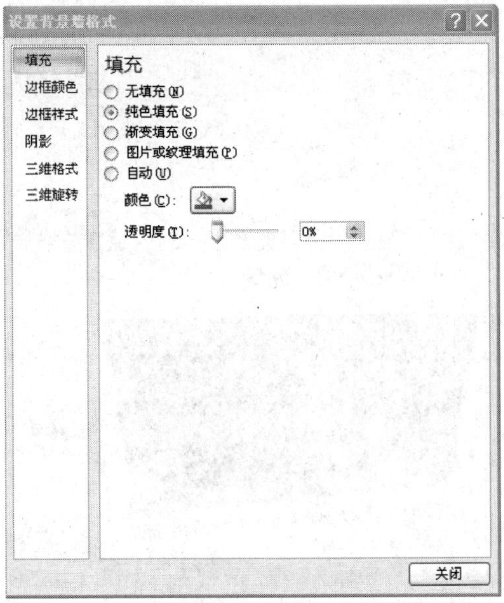

图 9-25 【设置背景墙格式】对话框

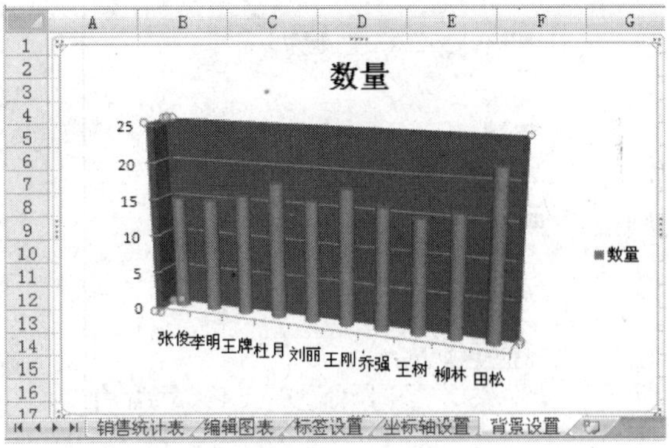

图 9-26　设置背景墙后的图表

② 在【设置基底格式】对话框中，设置“填充”为“纯色填充”，颜色为黄色；边框颜色为绿色、实线；边框样式的宽度为 5 磅，如图 9-27 所示。

③ 单击 确定 按钮。结果如图 9-28 所示。

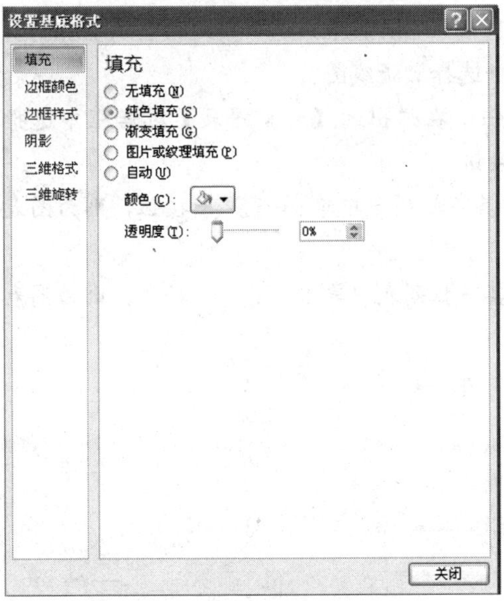

图 9-27 【设置基底格式】对话框

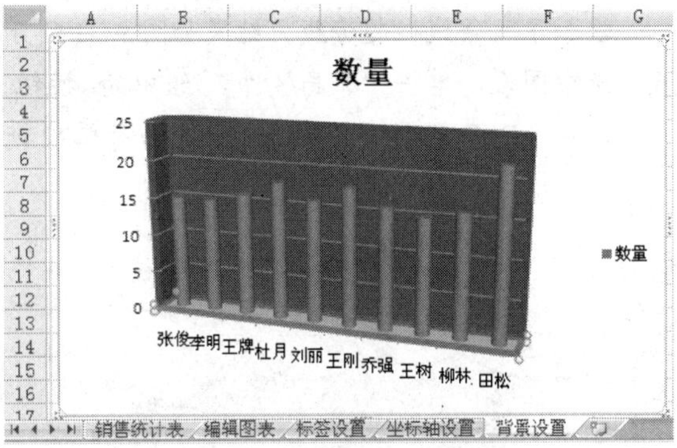

图 9-28　设置基底后的图表

(3) 设置三维旋转。

① 单击“布局/背景”组中的按钮，弹出【设置图表区格式】对话框。

② 在【设置图表区格式】对话框中，设置“三维旋转”中的 X 旋转为 10°，Y 旋转为 20°，透视为 30°，如图 9-29 所示。

③ 单击 确定 按钮。结果如图 9-30 所示。

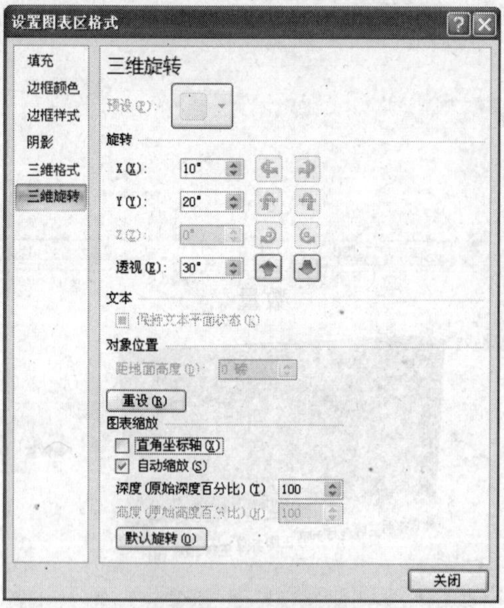

图 9-29　设置三维旋转

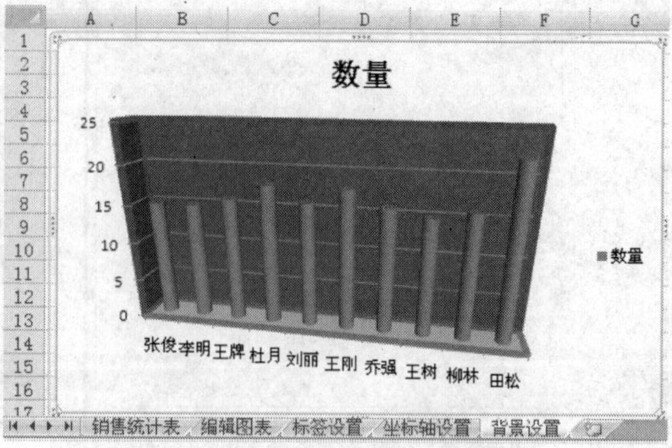

图 9-30　设置三维旋转后的图表

【练 9-4】　给图表添加趋势线和误差线。

使用“姓名”和“数量”2 列数据新建一个“折线图”，给图表添加趋势线和误差线。

【操作步骤】

(1)　新建一个工作表“添加趋势线和误差线”。

(2)　选定工作表“销售统计表”中的单元格区域 B2:B12，按住 Ctrl 键继续选择单元格区域 D2:D12。

(3)　单击“插入/图表”组中的按钮，从弹出的列表中选择“折线图”。

(4)　单击“设计”选项卡中的“位置”组中的按钮，在弹出的【移动图表】对话框中选择“对象位于(O): 添加趋势线和误差线”，单击“确定”按钮。

(5)　选中图表，单击“布局/分析”组中的按钮，在其下拉列表中单击按钮，则为图表添加了一条线性趋势线。结果如图 9-31 所示。

(6)　选中图表，单击“布局/分析”组中的按钮，在其下拉列表中单击按钮，则为图表添加了一条百分比误差线。结果如图 9-32 所示。

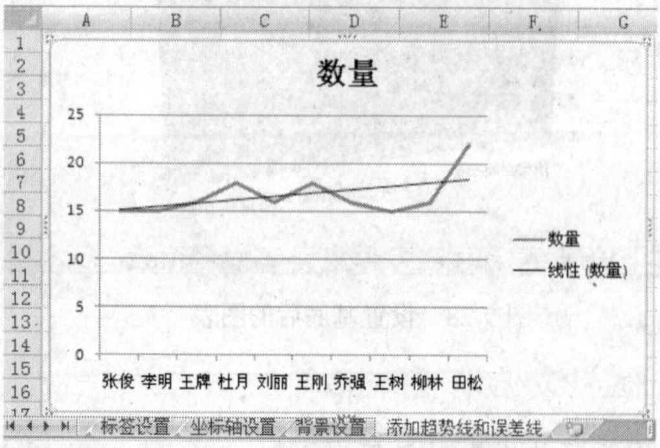

图 9-31　给图表添加了趋势线

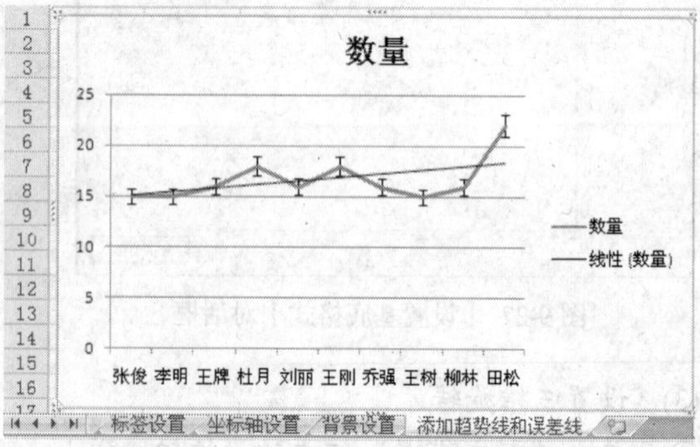

图 9-32　给图表添加了百分比误差线

【练 9-5】　为图表定义名称。

为图 9-32 定义名称“添加趋势线图表”。

【操作步骤】

(1) 选中图 9-32 中的图表。

(2) 在"布局/属性"组中的"图表名称"下方的文本框中直接输入图表的名称"添加趋势线图表"，即 。

(3) 保存和关闭文件。

项目小结

Excel 可以制作多种图表，图表数据可以根据需要随时改变，图表类型、图表位置也方便更改，图表编辑灵活；完成图表后，可以对标签、坐标轴及背景等进行设置，还可以给图表添加趋势线和误差线等；为了区分图表，还可以给图表命名。图表应用简单多样，设置灵活。

课后练习　复合条饼图的建立与格式设置

本节来练习复合条饼图的建立与格式设置。

【操作步骤】

(1) 复合条饼图的建立。使用"姓名"和"数量"2 列创建复合条饼图。

① 新建一个工作表"复合条饼图"。

② 选定工作表"销售统计表"中的单元格区域 B2:B12，按住 Ctrl 键继续选择单元格区域 D2:D12。

③ 单击"插入/图表"组中的 按钮，从弹出的列表中，单击"复合条饼图"按钮 。

④ 单击"设计/位置"组中的 按钮，在弹出的【移动图表】对话框中选择 对象位于(O): 复合条饼图 ，单击 确定 按钮。创建的图表如图 9-33 所示。

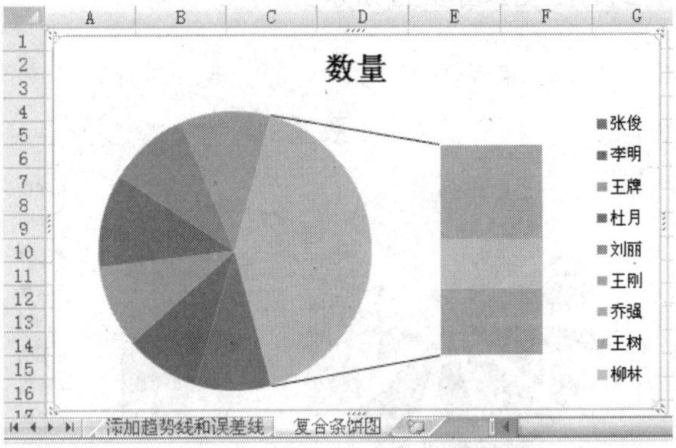

图 9-33　复合条饼图

(2) 复合条饼图的格式设置。设置第 2 个绘图区包含最后 2 个值，饼图的不分离比例为 10%，2 个绘图区的分类间距为 100%，第 2 个绘图区的大小为 80%；在数据标签内显示系列名称和数据值。

① 新建一个工作表"格式设置复合条饼图"。

② 在工作表"复合条饼图"中选择图 9-33 所示的图表，按下 Ctrl+C 组合键复制图表，再单击工作表"格式设置复合条饼图"，按下 Ctrl+V 组合键粘贴图表。

③ 选中工作表“格式设置复合条饼图”中的图表，再单击“格式/当前所选内容”组中的最上面的列表框右侧的按钮，从下拉列表框中单击 系列"数量"，再单击下面的 设置所选内容格式 按钮，这时弹出【设置数据系列格式】对话框。

④ 在【设置数据系列格式】对话框中，设置第二个绘图区包含最后2个值，饼图的不分离程度为10%，2个绘图区的分类间距为100%，第二绘图区大小为80%，如图9-34所示。

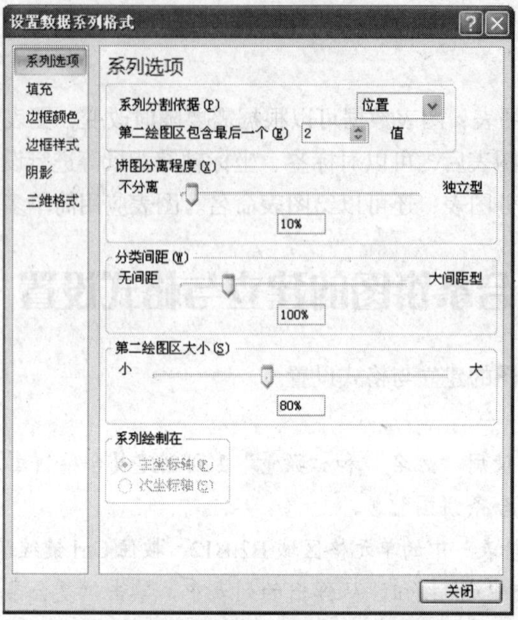

图9-34 设置复合条饼图的数据系列格式

⑤ 单击 关闭 按钮，得到的图表如图9-35所示。

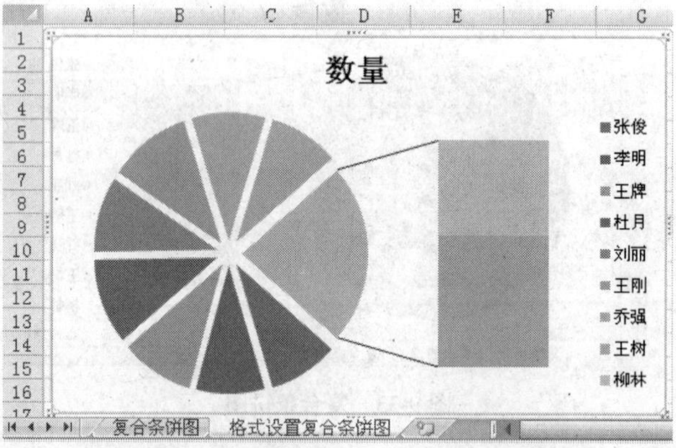

图9-35 设置数据系列格式后的复合条饼图

⑥ 单击选择“布局/标签”组中的按钮，从弹出的列表框中单击 其他数据标签选项(M)... 按钮，弹出【设置数据标签格式】对话框。

⑦ 在【设置数据标签格式】对话框中，选择标签包含类别名称和值，如图9-36所示。

⑧ 单击 关闭 按钮，得到的图表如图9-37所示。

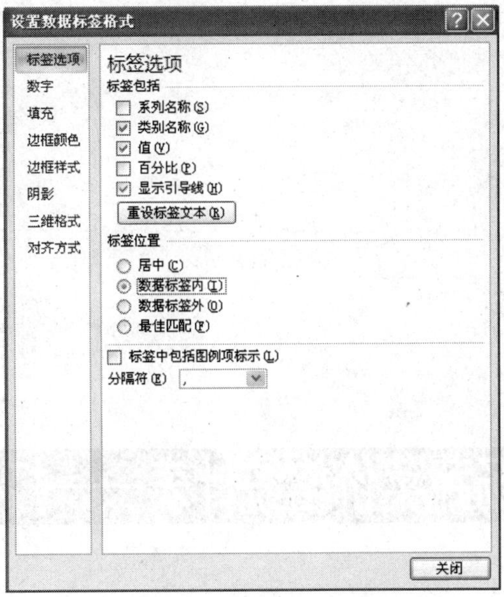

图 9-36　设置复合条饼图的数据标签格式

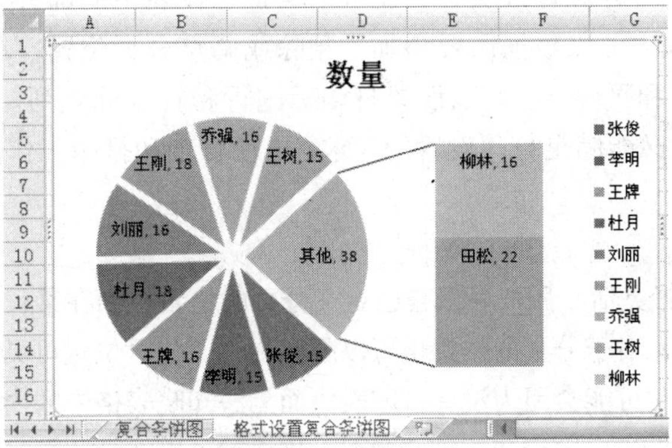

图 9-37　设置数据标签格式后的复合条饼图

(3)　保存和关闭文件。

项目十

制作各地菜市场蔬菜价格统计表——打印与安全管理

【项目背景】

为了更好地保护文件，对于不希望别人看到的 Excel 文件，可以给文件添加密码，只有知道密码才能打开和修改文件，还可以保护工作表中的部分单元格，使得别人只能看而不能更改；可以根据需要添加、删除或调整分页位置，在打印或打印预览时，可以添加页眉和页脚，还可以设置打印标题行和打印标题列。系统保证了 Excel 文件的安全，同时又能满足打印设置的要求，方便管理和打印工作簿、工作表和单元格区域。

【项目分析】

Excel 打印设置灵活，用户可以自己定义分页的位置，如在某行、某列或某个单元格前面添加分页线，对于分页的位置也可以随意调整，分页位置可灵活调整。对于多页的工作表，在打印时可能会因为没有打印表头而无法知晓表格中的内容。为解决这一问题，系统可以设置打印标题行和打印标题列，这样就可以在打印每一页时，都打印出表头等信息，使得信息的阅读一目了然。对于重要的工作簿可以设置密码，以保护自己的文件不被别人查看；对于文件中的比较重要的单元格区域，可以根据需要设置成只能阅读而不能修改，这样能有效地保护自己的数据不被修改。

本项目对各地菜市场蔬菜价格统计表进行打印设置，并且对工作簿和工作表进行保护。

【解决方案】

本项目可以通过以下几个任务来完成。

- 任务一　打印设置
- 任务二　安全管理

任务一　打印设置

先创建各地菜市场蔬菜价格统计表，再对表格的页面进行设置，包括设置页边距、纸张方向、纸张大小、打印区域、分隔符和背景，最后在普通视图和分页预览视图之间进行切换。

【操作步骤】

(1) 启动 Excel 2007，单击左上角按钮，在弹出的菜单中选择“新建”，弹出【新建工作簿】对话框，在左边的框中选择“空白文档”，在中间的框中单击“空工作簿”，单击右下角的 创建 按钮，新建一个空白工作簿“Book1”。

(2) 单击左上角的按钮，在弹出的菜单中选择“保存”。将文件以“10-1（各地菜市场蔬菜价格统计表）.xlsx”为名保存。

(3) 在工作表“Sheet1”中输入数据，并适当设置字体、大小、边框线、对齐方式、行高和列宽，制作的表格如图 10-1 所示。

绿草地区菜市场蔬菜价格统计表

单位：(元/斤)

市场名称	丝瓜	毛豆	冬瓜	包心菜	大白菜	小白菜	西红柿	南瓜
小牛农贸市场	2.00	2.00	0.90	2.50	2.00	2.00	3.00	1.50
香草农贸市场	2.50	2.00	0.80	1.60	1.00	2.00	2.50	1.50
大庄农贸市场	1.40	1.00	0.60	1.80	1.30	1.10	2.50	1.60
皮皮农贸市场	2.00	1.80	0.60	1.50	1.20	1.00	2.50	1.60
石头农贸市场	2.00	2.50	0.80	1.80	1.50	2.00	2.00	2.00
闪闪农贸市场	2.50	1.50	0.80	1.80	1.50	2.00	2.00	2.00
山丘农贸市场	1.50	2.00	0.60	1.70	1.30	2.20	2.50	1.00
红红农贸市场	2.30	1.50	1.00	1.80	1.50	1.50	2.50	1.60

图 10-1　绿草地区菜市场蔬菜价格统计表

(4) 设置页边距：上 2 厘米、下 1 厘米、左 3 厘米、右 2.5 厘米、页眉 0.8 厘米、页脚 0.5 厘米，要求整个表格水平居中。单击“页面布局/页面设置”组中的按钮，在弹出的列表中，单击选择 自定义边距(A)... 按钮，弹出【页面设置】对话框，在“页边距”选项卡中设置参数，如图 10-2 所示。单击 确定 按钮。

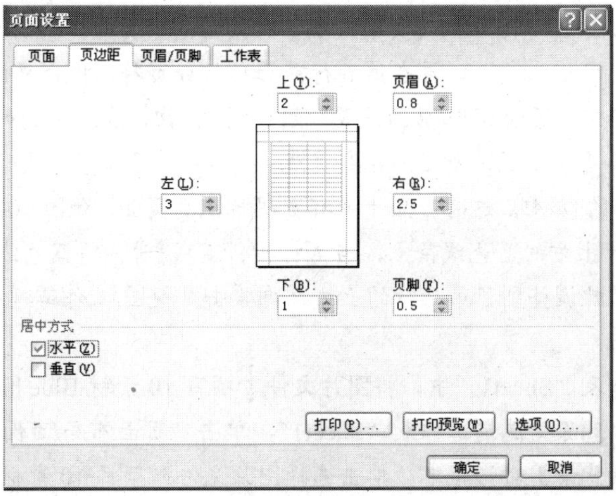

图 10-2　设置页边距

(5) 设置纸张方向：横向。单击“页面布局/页面设置”组中的按钮，在弹出的列表中单击 横向 按钮。

(6) 设置纸张大小：16K，并调整为 1 页宽和 1 页高。单击“页面布局/页面设置”组中的按钮，在弹出的列表中单击其他纸张大小(M)...按钮，弹出【页面设置】对话框，在“页面”选项卡中设置参数，如图 10-3 所示。单击确定按钮。

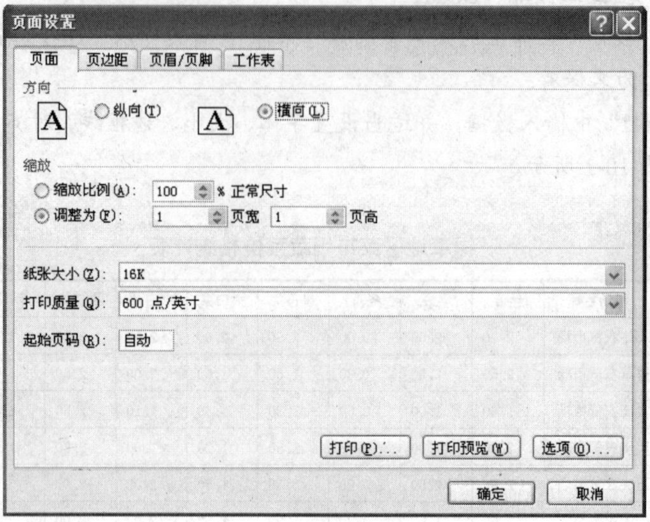

图 10-3　设置纸张大小

(7) 设置打印区域：设置单元格区域 A3:I5 为打印区域，之后再取消设置的打印区域。选定单元格区域 A3:I5，再单击“页面布局/页面设置”组中的按钮，在弹出的列表中单击设置打印区域(S)按钮。此时就设置了打印区域为单元格区域 A3:I5，此时单击“页面布局/页面设置”组右边的按钮，在弹出的【页面设置】对话框中，单击打印预览(W)按钮，就能看到设置的打印区域中的内容，其他区域中的内容不显示，单击按钮返回编辑状态；若要取消设置的打印区域，只需再单击“页面布局/页面设置”组中的按钮，在弹出的列表中，单击取消打印区域(C)按钮即可。

(8) 设置分隔符：先在图 10-3 所示的【页面设置】对话框的“页面”选项卡中，将“缩放”选项选择为缩放比例(A): 100 % 正常尺寸，再在第 6 行前面插入分页符，将分页位置调整到第 7 行。单击选择第 6 行，单击“页面布局/页面设置”组中的按钮，在弹出的列表中，单击插入分页符(I)按钮，这时在第 6 行的前面添加了一条分页线---------；要调整分页位置，需要单击“视图/工作簿视图”组中的按钮，这时会显示带有页码标识的页面，如图 10-4 所示。在图 10-4 中，将鼠标移至第 6 行上方的蓝色线条上，当鼠标指针变成↕时，将蓝色线条拖动到第 7 行的上方，这时分页位置就调整到了第 7 行的上方。再单击“视图/工作簿视图”组中的按钮，返回普通视图的状态。

(9) 设置背景：在工作表“Sheet1”中，将图片文件“项目 10 素材\Blue hills.jpg”添加为背景图片，再将背景图片删除。选定工作表“Sheet1”，单击“页面布局/页面设置”组中的按钮，在弹出的【工作表背景】对话框中，单击选择图片文件“项目 10 素材\Blue hills.jpg”，再单击插入(S)按钮，如图 10-5 所示。这时在工作表“Sheet1”中就添加了图片背景，如图 10-6 所示。此时原来的“页面布局/页面设置”组中按钮变成了；单击按钮，即可删除添加的背景图片。

绿草地区菜市场蔬菜价格统计表

单位：(元/斤)

市场名称	丝瓜	毛豆	冬瓜	包心菜	大白菜	小白菜	西红柿	南瓜
小牛农贸市场	2.00	2.00	0.90	2.50	2.00	2.00	3.00	1.50
香草农贸市场	2.50	2.00	0.80	1.60	1.00	2.00	2.50	1.50
大庄农贸市场	1.40	1.00	0.60	1.80	1.30	1.10	2.50	1.60
皮皮农贸市场	2.00	1.80	0.60	1.50	1.20	1.00	2.50	1.60
石头农贸市场	2.00	2.50	0.80	1.80	1.50	2.00	2.00	2.00
闪闪农贸市场	2.50	1.50	0.80	1.80	1.50	2.00	2.00	2.00
山丘农贸市场	1.50	2.00	0.60	1.70	1.30	2.20	2.50	1.00
红红农贸市场	2.30	1.50	1.00	1.80	1.50	1.50	2.50	1.60

图 10-4　带有页码标识的页面

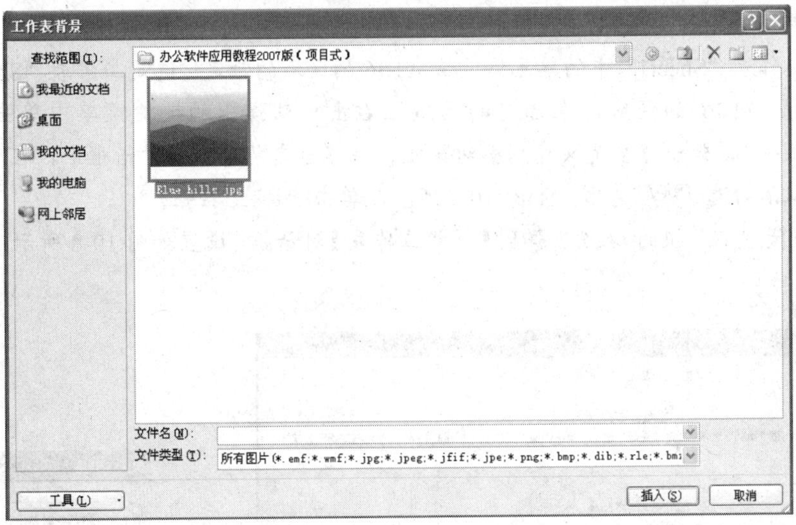

图 10-5 【工作表背景】对话框

绿草地区菜市场蔬菜价格统计表

单位：(元/斤)

市场名称	丝瓜	毛豆	冬瓜	包心菜	大白菜	小白菜	西红柿	南瓜
小牛农贸市场	2.00	2.00	0.90	2.50	2.00	2.00	3.00	1.50
香草农贸市场	2.50	2.00	0.80	1.60	1.00	2.00	2.50	1.50
大庄农贸市场	1.40	1.00	0.60	1.80	1.30	1.10	2.50	1.60
皮皮农贸市场	2.00	1.80	0.60	1.50	1.20	1.00	2.50	1.60
石头农贸市场	2.00	2.50	0.80	1.80	1.50	2.00	2.00	2.00
闪闪农贸市场	2.50	1.50	0.80	1.80	1.50	2.00	2.00	2.00
山丘农贸市场	1.50	2.00	0.60	1.70	1.30	2.20	2.50	1.00
红红农贸市场	2.30	1.50	1.00	1.80	1.50	1.50	2.50	1.60

图 10-6　添加图片背景后的工作表

(10) 在普通视图和分页预览视图之间进行切换。单击“视图/工作簿视图”组中的按钮和按钮来切换普通视图和分页预览视图。在需要调整分页位置时，通常切换到分页预览状态；除此之外，一般切换到普通视图。

(11) 单击左上角的按钮，在弹出的菜单中选择“保存”。

任务二　安全管理

可以保护工作表中的部分单元格不被更改，也可以保护整个工作表不被修改，还可以对整个工作簿设置密码来保护文件。

操作一　工作表的保护

【操作步骤】

(1) 对工作表“Sheet1”中的除了单元格区域A1:I6之外的区域全部设置为只读。

① 取消对工作表“Sheet1”中的单元格区域A1:I6的区域的锁定。选定工作表“Sheet1”中的单元格区域A1:I6的区域，在选定的区域上右击，从弹出的快捷菜单中单击选择菜单项 设置单元格格式(F)...，弹出【自定义序列】对话框。在【自定义序列】对话框中，在“保护”选项卡中，取消勾选 锁定(L) 选项，如图10-7所示，单击 确定 按钮。

② 单击“审阅/更改”组的按钮，弹出【保护工作表】对话框，设置如图10-8所示。单击 确定 按钮。

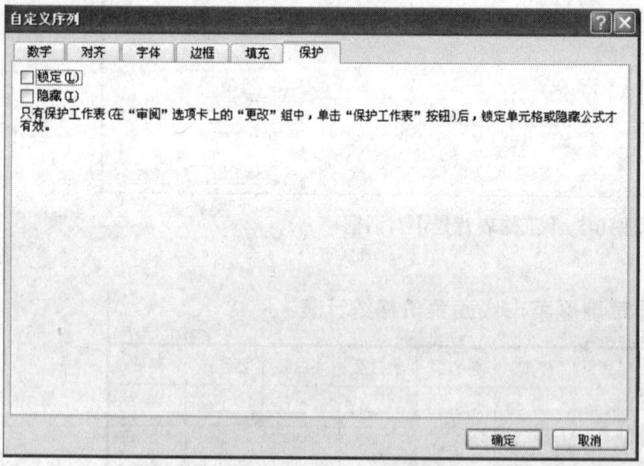

图10-7 【自定义序列】对话框

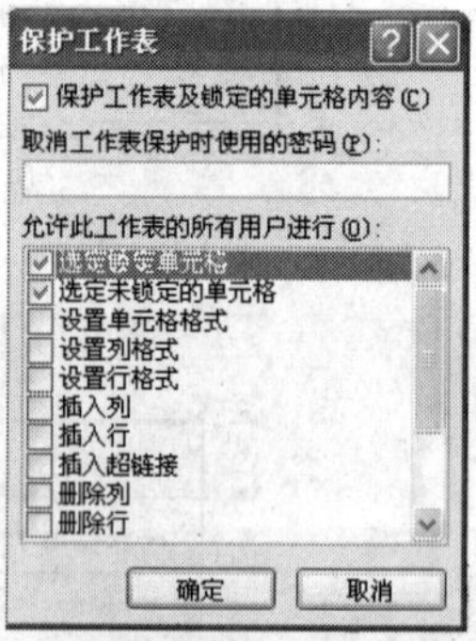

图10-8 【保护工作表】对话框

③ 这时只要试图修改单元格区域A1:I6之外的区域，系统就会弹出提示，提示内容如图10-9所示。

图10-9 试图更改保护的单元格的提示

(2) 取消对工作表“Sheet1”中的单元格区域 A1:I6 之外的区域的只读设置。只要单击“审阅/更改”组的按钮即可。

(3) 对“Sheet1”整个工作表设置为只读，可以设置密码，也可以不设置密码。

① 确定“Sheet1”整个工作表中的所有单元格都被“锁定”。默认情况下，所有单元格都是“锁定”状态。若不确定都是“锁定”的状态，可以选定整个工作表“Sheet1”，再单击鼠标右键，从弹出的快捷菜单中单击选择菜单项 设置单元格格式(F)...，弹出【自定义序列】对话框。在【自定义序列】对话框中，在“保护”选项卡中，选定 ☑锁定(L)，单击 确定 按钮。

② 不设置密码。单击“审阅/更改”组的按钮，在弹出的【保护工作表】对话框中单击 确定 按钮。

③ 设置密码。单击“审阅/更改”组的按钮，在弹出的【保护工作表】对话框中输入密码，如图 10-10 所示，单击 确定 按钮，弹出【确认密码】对话框。

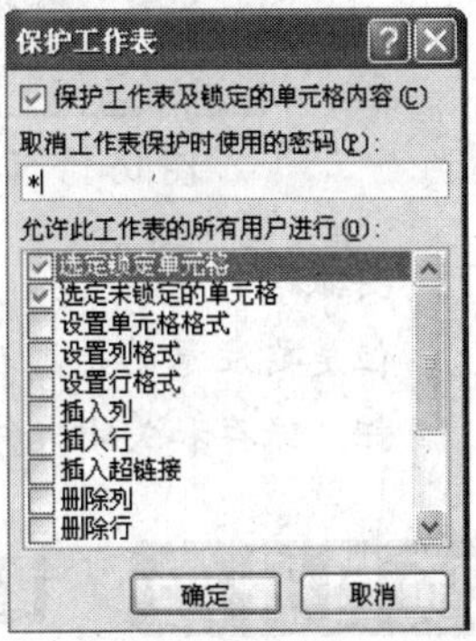

图 10-10　在【保护工作表】对话框中输入密码

④ 在【确认密码】对话框中再次输入密码，如图 10-11 所示，单击 确定 按钮完成密码的设置。

(4) 取消对“Sheet1”整个工作表的只读设置。

① 单击“审阅/更改”组的按钮，弹出【撤销工作表保护】对话框。

② 在【撤销工作表保护】对话框中输入密码，如图 10-12 所示。单击 确定 按钮。

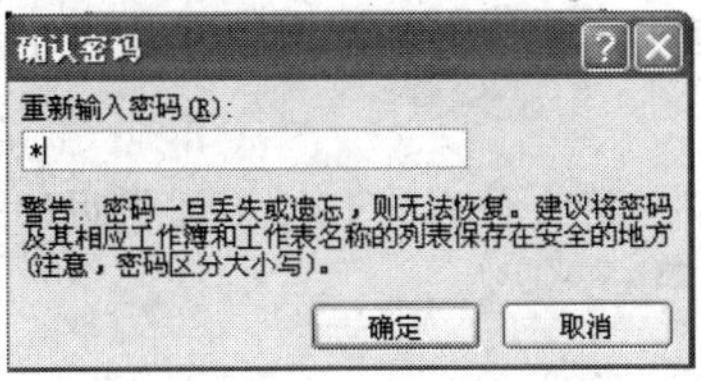

图 10-11　【确认密码】对话框

图 10-12　【撤销工作表保护】对话框

注：图中“撤消”应为“撤销”

操作二　工作簿的安全性

可以对整个工作簿设置密码，以便更好地保护工作簿。

【操作步骤】

(1) 单击左上角的“Office 按钮”，从弹出的菜单中选择“准备”，再选择子菜单中的“加密文档”，这时弹出【加密文档】对话框。在该对话框中输入密码，如图 10-13 所示。

(2) 在【加密文档】对话框中输入密码后，单击 确定 按钮，弹出【确认密码】对话框。

(3) 在【确认密码】对话框中再次输入密码后，单击 确定 按钮。

(4) 保存和关闭文件。单击左上角的按钮，在弹出的菜单中选择“保存”；单击右上角的 × 按钮，就完成了文件的保存和关闭。

(5) 当再次打开加过密码的文件时，系统会弹出【密码】对话框，输入正确的密码，如图 10-14 所示。

(6) 输入正确的密码后，单击 OK 按钮，方可打开文件。

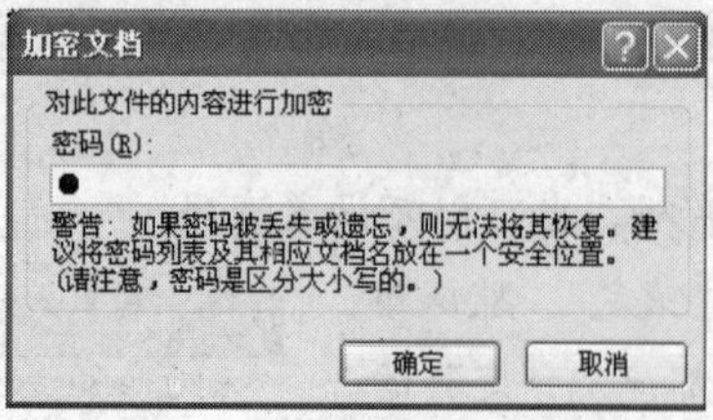

图 10-13 【加密文档】对话框

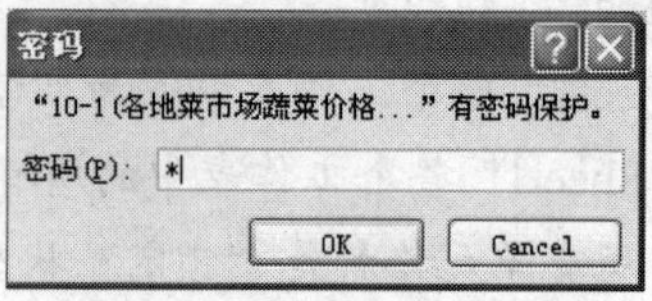

图 10-14 【密码】对话框

(7) 要撤销文件的密码，需要在打开文件时输入正确的密码，将文件打开后，再重复步骤（1）。但是要注意的是，在【加密文档】对话框中，要将原来的密码删除掉后，再单击 确定 按钮，保存和关闭文件。这样，下次打开文件时就不需要输入文档密码了。

项目升级 订货明细表页眉、页脚和标题行的打印设置

对于 Excel 工作表，除了可以对页面进行设置外，还可以根据用户的要求，添加页眉和页脚。同时，对于多页数据的打印或打印预览，可以设置打印标题行或打印标题列。

【操作步骤】

(1) 设置订货明细表的页眉为“杉杉公司”，居中对齐，字体为华文隶书，字号为 20 磅，加粗；系统日期：右对齐；其余默认设置。

① 启动 Excel 2007，单击左上角的按钮，在弹出的菜单中选择“新建”，弹出【新建工作簿】对话框，在左边的框中选择“空白文档”，在中间的框中单击“空工作簿”，单击右下角的 创建 按钮，新建一个空白工作簿“Book1”。

② 单击左上角的按钮，在弹出的菜单中选择“保存”。将文件以“10-2（订货明细表）.xlsx”为名保存。

③ 在工作表“Sheet1”中输入数据，如图 10-15 所示。

电器设备订购明细表

序号	名称	说明	单位	数量
1	台式电脑	E5200/2G/320G/PCIE显卡512M/DVD/100M/多功能读卡器/双电源开关/19LCD（16:9）/正版XP系统及杀毒软件/耳麦（液晶、电源和主机有防雷功能及证书）。整机硬件免费上门保修三年（含液晶）。指定参考品牌：联想、长城	套	25
2	笔记本电脑	T3200/2G/160G/COMBO/WIFI/130W像素摄像头/XP/KEY/USB2.0×3、Express Card、四合一读卡器。 指定参考品牌：联想、长城	台	2
3	消毒柜	可放置42人餐具、杯和毛巾。指定参考品牌：容声、美的	个	10
4	单门冰箱	容量50升以上。指定参考品牌：容声、美的	个	2
5	录音机	可用220V和干电池，可放磁带，MP3,VCD,DVD具有USB接口，额定功率20W以上	台	15
6	数码相机	700万以上像素，防抖功能。指定参考品牌：索尼、三星	台	8
7	摄像机	80G以上硬盘，400万以上静态像素。指定参考品牌：索尼、佳能	台	2
8	考勤系统	IC卡考勤系统（含20张卡、软件及安装培训使用）指定参考品牌：科密、依时利	套	1
9	A4激光打印机	A4幅面，每分钟22页以上。指定参考品牌：联想、惠普、美能达	台	5
10	A4彩色激光打印机	A4彩色幅面，彩色每分钟12页以上。指定参考品牌：联想、惠普、美能达	台	2
11	A3复印机	A3幅面，支持打印功能（含工作台、干燥箱、）。指定品牌：美能达	台	2
12	电吹风	额定功率1000W以上 指定参考品牌：美的、松下	个	15
13	无线麦克风	一拖二（一个领夹，一个手持式）	个	10
14	移动扩音器（含充电池）	额定功率50W以上，充电池可用4小时以上	套	10
15	有线麦克风（含支架）	含可调落地支架，线长10米以上	套	5

图 10-15 订货明细表

④　单击“页面布局/页面设置”组右侧的按钮，弹出【页面设置】对话框。

⑤　在【页面设置】对话框中，选择“页眉/页脚”选项卡，单击自定义页眉(C)...按钮，弹出【页眉】对话框。

⑥　在【页眉】对话框中，在“中”框中输入“杉杉公司”，选中“杉杉公司”，单击A按钮，在弹出的【字体】对话框中，设置字体为华文隶书，字号为 20 磅，加粗，单击确定按钮返回【页眉】对话框中。

⑦　在【页眉】对话框中，在“右”框中，单击按钮，这时右框中出现了“&[日期]”，如图 10-16 所示。

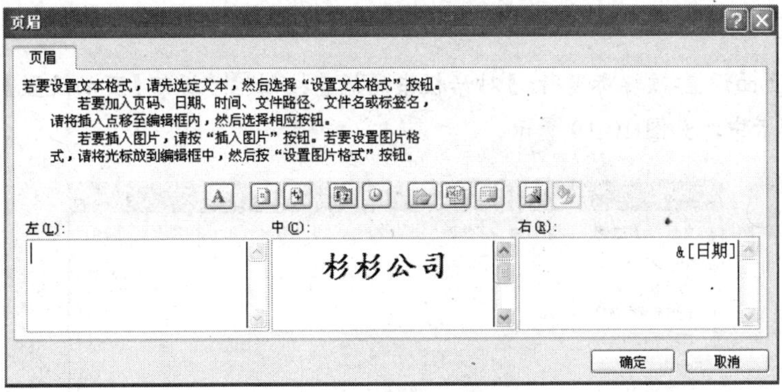

图 10-16 【页眉】对话框

⑧　单击确定按钮，完成页眉的制作。

(2)　设置订货明细表的页脚为一幅图片，居中；当前页码/总页码：右对齐。

①　单击“页面布局/页面设置”组右侧的按钮，弹出【页面设置】对话框。

②　在【页面设置】对话框中，选择“页眉/页脚”选项卡，单击自定义页脚(U)...按钮，弹出【页脚】对话框。

③　在【页脚】对话框中，在“中”框中，单击按钮，在弹出的“插入图片”对话框中，选择素材文件“项目 10 素材\风景小图.jpg”，单击插入(S)按钮，返回【页脚】对话框。

④　在【页脚】对话框中，在“右”框中，单击按钮，输入“/”，再单击按钮，这时右框中出现了“&[页码]/&[总页数]”，如图 10-17 所示。

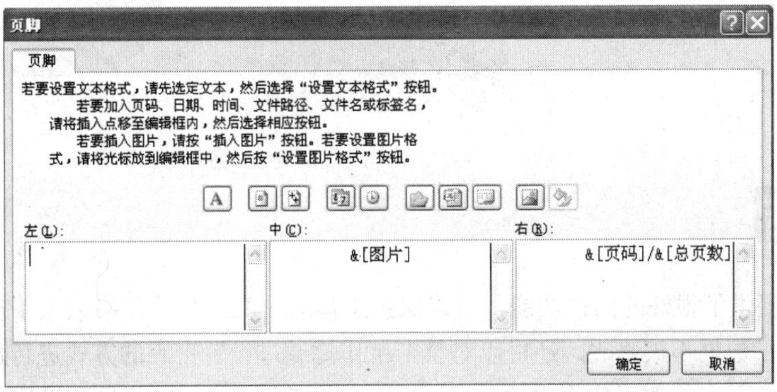

图 10-17 【页脚】对话框

⑤　单击确定按钮，完成页脚的制作。

(3) 设置订货明细表的标题和表头为打印标题行。

① 单击“页面布局/页面设置”组中的按钮，弹出【页面设置】对话框。

② 在【页面设置】对话框的“工作表”选项卡中，单击“打印标题”组中的顶端标题行(R): 右侧的折叠按钮，弹出【页面设置-顶端标题行:】对话框。

③ 用鼠标从第 1 行拖动到第 2 行，这时在【页面设置-顶端标题行:】对话框中显示“$1:$2”，如图 10-18 所示。

图 10-18 【页面设置-顶端标题行:】对话框

④ 再次单击【页面设置-顶端标题行:】对话框中的折叠按钮，返回【页面设置】对话框中的“工作表”选项卡中，如图 10-19 所示。

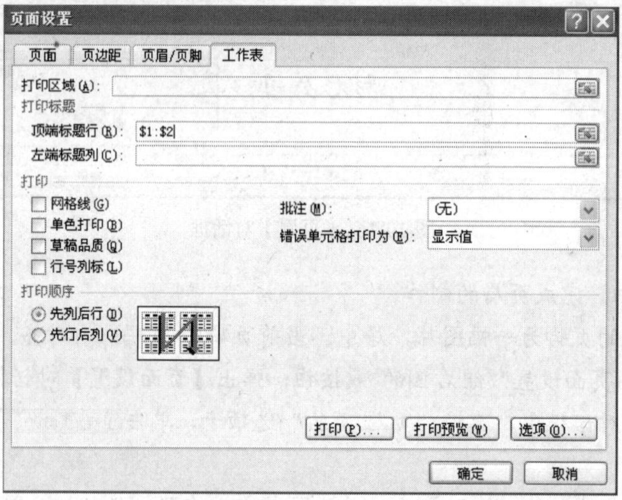

图 10-19 设置打印标题行

⑤ 单击确定按钮，完成打印标题行的设置。

说明：页眉、页脚和打印标题设置完成后，需要在打印或打印预览时看到效果。

(4) 保存和关闭文件。

项目小结

Excel 系统提供了很好的保护功能，可以保护工作表中的部分单元格数据不被修改，也可以保护整个工作表的数据不被修改，还可以对整个工作簿通过设置密码的方式进行保护，只有知道工作簿密码才能打开和修改工作簿中的数据。Excel 系统也提供了进行页面设置的功能。一般情况下，Excel 文件在打印或打印预览之前要对页面做一些设置，如设置页边距，添加页眉和页脚，设置打印标题行或打印标题列。

课后练习　各车间设备情况统计表打印设置

本节介绍对各车间设备情况统计表的打印进行设置的方法。

【操作步骤】

(1) 设置页边距为上 3.5 厘米、下 2.5 厘米、左 2.5 厘米、右 1.5 厘米、页眉 1.5 厘米、页脚 1.2 厘米，并且数据显示在页面的水平和垂直方向均为居中方式；纵向打印；将表格数据分成 4 页，并将中间的列分页符调整到 G 列的左方，将中间的行分页符调整到第 24 行的上方。

① 启动 Excel 2007，单击左上角按钮，在弹出的菜单中选择“新建”，弹出【新建工作簿】对话框，在左边的框中选择“空白文档”，在中间的框中单击“空工作簿”，单击右下角的 创建 按钮，新建一个空白工作簿“Book1”。

② 单击左上角的按钮，在弹出的菜单中选择“保存”。将文件以“10-3（各车间设备情况统计表）.xlsx”为名保存。

③ 在工作表“Sheet1”中输入数据，如图 10-20 所示。

各车间设备情况表

车间	设备名称	规格	数量	单位	完好率	是否需要清洁	购买日期	责任人
	车床	C620型	2	台	88%	是	2012-05-06	张俊
	牛头刨床	B665型	3	台	89%	否	2012-05-07	李明
	立式钻床	Z5135型	4	台	90%	是	2012-05-08	王牌
	局部扇风机	JBT62-2型	2	台	89%	否	2012-05-09	杜月
	回柱绞车	FH2型	3	台	95%	是	2012-05-10	刘丽
	掘进带式转载机	C-650型	2	台	95%	否	2012-05-11	王刚
	刮板运输机减速机	JB130型	2	台	90%	是	2012-05-12	乔强
	耙斗装岩机	P-30B型	2	台	98%	否	2012-05-13	张俊
	耙斗装岩机控制箱	ZYPD-17型	2	个	90%	是	2012-05-14	李明
	离心式水泵	D16*4型	2	个	85%	否	2012-05-15	王牌
第一矿机车间	离心式水泵	150/D3-*5型	2	个	95%	是	2012-05-16	杜月
	离心式水泵	ZDA-B*4型	3	个	78%	否	2012-05-17	刘丽
	磁力启动器	QC83-80型	2	个	88%	否	2012-05-18	王刚
	磁力启动器	QC83-81N型	2	个	88%	否	2012-05-19	乔强
	磁力启动器	QC83-120型	3	个	88%	否	2012-05-20	张俊
	矿用防爆真空磁力启动器	QC83-225(Z)型	5	个	87%	否	2012-05-21	李明
	自动馈电开关	DW80-350A型	5	个	87%	是	2012-05-22	王牌
	矿用干式照明变压器	KB型	2	台	87%	否	2012-05-23	杜月
	矿用变压器	KSJ2型	2	台	87%	否	2012-05-24	刘丽
	高压开关柜	GG1A-07型	2	个	86%	否	2012-05-25	王刚
	高压隔爆配电箱	PB3-6GA型	3	个	86%	否	2012-05-26	乔强
	车床	C620型	3	台	86%	否	2012-05-27	王树
	牛头刨床	B665型	2	台	85%	是	2012-05-28	柳林
	立式钻床	Z5135型	1	台	85%	否	2012-05-29	田松
	局部扇风机	JBT62-2型	2	台	85%	否	2012-05-30	杨鹏
	回柱绞车	FH2型	3	台	85%	否	2012-05-31	刘春
	掘进带式转载机	C-650型	1	台	84%	否	2012-06-01	张辉
	刮板运输机减速机	JB130型	3	台	84%	否	2012-06-02	李诗
	耙斗装岩机	P-30B型	4	台	84%	是	2012-06-03	张霞
	耙斗装岩机控制箱	ZYPD-17型	1	个	83%	否	2012-06-04	王树
	离心式水泵	D16*4型	5	个	95%	否	2012-06-05	柳林
第二矿机车间	离心式水泵	150/D3-*5型	2	个	95%	否	2012-06-06	田松
	离心式水泵	ZDA-B*4型	3	个	96%	否	2012-06-07	杨鹏
	磁力启动器	QC83-80型	2	个	89%	否	2012-06-08	刘春
	磁力启动器	QC83-81N型	2	个	92%	是	2012-06-09	张辉
	磁力启动器	QC83-120型	3	个	97%	否	2012-06-10	李诗
	矿用防爆真空磁力启动器	QC83-225(Z)型	3	个	85%	否	2012-06-11	张霞

图 10-20　各车间设备情况统计表

④ 单击“页面布局/页面设置”组右侧的按钮，弹出【页面设置】对话框。

⑤ 在【页面设置】对话框中，选定“页边距”选项卡，输入上 3.5 厘米、下 2.5 厘米、左 2.5 厘米、右 1.5 厘米、页眉 1.5 厘米、页脚 1.2 厘米，在“居中方式”中选中水平和垂直，如图 10-21 所示。

⑥ 选定“页面”选项卡，在“方向”组中选择“纵向”，“缩放比例”为“100%正常尺寸”。单击 确定 按钮，完成页边距和打印方向的设置。

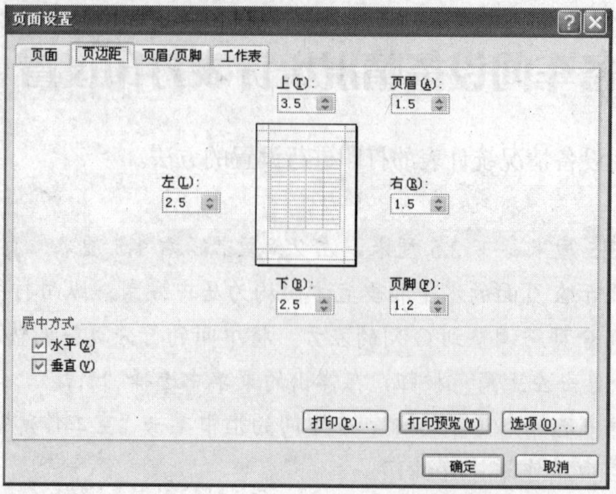

图 10-21　设置页边距及居中方式

⑦ 将视图方式切换到“页面视图”，在“页面视图”方式下，调整分页位置。单击“视图/工作簿视图”组中的 按钮，这时显示默认分页的位置如图 10-22 所示。

	A	B	C	D	E	F	G	H	I
1	各车间设备情况表								
2	车间	设备名称	规格	数量	单位	完好率	是否需要清洁	购买日期	责任人
3		车床	C620型	2	台	88%	是	2012/05/06	张俊
4		牛头刨床	B665型	3	台	89%	否	2012/05/07	李明
5		立式钻床	Z5135型	4	台	90%	是	2012/05/08	王牌
6		局部扇风机	JBT62-2型	2	台	89%	否	2012/05/09	杜月
7		回柱绞车	FH2型	3	台	95%	是	2012/05/10	刘丽
8		掘进带式转载机	C-650型	2	台	95%	否	2012/05/11	王刚
9		刮板运输机减速机	JB130型	2	台	90%	是	2012/05/12	乔强
10		耙斗装岩机	P-30B型	2	台	98%	否	2012/05/13	张俊
11		耙斗装岩机控制箱	ZYPD-17型	2	个	90%	是	2012/05/14	李明
12		离心式水泵	D16*4型	2	个	85%	否	2012/05/15	王牌
13	第一矿机车间	离心式水泵	150/D3-*5型	2	个	95%	是	2012/05/16	杜月
14		离心式水泵	ZDA-B*4型	3	个	78%	否	2012/05/17	刘丽
15		磁力启动器	QC83-80型	2	个	88%	否	2012/05/18	王刚
16		磁力启动器	QC83-81N型	2	个	88%	否	2012/05/19	乔强
17		磁力启动器	QC83-120型	3	个	88%	否	2012/05/20	张俊
18		矿用防爆真空磁力启动器	QC83-225(Z)型	5	个	87%	否	2012/05/21	李明
19		自动馈电开关	DW80-350A型	5	个	87%	是	2012/05/22	王牌
20		矿用干式照明变压器	KB型	2	台	87%	否	2012/05/23	杜月
21		矿用变压器	KSJ2型	2	台	87%	否	2012/05/24	刘丽
22		高压开关柜	GG1A-07型	2	个	86%	否	2012/05/25	王刚
23		高压隔爆配电箱	PB3-6GA型	3	个	86%	否	2012/05/26	乔强
24		车床	C620型	3	台	86%	否	2012/05/27	王树
25		牛头刨床	B665型	2	台	85%	是	2012/05/28	柳林
26		立式钻床	Z5135型	1	台	85%	否	2012/05/29	田松
27		局部扇风机	JBT62-2型	2	台	85%	否	2012/05/30	杨鹏
28		回柱绞车	FH2型	3	台	85%	否	2012/05/31	刘春
29		掘进带式转载机	C-650型	1	台	84%	否	2012/06/01	张辉
30		刮板运输机减速机	JB130型	3	台	84%	否	2012/06/02	李诗
31		耙斗装岩机	P-30B型	4	台	84%	是	2012/06/03	张霞
32		耙斗装岩机控制箱	ZYPD-17型	1	个	83%	否	2012/06/04	王树
33		离心式水泵	D16*4型	5	个	95%	否	2012/06/05	柳林
34	第二矿机车间	离心式水泵	150/D3-*5型	2	个	95%	否	2012/06/06	田松
35		离心式水泵	ZDA-B*4型	3	个	96%	否	2012/06/07	杨鹏
36		磁力启动器	QC83-80型	2	个	89%	否	2012/06/08	刘春
37		磁力启动器	QC83-81N型	2	个	92%	是	2012/06/09	张辉
38		磁力启动器	QC83-120型	3	个	97%	否	2012/06/10	李诗
39		矿用防爆真空磁力启动器	QC83-225(Z)型	3	个	85%	否	2012/06/11	张霞
40		自动馈电开关	DW80-350A型	4	个	88%	否	2012/06/12	王树
41		矿用干式照明变压器	KB型	5	台	87%	否	2012/06/13	柳林
42		矿用变压器	KSJ2型	2	台	85%	否	2012/06/14	田松
43		高压开关柜	GG1A-07型	2	个	84%	是	2012/06/15	杨鹏
44		高压隔爆配电箱	PB3-6GA型	3	个	83%	否	2012/06/16	刘春

图 10-22　默认的分页位置

⑧　将鼠标移到中间水平方向的蓝色线条上，当鼠标指针变成↕时，拖动鼠标至第 24 行的上方后松开鼠标；再将鼠标移到中间垂直方向的蓝色线条上，当鼠标指针变成↔时，拖动鼠标至 G 列的左侧后松开鼠标。这样就完成了将中间的列分页符调整到 G 列的左方，将中间的行分页符调整到第 24 行的上方。

⑨　将视图方式切换到“普通”视图方式。单击“视图/工作簿视图”组中的按钮。

(2)　设置页眉：中间输入“樱樱矿机”，并适当设置字体、字号，右边设置为系统日期。

①　单击“页面布局/页面设置”组右侧的按钮，弹出【页面设置】对话框。

②　在【页面设置】对话框中，选定“页眉/页脚”选项卡，单击自定义页眉(C)...按钮，弹出【页眉】对话框。

③　在【页眉】对话框中，在“中”框中输入“樱樱矿机”，选中“樱樱矿机”，单击A按钮，在弹出的【字体】对话框中设置适当的字体、字号等，这里设置字号为 18 磅，其余使用默认值，单击确定按钮返回【页眉】对话框中。

④　在【页眉】对话框中，在“右”框中单击按钮，显示为“&[日期]”，如图 10-23 所示。

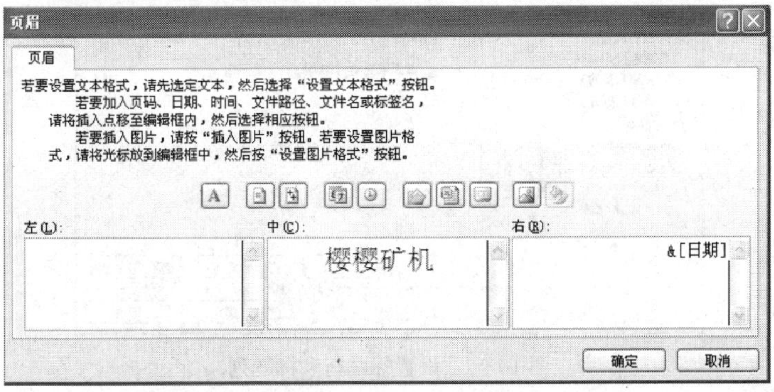

图 10-23　给“各车间设备情况统计表”设置页眉

⑤　单击确定按钮，返回【页面设置】对话框。

(3)　设置页脚：右侧添加当前页码/总页码。

①　在【页面设置】对话框中，选定“页眉/页脚”选项卡，单击自定义页脚(U)...按钮，弹出【页脚】对话框。

②　在【页脚】对话框中，在“右”框中单击按钮，输入“/”，再单击按钮，这时右侧显示“&[页码]/&[总页数]”，如图 10-24 所示。

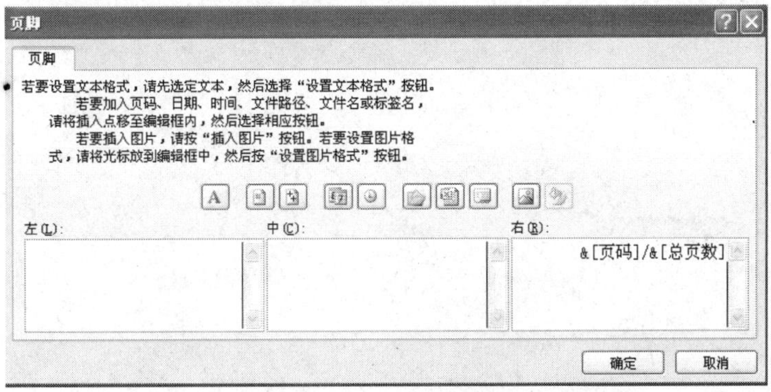

图 10-24　给“各车间设备情况统计表”设置页脚

③ 单击 确定 按钮，返回【页面设置】对话框。

④ 单击 确定 按钮，完成页眉和页脚的设置。

(4) 设置打印标题行和打印标题列。

打印标题行：将表头设置为打印标题行；打印标题列：将“车间”、“设备名称”和“规格”3 列设置为打印标题列。

① 单击“页面布局/页面设置”组中的按钮，弹出【页面设置】对话框，并指向了“工作表”选项卡。

② 在“工作表”选项卡中，在“打印标题”组的“顶端标题行”框中输入“$2:$2”，在“左端标题行”框中输入“$A:$C”，如图 10-25 所示。

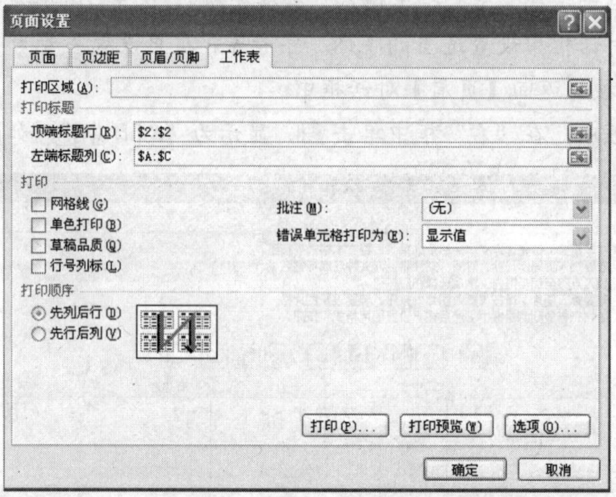

图 10-25 设置标题行和标题列

③ 单击 确定 按钮，完成打印标题行和打印标题列的设置。

(5) 保存和关闭文件。

第三篇

PowerPoint 2007 应 用 集 合

本篇介绍 Office 2007 的另一个重要组件 —— PowerPoint 2007 的应用实例，主要介绍 PowerPoint 2007 中演示文稿的制作、数据图表的制作、多媒体与动画的应用以及 Web 演示文稿的制作等内容，主要包括以下几个项目。

项目十一　制作花卉宣传报告书 —— 演示文稿的制作

项目十二　制作房地产调查分析报告 —— 数据图表的制作

项目十三　制作动感相册 —— 多媒体与动画的应用

项目十四　制作学校主页 —— Web 演示文稿的制作

项目十一

制作花卉宣传报告书——演示文稿的制作

【项目背景】

演示文稿是指通常意义上的 PowerPoint 文件。演示文稿中可以包含多张幻灯片，每张幻灯片相当于一张独立的画面，演示文稿的播放过程相当于一张张幻灯片的展示过程，所以要制作一个好的演示文稿，就需要做好一张张的幻灯片。

演示文稿通常用于开会的发言稿演示，也用于课堂内容讲解。在演示文稿中，可以根据自己的需要设计个性化的母版，根据母版来创建自己的幻灯片。在母版中可以定义不同类型的占位符，也可以添加固定的对象，如图片、文字或按钮等。

【项目分析】

幻灯片母版的设计需要在幻灯片母版视图下完成，为此需要先将默认的普通视图切换到幻灯片母版视图。在编辑幻灯片母版时，根据自己的需要，添加需要的占位符，改变占位符的字体、字号、字体颜色、背景颜色等，改变项目符号的设置，添加图片等。幻灯片母版创建完成，幻灯片使用母版来定义格式，这样使得幻灯片风格整齐化一。

本项目以制作花卉宣传报告书为例说明如何创建和设置幻灯片母版，如何在幻灯片中导入图片及插入自选图形，并说明如何应用幻灯片标题母版和艺术字。

【解决方案】

本项目可以通过以下几个任务来完成。

- 任务一　创建幻灯片母版
- 任务二　设置幻灯片母版
- 任务三　导入图片
- 任务四　插入自选图形
- 任务五　应用幻灯片标题母版及艺术字

任务一　创建幻灯片母版

通过幻灯片母版，可以统一修改应用母版的幻灯片中的字体格式以及布局。通过在母版中进行适当修改，无论是演示文稿中的已有的幻灯片还是新建幻灯片，都将具有统一的字体格式和布局。

先新建一个演示文稿以制作花卉宣传报告书，在演示文稿中创建3个母版，分别用于演示文稿的首页、中间页和尾页。

【操作步骤】

(1) 启动PowerPoint 2007，单击左上角的按钮，在弹出的菜单中选择“保存”，将文件以“11-1（制作花卉宣传报告书）.pptx”为名保存。

(2) 单击“视图/演示文稿视图”组中的按钮，这时左边窗口中列出了多张母版，其中的第1张和第2张母版用于第1张幻灯片，选中第3张母版，连续按下键盘上的Delete键，将第3张及以后的母版删除，最后只留下最上面的2张母版，分别是“Office主题幻灯片母版：由幻灯片1使用”和“标题幻灯片版式：由幻灯片1使用”，如图11-1所示。

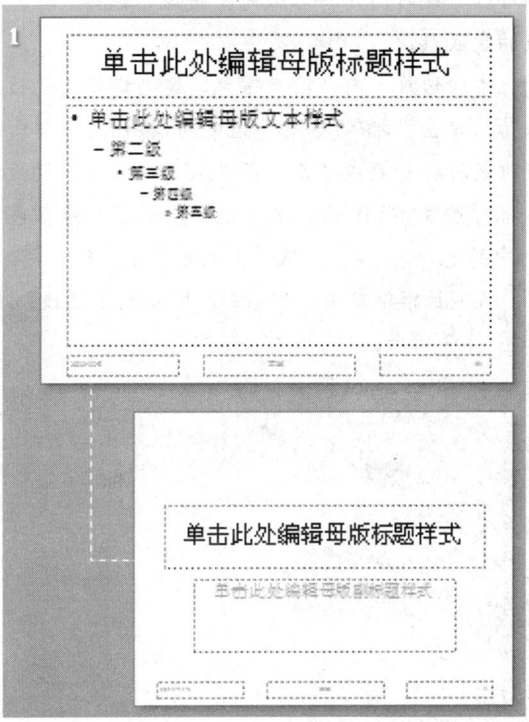

图11-1　最上面的2张幻灯片母版

(3) 单击“幻灯片母版/编辑母版”组中的重命名按钮，在弹出的【重命名版式】对话框中输入“首页母版”，如图11-2所示。单击重命名(R)按钮。

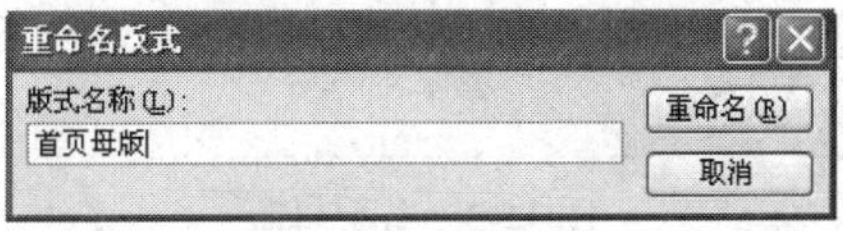

图11-2　【重命名版式】对话框

(4) 编辑首页母版。

① 单击“标题样式”占位符，单击“开始/段落”组中的文本左对齐按钮，在“字体”组中

将字号设置为 32 磅，将字体颜色设置为紫色。

② 单击“副标题样式”占位符，单击“开始/段落”组中的文本左对齐按钮，在“字体”组中将字号设置为 24 磅，将字体颜色设置为蓝色。

③ 单击“标题样式”占位符，再按住 Shift 键，将鼠标移到“副标题样式”占位符外框边线上，当鼠标指针变成时单击，这时 2 个占位符全都选中了。单击“格式/排列”组中的对齐按钮，从下拉列表框中选择左对齐(L)，使得 2 个占位符左对齐。同时将 2 个占位符适当向下移动，以便留出上面位置添加图片占位符。

④ 单击“幻灯片母版/母版版式”组中的按钮，从下拉列表框中选择图片(P)，在母版的右上角拖动鼠标，拉出一个方框，这时系统就在右上角添加了一个“图片”占位符。

⑤ 给母版添加图片作为背景。单击“插入/插图”组中的按钮，在弹出的【插入图片】对话框中，选择“项目 11 素材\首页背景图.jpg”，单击“插入”将图片插入母版中。

⑥ 调整图片文件至整个母版，这时图片将母版完全覆盖。选择“格式/排列”组中的置于底层按钮，将图片放在母版的最底层。

⑦ 在母版中添加 6 个圆，去除边线，内部填充橙色，适当调整圆的位置，使之摆放在母版的左上角。绘制圆的方法为：单击“插入/插图”组中的按钮，从弹出的下拉列表框中单击基本形状下的按钮，这时鼠标指针变成了+，在母版的左上角拖动鼠标，画出一个圆，若画正圆，则需要在拖动鼠标时按住 Shift 键。改变圆的填充及边线颜色的方法：单击圆，再单击“格式/形状样式”组中的形状填充按钮，从弹出的列表中选择橙色，这样内部就填充了橙色，再单击形状轮廓按钮，从下拉框中单击无轮廓(N)，则去除了边线。再复制 5 个圆，适当调整圆的大小和位置，如图 11-3 所示。

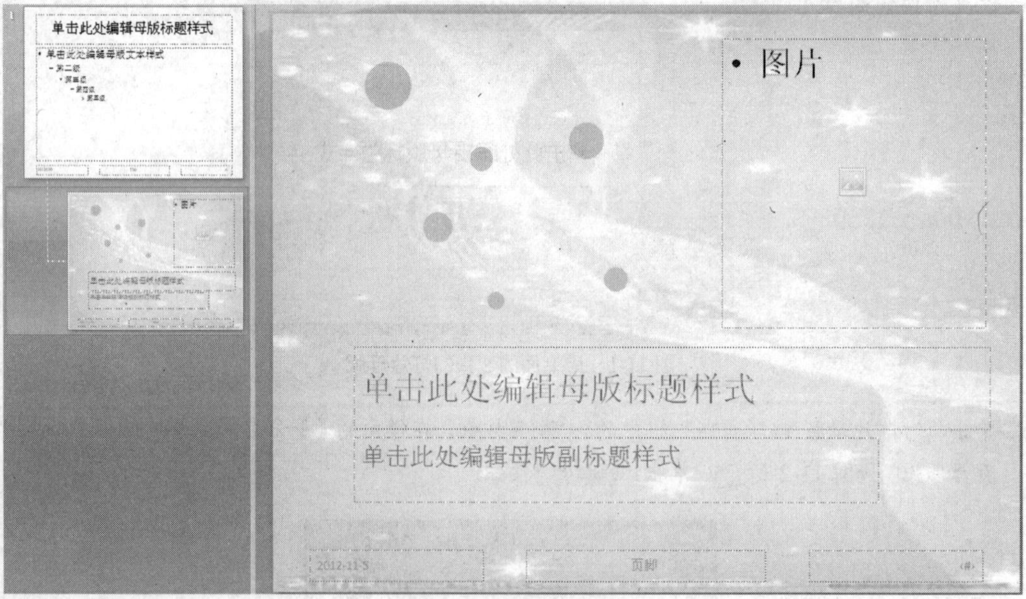

图 11-3 首页母版

(5) 创建中间页母版。

① 单击“幻灯片母版/编辑母版”组中的按钮，留下“自定义设计方案”和“比较 版式”，将其余的版式删除。

② 重命名“比较 版式”为“中间页版式”。单击“幻灯片母版/编辑母版”组中的重命名按钮，在弹出的【重命名版式】对话框中输入“中间页母版”，单击重命名(R)按钮。

③ 删除下方的2个文本样式占位符。分别单击下方的2个“文本样式”占位符，按下Delete键。

④ 添加2个图片占位符。单击“幻灯片母版/母版版式”组中的按钮，从下拉列表框中选择图片(P)，在母版的左下方和右下方拖动鼠标，各拉出一个方框，这时系统就在左下方和右下方添加了“图片”占位符。

⑤ 将“标题样式”占位符调整为左对齐。单击“标题样式”占位符，单击“开始/段落”组中的文本左对齐按钮。

⑥ 将“标题样式”字号调整为32磅。单击“标题样式”占位符，在“开始/字体”组中将字号设置为32磅。

⑦ 设置中间的2个“文本样式”占位符的字体颜色为白色，背景色为橙色。单击选中一个“文本样式”占位符，再按住Shift键，将鼠标指针移到另外一个占位符外框边线上，当鼠标指针变成⇔时单击，这时2个占位符全都选中了，单击“格式/艺术字样式”组中的文本填充按钮，从弹出的列表框中单击选择白色；再单击“格式/形状样式”组中的形状填充按钮，从弹出的列表中选择橙色，这样占位符的背景就填充了橙色。

⑧ 在右下角添加一个内部填充为橙色，无边线颜色的圆。

⑨ 在右上角添加按钮。单击“插入/插图”组中的按钮，从弹出的下拉列表框中单击动作按钮，这时鼠标指针变成了＋，在母版的右上角拖动鼠标，在弹出的【动作设置】对话框中，使用默认设置“单击鼠标时的动作—超链接到：上一张幻灯片”，如图11-4所示。单击确定按钮画出按钮。

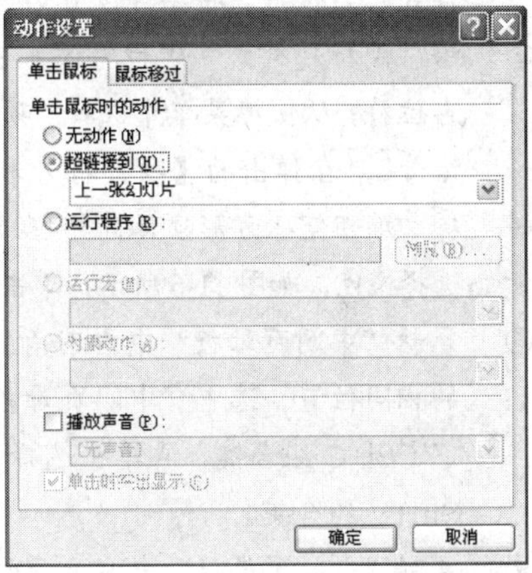

图11-4 【动作设置】对话框

⑩ 设置按钮的填充颜色及边线颜色。单击按钮，再单击“格式/形状样式”组中的形状填充按钮，从弹出的列表中选择橙色，这样内部就填充了橙色，再单击形状轮廓按钮，从弹出的列表中选择紫色。

⑪ 按步骤⑨和步骤⑩的方法再画出一个▶按钮，在弹出的【动作设置】对话框中，使用默认设置“单击鼠标时的动作—超链接到：下一张幻灯片”，并设置与相同的填充颜色和边线颜色。

⑫ 给母版添加图片作为背景。单击“插入/插图”组中的按钮，在弹出的【插入图片】对话框中，选择“项目11素材\中间页背景图.jpg”，单击“插入”将图片插入母版中。

⑬ 调整图片文件至整个母版，这时图片将母版完全覆盖。

⑭ 单击“格式/调整”组中的亮度按钮，将亮度调整为“+40%”。

⑮ 单击“格式/排列”组中的置于底层按钮，将图片放在母版的最底层。创建的中间页母版如图11-5所示。

(6) 创建尾页母版。

① 单击“幻灯片母版/编辑母版”组中的按钮，留下“自定义设计方案”和“标题幻灯片 版式”，将其余的版式删除。

② 重命名“标题幻灯片 版式”为“尾页母版”。单击“幻灯片母版/编辑母版”组中的重命名按

钮，在弹出的【重命名版式】对话框中输入“尾页母版”，单击 重命名(R) 按钮。

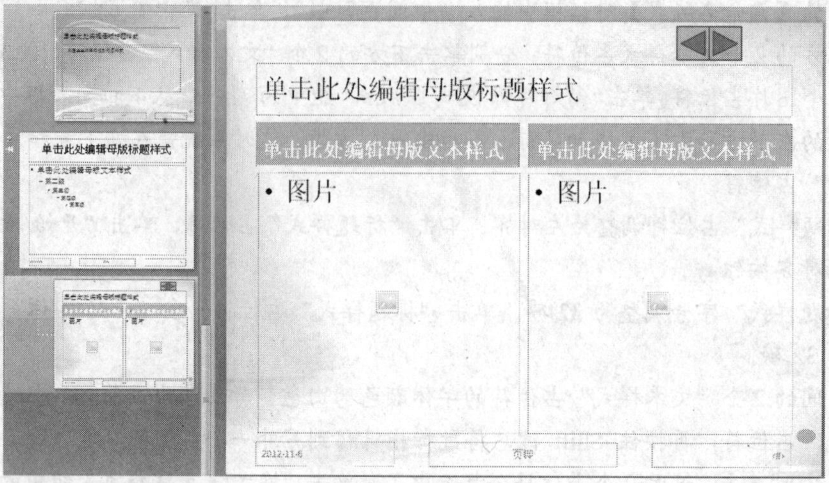

图 11-5　中间页母版

③ 将“标题样式”占位符和“副标题样式”占位符调整为左对齐。分别单击“标题样式”占位符和“副标题样式”占位符，单击“开始/段落”组中的文本左对齐按钮。

④ 将“标题样式”字号调整为 32 磅；设置“副标题样式”占位符字体颜色为黑色，字号为 24 磅。单击“标题样式”占位符，在“开始/字体”组中，将字号设置为 32 磅；单击“副标题样式”占位符，将字号设置为 24 磅，同时在“字体”组中将字体颜色设置为黑色。

⑤ 给“副标题样式”占位符添加项目符号“□”，要求项目符号为橙色。右击“副标题样式”占位符，从快捷菜单中选择“项目符号/项目符号和编号”，在弹出的【项目符号和编号】对话框中选择“加粗空心方形项目符号”，单击颜色按钮，选择橙色，如图 11-6 所示。单击 确定 按钮。

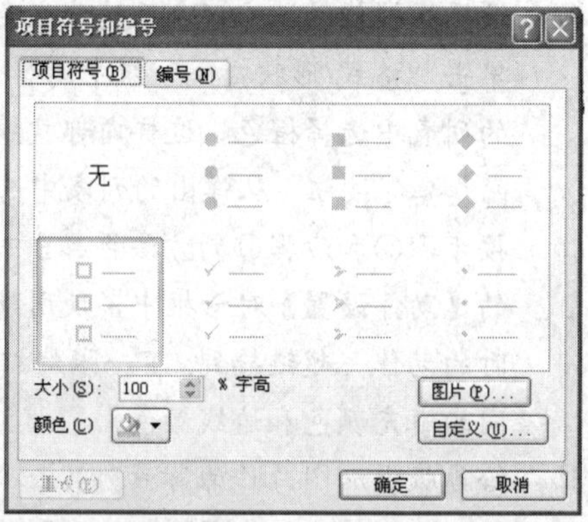

图 11-6 【项目符号和编号】对话框

⑥ 复制“中间页母版”中右下角的圆到“尾页母版”的相同位置。选中“中间页母版”右下角的圆，按下 Ctrl+C 组合键，再单击选择“尾页母版”，按下 Ctrl+V 组合键。

⑦ 复制“中间页母版”中右上角的两个按钮到“尾页母版”的相同位置。单击选中“中间页母版”右上角的一个按钮，按下 Shift 键再单击选择另外一个按钮，按下 Ctrl+C 组合键，再单击选择“尾页母版”，按下 Ctrl+V 组合键。

⑧ 给母版添加图片作为背景。单击“插入/插图”组中的按钮，在弹出的【插入图片】对话框中，选择“项目 11 素材\尾页背景图.jpg”，单击 插入(S) 按钮将图片插入母版中。

⑨ 调整图片文件至整个母版，这时图片将母版完全覆盖。

⑩ 单击“格式/调整”组中的 亮度 按钮，将亮度调整为“+20%”。

⑪ 单击“格式/排列”组中的 置于底层 按钮，将图片放在母版的最底层。创建的尾页母版如图 11-7 所示。

⑫ 单击“幻灯片母版/关闭”组中的按钮，返回“普通视图”状态。

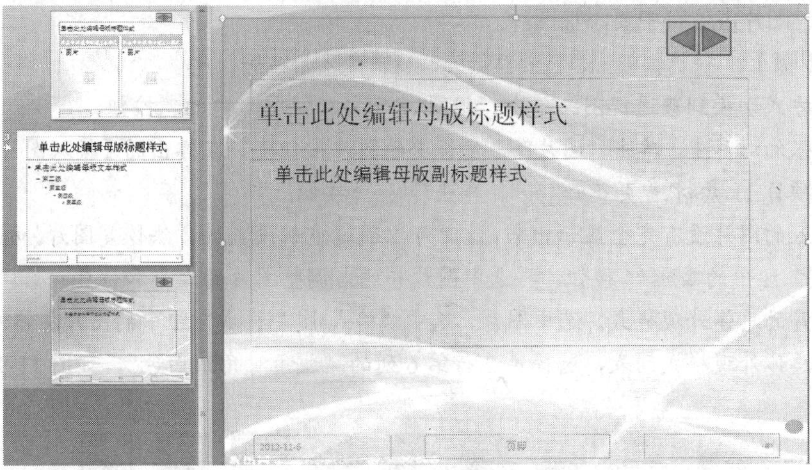

图 11-7 尾页母版

(7) 单击左上角的按钮，在弹出的菜单中选择“保存”。

任务二 设置幻灯片母版

幻灯片母版创建完成，就可以在幻灯片中应用母版了。

【操作步骤】

(1) 新建幻灯片 6 张，多次单击“开始/幻灯片”组中的按钮，使幻灯片为 6 张。

(2) 将视图方式切换到普通视图。单击“视图/演示文稿视图”组中的按钮。

(3) 设置第 1 张幻灯片版式为“首页母版”，第 2 张至第 5 张幻灯片版式为“中间页母版”，第 6 张幻灯片版式为“尾页母版。在左边窗口“幻灯片”模式下，单击第 1 张幻灯片，单击“开始/幻灯片”组中的版式按钮，在弹出的列表中单击选择“首页母版”；单击第 2 张幻灯片，再按住 Shift 键单击第 5 张幻灯片，选择第 2 张至第 5 张幻灯片，再单击“开始/幻灯片”组中的版式按钮，在弹出的列表中单击选择“中间页母版”；单击第 6 张幻灯片，单击“开始/幻灯片”组中的版式按钮，在弹出的列表中单击选择“尾页母版”。

(4) 将视图方式切换到幻灯片浏览视图，6 张幻灯片浏览视图如图 11-8 所示。视图切换方式：单击“视图/演示文稿视图”中的按钮。

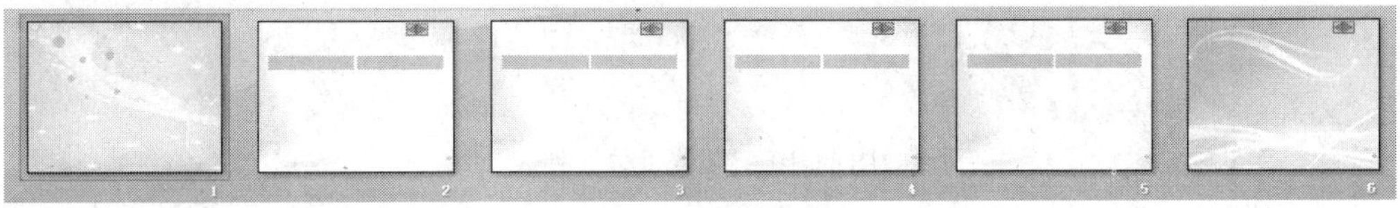

图 11-8 6 张幻灯片浏览视图

(5) 单击左上角的按钮，在弹出的菜单中选择“保存”。

任务三 导入图片

母版只是定义了占位符，应用母版的幻灯片要在占位符中添加适当的对象。如标题占位符中要输入标题，图片占位符中要添加图片。

【操作步骤】

(1) 将视图方式切换到普通视图。单击“视图/演示文稿视图”中的按钮。

(2) 在第 1 张幻灯片中，单击“图片”占位符中的图片按钮，在弹出的【插入图片】对话框中，选择“项目 11 素材\首页花卉.jpg”，单击插入(S)按钮。

(3) 发现插入的图片没有完全显示出来，这时可以通过重新设置的方法恢复图片。方法是单击“格式/调整”组中的重设图片按钮，再选中图片并适当调整图片的大小和位置。

(4) 设置图片的总体外观样式。选中图片，选中“格式/图片样式”组中的图片总体外观样式，弹出图片总体外观样式列表，选择第 2 行第 6 列的“裁角对角线白色”，如图 11-9 所示。

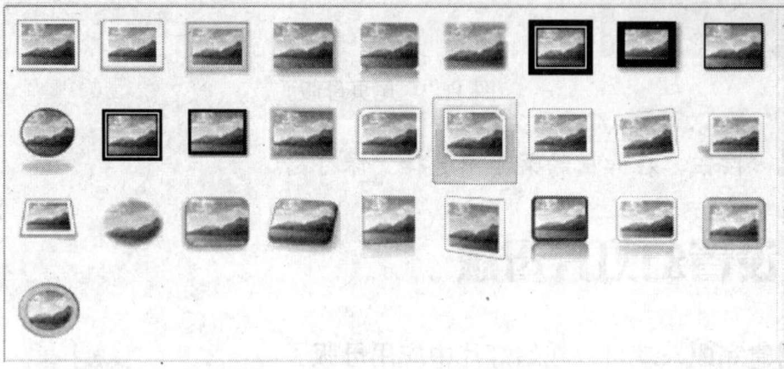

图 11-9 图片总体外观样式列表

(5) 设置图片效果。单击“格式/图片样式”组中的图片效果按钮，从弹出的列表中选择发光(G)，从弹出的列表中选择第 4 行第 1 列的“发光变体”，如图 11-10 所示。

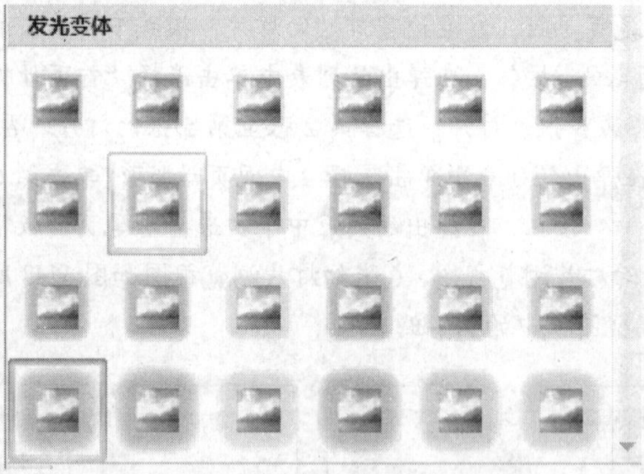

图 11-10 “发光变体”列表

(6) 设置图片边线颜色为橙色。单击“格式/图片样式”组中的图片边框按钮，从下拉列表框中选择橙色。

(7) 在“标题”占位符中输入“产品展示”。

(8) 在“副标题”占位符中输入“杉杉花卉新品展示”。第 1 张幻灯片样张如图 11-11 所示。

(9) 按同样方法选定第 2 张至第 6 张幻灯片，在占位符中添加相应文本和图片，并设置图片的格式。最后完成的第 2 张至第 6 张幻灯片样张如图 11-12～图 11-16 所示。

图 11-11　第 1 张幻灯片样张

图 11-12　第 2 张幻灯片样张

图 11-13　第 3 张幻灯片样张

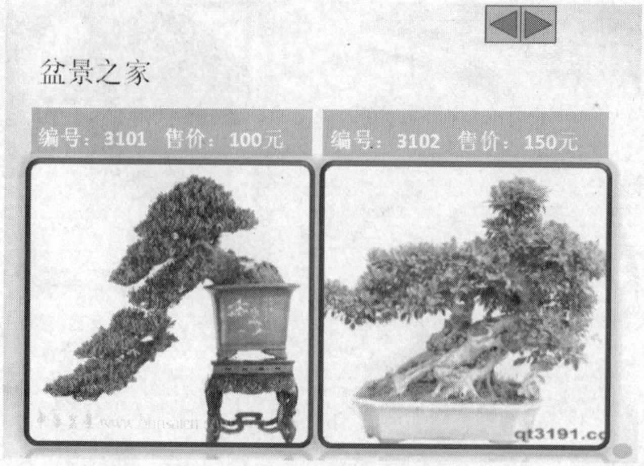

图 11-14 第 4 张幻灯片样张

图 11-15 第 5 张幻灯片样张

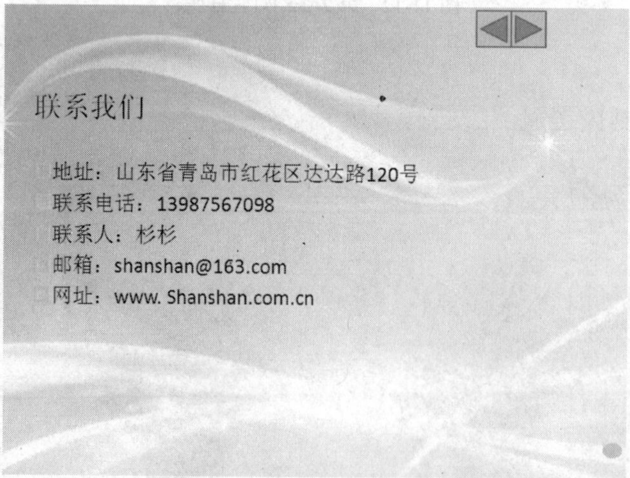

图 11-16 第 6 张幻灯片样张

(10) 单击左上角的按钮，在弹出的菜单中选择“保存”。

任务四　插入自选图形

可以通过插入形状来添加自选图形，还可以对自选图形设置格式，如设置填充颜色、边线颜色和效果等。可以设置的效果有预设、阴影、映射、发光、柔化边缘、棱台和三维旋转等。下面以在第 6 张幻灯片中添加一个笑脸为例，说明添加自选图形的方法，并对笑脸设置格式。

【操作步骤】

(1) 在第 6 张幻灯片中添加自选图形笑脸。单击选择第 6 张幻灯片，单击“插入/插图”组中的按钮，从弹出的下拉列表框中单击形状按钮☺，这时鼠标指针变成了+，在右下角拖动鼠标画出一个笑脸。

(2) 设置自选图形笑脸的填充颜色和边线颜色。单击笑脸，再单击“格式/形状样式”组中的形状填充按钮，从弹出的列表中选择橙色，这样内部就填充了橙色，再单击形状轮廓按钮，从弹出的列表中选择紫色。

(3) 给笑脸设置预设效果为预设 10。单击“格式/形状样式”组中的形状效果按钮，从弹出的列表中单击预设(P)，在弹出的预设列表中选择第 3 行第 2 列的预设 10，如图 11-17 所示。

(4) 给笑脸设置阴影效果为“透视”“靠下”。单击“格式/形状样式”组中的形状效果按钮，从弹出的列表中单击阴影(S)，在弹出的阴影列表中选择“透视”组中的第 1 行第 3 列的“靠下”，如图 11-18 所示。

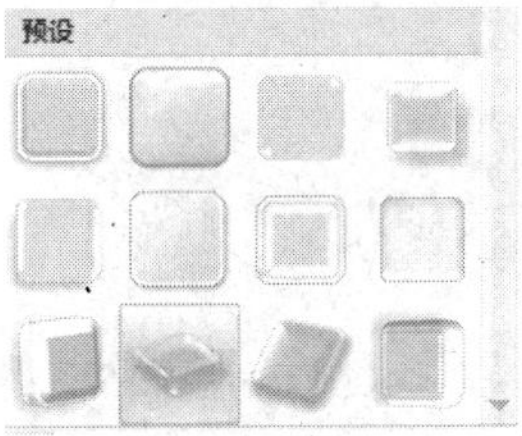

图 11-17　“预设”列表

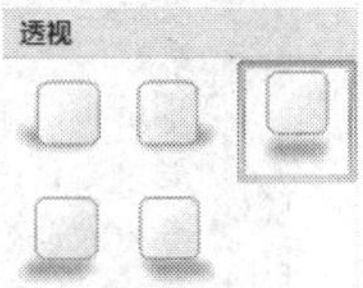

图 11-18　“阴影”中的“透视”列表

(5) 给笑脸设置映像效果为“全映像”。单击“格式/形状样式”组中的形状效果按钮，从弹出的列表中单击映像(R)，在弹出的映像列表中选择第 3 行第 3 列的“全映像”，如图 11-19 所示。

(6) 给笑脸设置发光效果为“强调文字颜色 6”。单击“格式/形状样式”组中的形状效果按钮，从弹出的列表中单击发光(G)，在弹出的发光列表中选择“发光变体”组中的第 4 行第 6 列“强调文字颜色 6”，如图 11-20 所示。

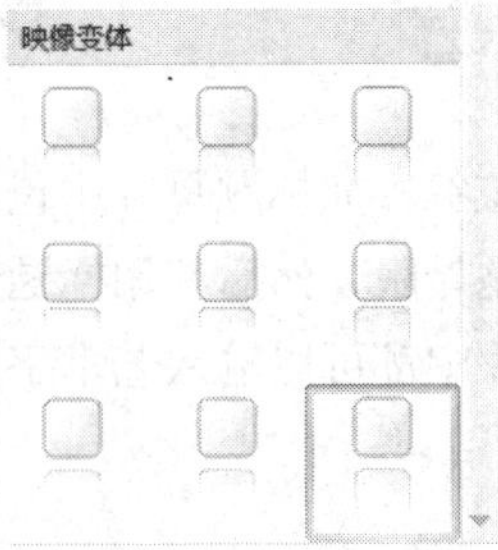

图 11-19　“映像变体”列表

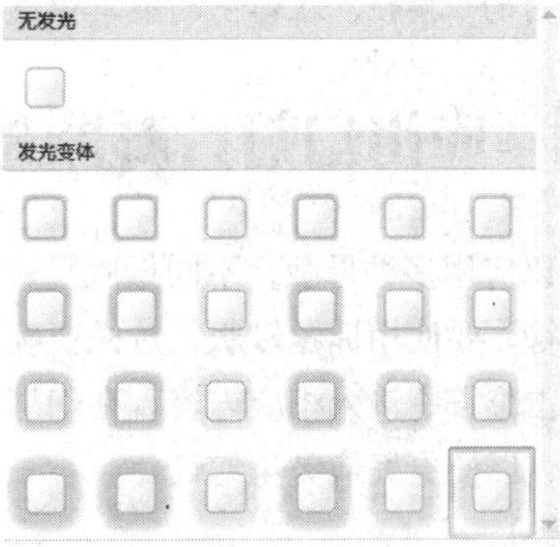

图 11-20　“发光变体”列表

(7) 给笑脸设置柔化边缘为 25 磅。单击“格式/形状样式”组中的形状效果按钮，从弹出的列表中单击柔化边缘(E)，在弹出的发光列表中选择“25 磅”。

(8) 给笑脸设置棱台效果为“角度”。单击“格式/形状样式”组中的形状效果按钮，从弹出的列表中单击棱台(B)，在弹出的棱台列表中选择第 2 行第 1 列“角度”，如图 11-21 所示。

(9) 给笑脸设置三维旋转效果为“等长顶部朝上”。单击“格式/形状样式”组中的形状效果按钮，从弹出的列表中单击三维旋转(D)，在弹出的三维效果列表中选择“平行”组中的第 1 行第 3 列“等长顶部朝上”，如图 11-22 所示。

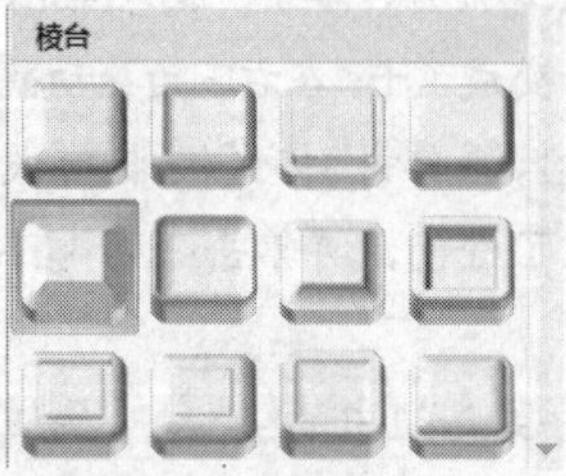

图 11-21 “棱台”列表

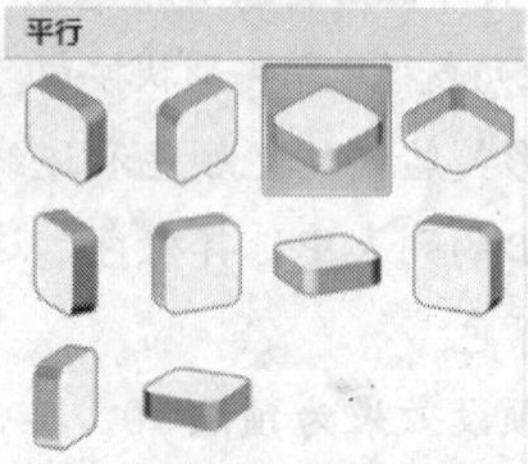

图 11-22 “平行”列表

(10) 添加笑脸和设置笑脸之后的第 6 张幻灯片样张如图 11-23 所示。

图 11-23 添加笑脸后的第 6 张幻灯片样张

(11) 单击左上角的按钮，在弹出的菜单中选择“保存”。

任务五 应用幻灯片标题母版及艺术字

幻灯片可以应用多种母版，不同母版具有不同的默认占位符，如标题母版中包含标题占位符和副标题占位符。要使用标题母版，首先要确定文件中有标题母版，然后使用标题母版创建幻灯片，在幻灯片占位符中输入相应内容。在幻灯片母版或幻灯片中都可以输入艺术字，也可以设置艺术字的格式，以便更好地美化幻灯片。

【操作步骤】

(1) 在文件的最后添加一张幻灯片。在普通视图下，单击选择最后一张幻灯片，单击“开始/幻灯片”组中的按钮。

(2) 单击“开始/幻灯片”组中的 版式 按钮，发现没有标题母版可用，这时可以先创建一个标题母版。若有标题母版，则跳过此步。单击“视图/演示文稿视图”组中的按钮，再单击“幻灯片母版/编辑母版”组中的按钮；在左边窗口中只保留“Office 主题 幻灯片母版”和“标题幻灯片 版式”，其余的全部删除，如图 11-24 所示。单击“视图/演示文稿视图”组中的按钮，返回普通视图。

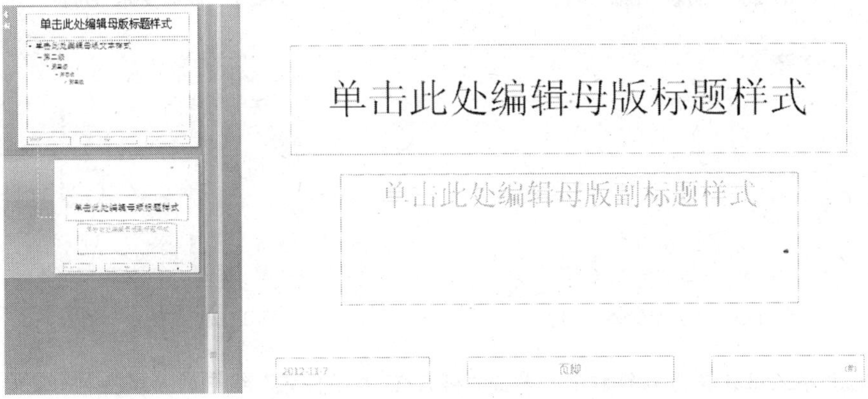

图 11-24 标题母版

(3) 单击“开始/幻灯片”组中的 版式 按钮，从下拉列表框中选择“标题幻灯片”，将其设置为标题幻灯片版式。

(4) 在“标题样式”占位符中输入“您的到来是我们的荣幸”，在“副标题样式”占位符中输入“谢谢惠顾”；选定“标题”和“副标题”，在“开始/字体”组中，将字体颜色设置为紫色。

(5) 添加艺术字“欢迎莅临指导”。单击“插入/文本”组中的按钮，从列表中选择第 5 行第 5 列“强调文字颜色 1 塑料棱台映像”填充方式，如图 11-25 所示。

(6) 设置艺术字的格式：文本颜色和填充颜色都为紫色。单击选定艺术字，再分别单击“格式/艺术字样式”组中的 文本填充 和 文本轮廓 按钮，从列表框中选择紫色。

(7) 设置艺术字阴影为外部右下斜偏移。单击“格式/艺术字样式”组中的 阴影(S) 按钮，从弹出的列表中选择“外部”组中的第 1 行第 1 列“右下斜偏移”，如图 11-26 所示。

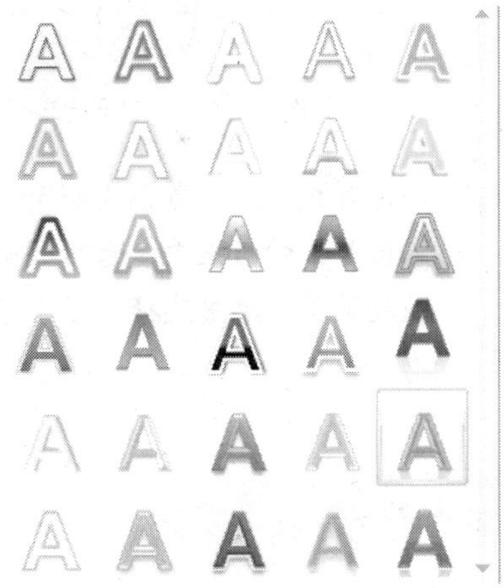

图 11-25 艺术字的填充方式

(8) 设置艺术字映像为紧密映像。单击“格式/艺术字样式”组中的 映像(R) 按钮，从弹出的列表中选择第 1 行第 1 列“紧密映像”，如图 11-27 所示。

(9) 设置艺术字发光为“强调文字颜色 6 11pt 发光”。单击“格式/艺术字样式”组中的 发光(G) 按钮，从弹出的列表中选择第 3 行第 6 列“强调文字颜色 6 11pt 发光”，如图 11-28 所示。

(10) 设置艺术字棱台为角度。单击“格式/艺术字样式”组中的 棱台(B) 按钮，从弹出的列表中选择第 2 行第 1 列“角度”，如图 11-29 所示。

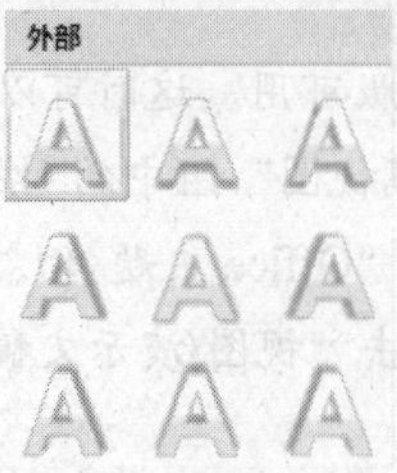

图 11-26 “阴影 外部”列表

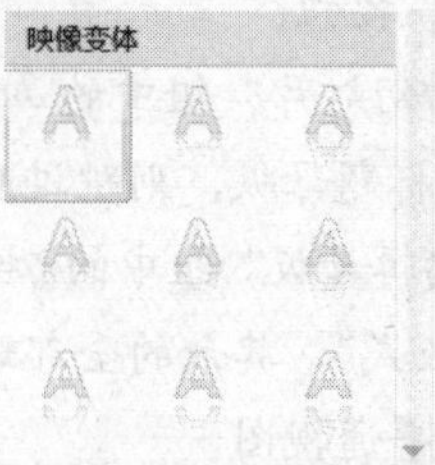

图 11-27 “映像变体”列表

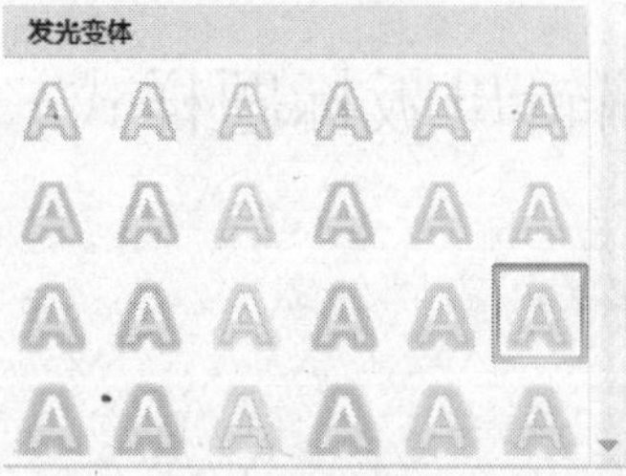

图 11-28 “发光变体”列表

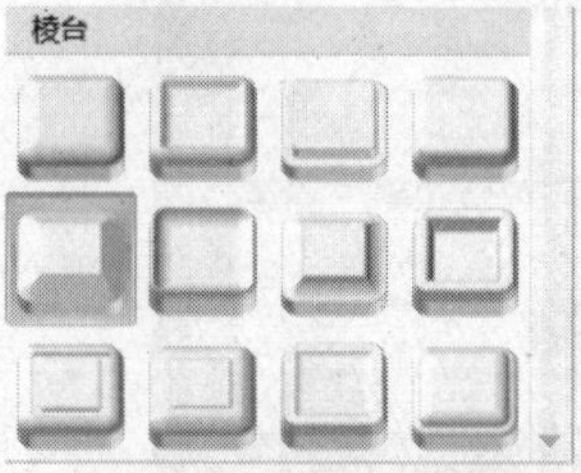

图 11-29 “棱台”列表

(11) 设置艺术字三维旋转为倾斜右上。单击“格式/艺术字样式”组中的三维旋转按钮，从弹出的列表中选择“倾斜”组第 1 行第 2 列“右上”，如图 11-30 所示。

(12) 设置艺术字转换为上弯弧。单击“格式/艺术字样式”组中的转换按钮，从弹出的列表中选择“跟随路径”组第 1 行第 1 列“上弯弧”，如图 11-31 所示。

图 11-30 “三维旋转 倾斜”列表

图 11-31 “艺术字转换 跟随路径”列表

(13) 将图片文件“背景图素材.jpg”作为背景。单击“插入/插图”组中的按钮，在弹出的【插入图片】对话框中，选择“项目 11 素材\背景图素材.jpg”，单击插入(S)按钮；右击图片，从快捷菜单中单击选择“置于底层”。完成后的幻灯片样张如图 11-32 所示。

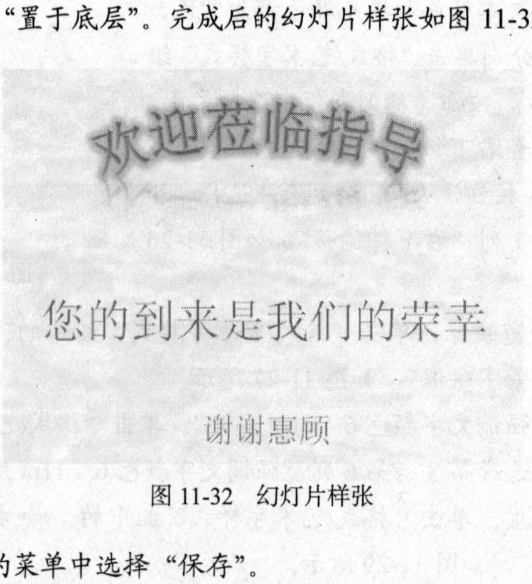

图 11-32 幻灯片样张

(14) 单击按钮，在弹出的菜单中选择“保存”。

项目升级　插入组织结构图

演示文稿中可以插入多种类型的结构图，如列表、流程、循环、层次结构、关系、矩阵和棱锥图；每种结构图中又包含多种子结构图，如层次结构图中包含组织结构图、层次结构、标记的层次结构、表层次结构、水平层次结构、水平标记的层次结构、层次结构列表。

下面以插入组织结构图为例说明插入结构图的方法。

【操作步骤】

(1) 在文件的最后添加一张幻灯片。在普通视图下，单击选择最后一张幻灯片，单击“开始/幻灯片”组中的按钮。

(2) 单击“插入/插图”组中的按钮，在弹出的【选择 SmartArt 图形】对话框中，在左边单击“层次结构”，在右边单击选择第一个组织结构图，如图 11-33 所示。

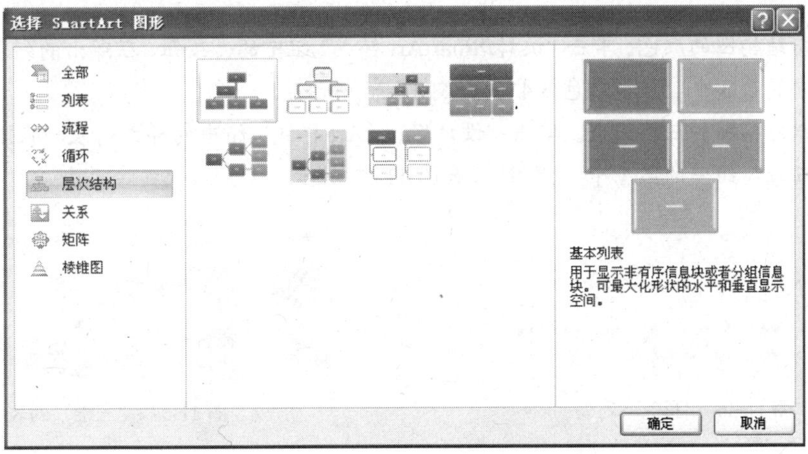

图 11-33 【选择 SmartArt 图形】对话框

(3) 单击确定按钮，在幻灯片中显示出组织结构图的雏形，如图 11-34 所示。

(4) 在第 1 行文本框中输入“杉杉花卉”；单击选择第 2 行文本框，按下 Delete 键删除助手；单击选择第 3 行中的一个文本框，按下 Delete 键删除其中一个文本框，在留下的 2 个文本框中分别输入“东展厅”和“西展厅”。

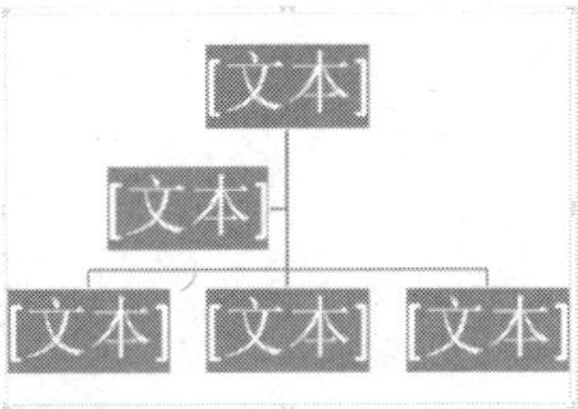

图 11-34　组织结构图的雏形

(5) 分别在“东展厅”和“西展厅”下面添加两个文本框（形状）。分别选中“东展厅”和“西展厅”，右击，从弹出的快捷菜单中选择添加形状(A)，接着选择在下方添加形状(W)，这样就在“东展厅”或“西展厅”的下方添加了一个文本框。接着选中刚刚添加的文本框，还是单击鼠标右键，在快捷菜单中选择添加形状(A)，接着选择在后面添加形状(A)，这样就在“东展厅”或“西展厅”的下方添加了 2 个文本框。在文本框中依次输入“未来之星”、“挺拔之冠”、“盆景之家”和“春意满园”。

(6) 按照步骤（5）的方法，依次在“未来之星”、“挺拔之冠”、“盆景之家”和“春意满园”下面添加 2 个文本框，并分别输入“花卉甲”、“花卉乙”、“花卉丙”、“花卉丁”、“花卉戊”、“花卉己”、“花卉庚”和“花卉辛”。完成后的组织图如图 11-35 所示。

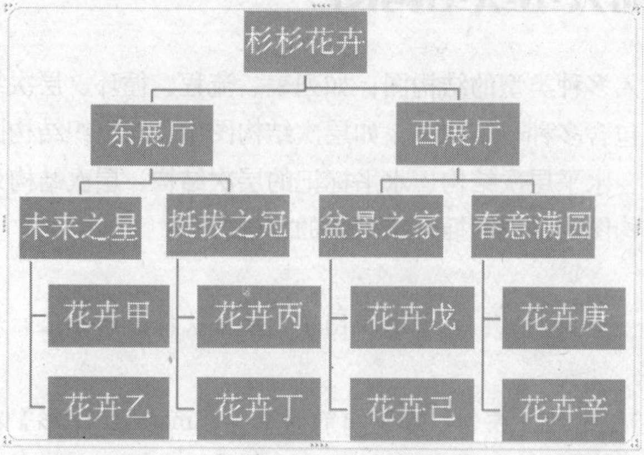

图 11-35　杉杉花卉组织结构图

(7) 更改组织结构图的颜色。单击“设计/SmartArt 样式”组中的按钮，在弹出的列表中选择“彩色”组中的第 3 个“强调颜色 3 4”，如图 11-36 所示。

(8) 更改组织结构图的三维设置。单击“设计/SmartArt 样式”组中的样式列表，从弹出的列表中选择“三维”组中的第 1 个“优雅”，如图 11-37 所示。

图 11-36　“彩色”列表

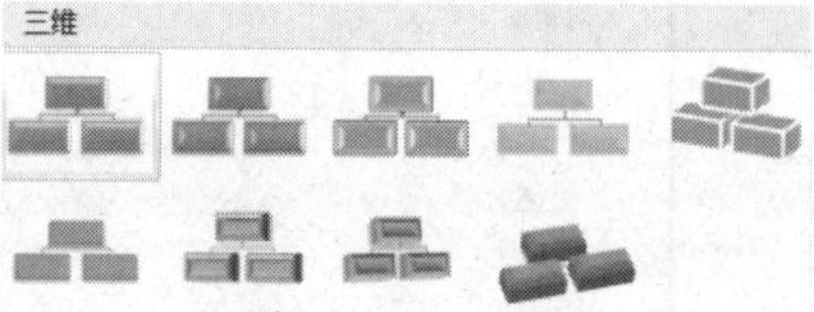

图 11-37　“三维”列表

完成后的组织结构图效果图如图 11-38 所示。

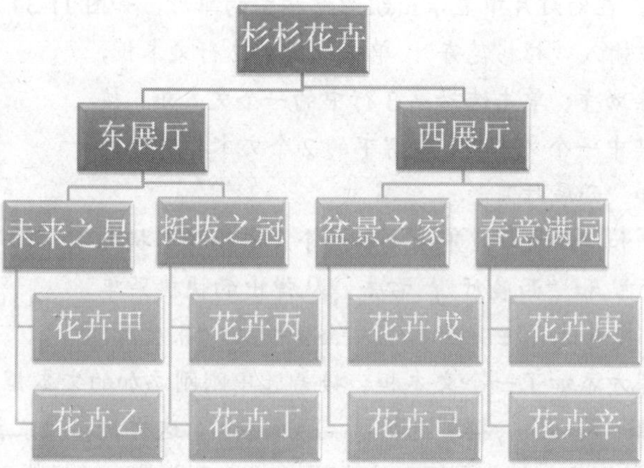

图 11-38　完成后的组织结构图效果图

(9) 保存和关闭文件。单击按钮，在弹出的菜单中选择“保存”；单击按钮，完成文件的保存和关闭。

项目小结

幻灯片要统一风格，可以通过使用母版完成，根据自己的设计风格，新建自己的母版。在母版中可以插入多种占位符，调整占位符的位置，也可以添加固定的内容，如固定文本和按钮等，也可以在母版中添加图片，并可以将图片放在最底层，将图片设置为母版背景。母版定义完成后，应用相同母版的幻灯片最初具有相同的风格。在幻灯片中可以添加自定义图形，如线条、矩形和动作按钮等；也可以在幻灯片中添加艺术字，设置艺术字的格式；还可以在幻灯片中添加SmartArt 图形，如添加组织结构图等。幻灯片和母版可以灵活设计，可以根据需要添加、删除和移动占位符和对象，并可以对对象进行格式设置。

课后练习　个人年度工作总结

本节以介绍制作个人年度工作总结的演示文稿为例，说明如何创建和应用母版，如何在演示文稿中应用剪贴画，如何在幻灯片中应用不同的版式。

【操作步骤】

(1) 启动 PowerPoint 2007，单击左上角的按钮，在弹出的菜单中选择“保存”，将文件以“11-2（个人年度工作总结）.pptx”为名保存。

(2) 单击“视图/演示文稿视图”组中的按钮，单击“幻灯片母版”选项卡中的“编辑母版”组中的按钮。

(3) 在新建的母版中，只保留“图片与标题 版式”和“自定义设计方案 幻灯片母版”两个版式，将其余的按下 Delete 键删除。

(4) 在“幻灯片母版”左边窗口中，右击“图片与标题 版式”，在弹出的快捷菜单中选择“重命名版式”，在【重命名版式】对话框中输入“年度总结母版”，单击 重命名(R) 按钮。

(5) 改变“标题”、“文本”和“图片”占位符的大小和位置，如图 11-39 所示。

图 11-39 “年度总结母版”样张

说明 改变“标题”、“文本”和“图片”占位符的大小和位置：单击选择占位符，将鼠标指针移至边框上，当指针变成 4 个方向箭头时拖动鼠标就能改变位置，当指针变成两个方向箭头时拖动鼠标就能改变大小。

(6) 设置“标题”占位符字体为华文楷体，字号为 28 磅，字体颜色为蓝色；“文本”占位符字体为楷体，字号为 18 磅，字体颜色为紫色。选中占位符，在“开始/字体”组中改变占位符的字体、字号和字体颜色。

(7) 添加 4 个按钮，并设置按钮的外观样式为“中等效果 强调颜色 6”。单击“插入/插图”组中的按钮，从弹出的列表中分别单击按钮，再拖动鼠标画出一个合适大小的按钮；选中按钮，再选择“格式/形状样式”组中的外观列表，从中选择第 5 行第 7 列的“中等效果 强调颜色 6”。

(8) 单击“视图/演示文稿视图”组中的按钮，返回普通视图。

(9) 选中第 1 张幻灯片，单击“设计/主题”组，从中选择外观列表中的第 2 行第 8 列的“凸显”。在“标题”和“副标题”占位符中输入“年度总结”和“教师个人年度工作总结”。

(10) 新建幻灯片。在左边窗口中，单击“幻灯片”选项卡，单击第 1 张幻灯片，再按下 Enter 键就新建了 1 张幻灯片。

(11) 设置第 2 张幻灯片的版式为“年度总结母版”。右击第 2 张幻灯片，从弹出的快捷菜单中选择“版式”，从弹出的列表中选择“自定义设计方案”中的“年度总结母版”。

(12) 在第 2 张幻灯片的“标题”和“文本”占位符中输入相应文字，再通过单击“插入/插图”组的按钮，在弹出的“剪贴画”窗口中单击搜索按钮，双击选中的图片，将剪贴画插入幻灯片中，再适当调整剪贴画的位置和大小。

(13) 重复步骤（10）～步骤（12），新建 4 张幻灯片，并添加相应内容和图片或剪贴画。

完成后的演示文稿如图 11-40～图 11-45 所示。

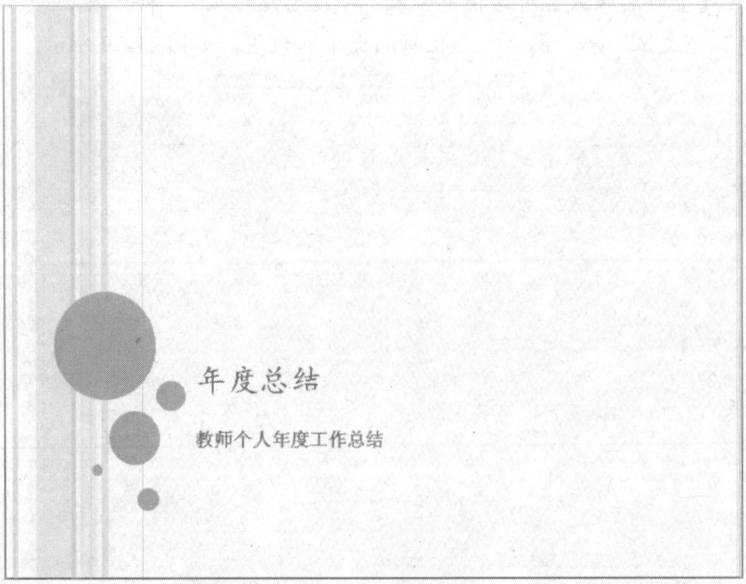

图 11-40　年度总结首页

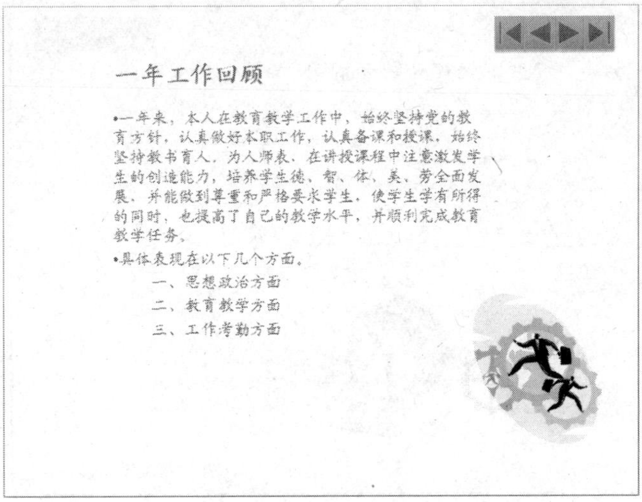
一年工作回顾
•一年来，本人在教育教学工作中，始终坚持党的教育方针，认真做好本职工作，认真备课和授课，始终坚持教书育人，为人师表，在讲授课程中注意激发学生的创造能力，培养学生德、智、体、美、劳全面发展，并能做到尊重和严格要求学生，使学生学有所得的同时，也提高了自己的教学水平，并顺利完成教育教学任务。
•具体表现在以下几个方面。
一、思想政治方面
二、教育教学方面
三、工作考勤方面

图 11-41　年度总结第 2 页

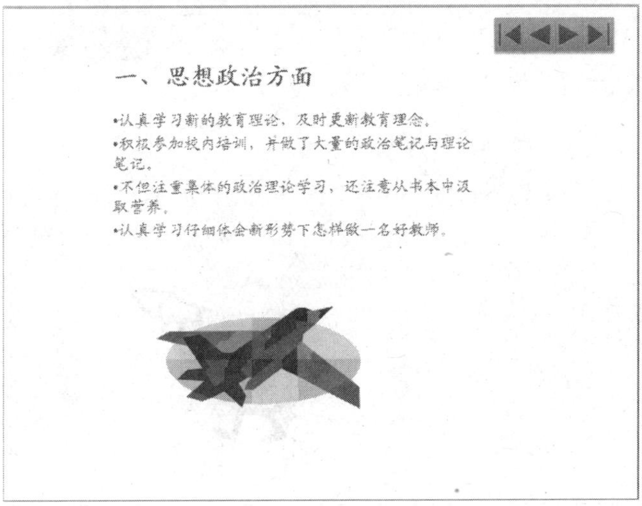
一、思想政治方面
•认真学习新的教育理论，及时更新教育理念。
•积极参加校内培训，并做了大量的政治笔记与理论笔记。
•不但注重集体的政治理论学习，还注意从书本中汲取营养。
•认真学习仔细体会新形势下怎样做一名好教师。

图 11-42　年度总结第 3 页

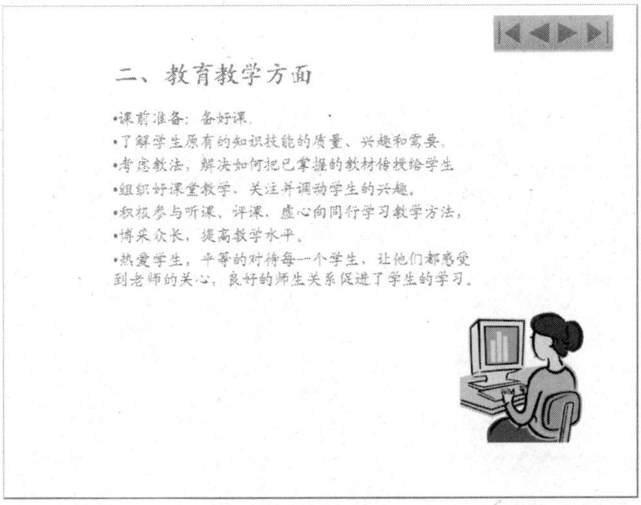
二、教育教学方面
•课前准备：备好课。
•了解学生原有的知识技能的质量、兴趣和需要。
•考虑教法，解决如何把已掌握的教材传授给学生
•组织好课堂教学，关注并调动学生的兴趣。
•积极参与听课、评课，虚心向同行学习教学方法，
•博采众长，提高教学水平。
•热爱学生，平等的对待每一个学生，让他们都感受到老师的关心，良好的师生关系促进了学生的学习。

图 11-43　年度总结第 4 页

图 11-44　年度总结第 5 页

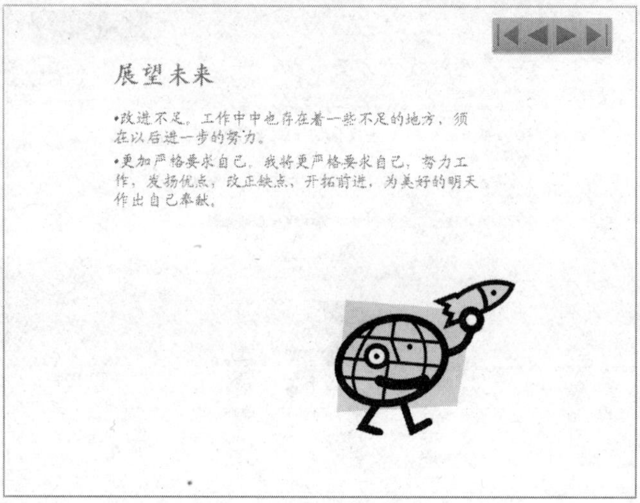

图 11-45　年度总结第 6 页

(14) 保存和关闭文件。

项目十二

制作房地产调查分析报告——数据图表的制作

【项目背景】

演示文稿中可以应用不同的版式，不同的版式定义了不同的布局和不同的默认占位符；在演示文稿中还可以根据数据表创建不同类型的图表，用图表直观地表现数据；创建完成的图表也可以根据需要改变数据区域或图表类型；在演示文稿中还可以插入新的 Excel 表格或是已存在的 Excel 文件。

【项目分析】

数据图表的制作可以通过版式中的默认占位符来插入图表，也可以通过插入插图的方式插入图表。PowerPoint 图表的类型类似于 Excel 的图表类型，修改图表的方式也类似于 Excel 的图表的修改方式。

本项目以制作房地产调查分析报告为例说明如何应用幻灯片版式，如何在幻灯片中创建图表，如何修改图表。

【解决方案】

本项目可以通过以下几个任务来完成。

- 任务一　应用幻灯片版式
- 任务二　创建饼形图表
- 任务三　创建并修改图表

任务一　应用幻灯片版式

PowerPoint 提供了多种系统母版，应用不同母版相当于应用不同的版式。

先新建一个演示文稿制作房地产调查分析报告，在演示文稿中新建 4 张幻灯片，并应用不同的版式。

【操作步骤】

(1) 启动 PowerPoint 2007，单击左上角的按钮，在弹出的菜单中选择“保存”，将文件以“12-1（制作房地产调查分析报告）.pptx”为名保存。

(2) 选定第 1 张幻灯片，单击“开始/幻灯片”组中的 版式 按钮，从弹出的版式列表中选择“标题幻灯片”版式；再选择“设计”选项卡中的“主题”列表中的第 1 行第 10 列“活力”主题。

(3) 新建 4 张幻灯片。在“幻灯片”页面，单击选择第 1 张幻灯片，再连续按下 Enter 键 4 次，新建 4 张幻灯片。

(4) 单击选择第 2 张幻灯片，单击“开始/幻灯片”组中的 版式 按钮，从弹出的版式列表中选择“节标题”版式。

(5) 单击选择第 3 张幻灯片，单击“开始/幻灯片”组中的 版式 按钮，从弹出的版式列表中选择“垂直排列标题与文本”版式。

(6) 单击选择第 4 张幻灯片，单击“开始/幻灯片”组中的 版式 按钮，从弹出的版式列表中选择“两栏内容”版式。

(7) 单击选择第 5 张幻灯片，单击“开始/幻灯片”组中的 版式 按钮，从弹出的版式列表中选择“图片与标题”版式。

(8) 在幻灯片输入相应内容。5 张幻灯片样张如图 12-1～图 12-5 所示。

图 12-1　第 1 张幻灯片样张

图 12-2　第 2 张幻灯片样张

图 12-3　第 3 张幻灯片样张

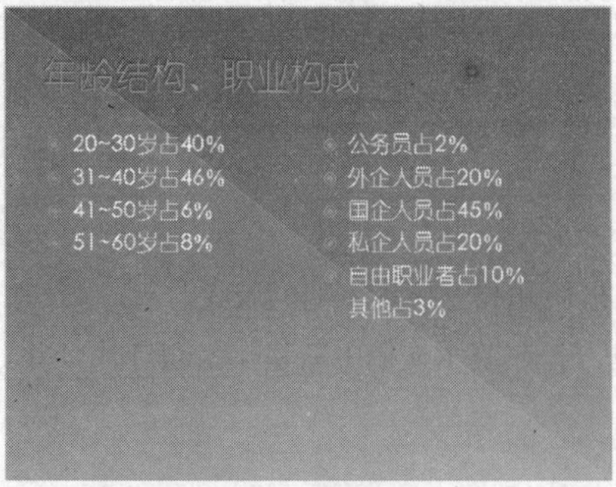

图 12-4　第 4 张幻灯片样张

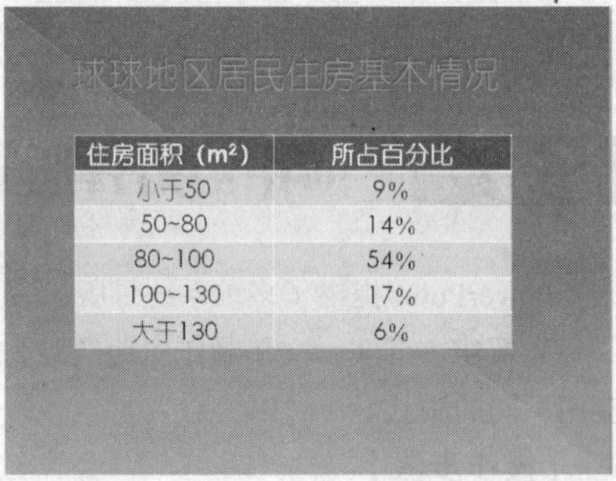

图 12-5　第 5 张幻灯片样张

(9) 单击 按钮，在弹出的菜单中选择“保存”。

任务二　创建饼形图表

在幻灯片中可以创建 11 种类型的图表，每种图表类型中又分为多种子类型。可以通过“插入/插图”组来创建图表。

【操作步骤】

(1) 新建一张幻灯片。在“幻灯片”页面，单击选择第 5 张幻灯片，再按下 Enter 键，新建一张幻灯片。

(2) 单击“插入/插图”组中的按钮，弹出【插入图表】对话框。

(3) 在【插入图表】对话框中，选择右边“饼图”组中的“饼图”，如图 12-6 所示。

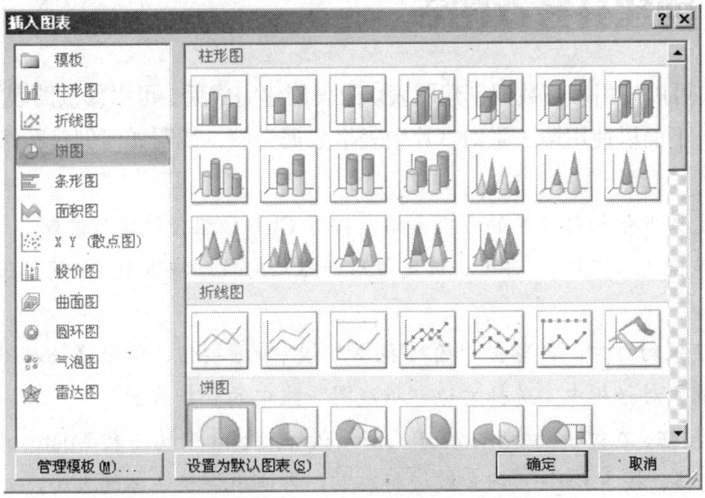

图 12-6 【插入图表】对话框

(4) 单击 确定 按钮，这时弹出【Microsoft Office PowerPoint 中的图表-Microsoft Excel】窗口，在窗口中输入内容，如图 12-7 所示。

	A	B	C	D	E	F
1		职业构成				
2	公务员	2%				
3	外企人员	20%				
4	国企人员	45%				
5	私企人员	20%				
6	自由职业者	10%				
7	其他	3%				
8		若要调整图表数据区域的大小，请拖拽区域的右下角。				

图 12-7 在【Microsoft Office PowerPoint 中的图表-Microsoft Excel】窗口输入的内容

(5) 单击【Microsoft Office PowerPoint 中的图表-Microsoft Excel】窗口右上角的 × 按钮，关闭窗口，返回 PowerPoint 窗口中。

(6) 这时，在 PowerPoint 窗口中，就创建了一个饼图，如图 12-8 所示。

(7) 单击按钮，在弹出的菜单中选择“保存”。

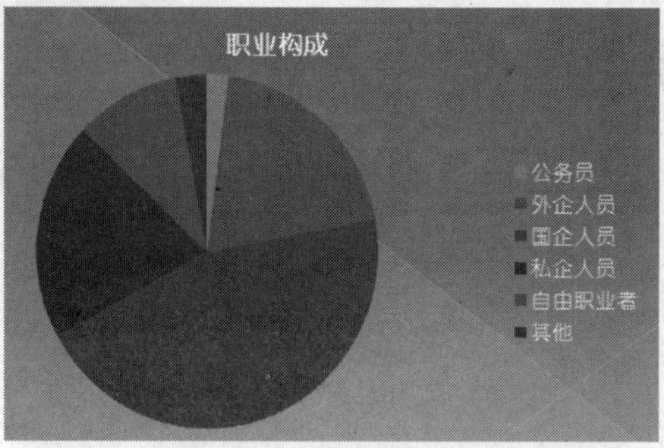

图 12-8　第 6 张幻灯片“职业构成”饼图

任务三　创建并修改图表

创建图表时，可以使用表格数据创建图表。图表创建完成后，可以修改图表类型、数据来源、数据格式等信息。下面以使用第 5 张幻灯片中表格数据为例，说明如何创建和修改图表。

【操作步骤】

(1) 拖动鼠标选定第 5 张幻灯片中的数据表格，按下 Ctrl+C 组合键进行复制。

(2) 在左边窗口单击“幻灯片”，再单击选定最后一张幻灯片，按下 Enter 键，在最后新建一张幻灯片。

(3) 单击选定第 7 张幻灯片，再单击“插入/插图”组中的按钮，弹出【插入图表】对话框。

(4) 在【插入图表】对话框中，选择右边“折线图”组中的“折线图”。

(5) 单击确定按钮，在弹出的【Microsoft Office PowerPoint 中的图表-Microsoft Excel】窗口中，单击 A1 单元格，按下 Ctrl+V 组合键进行粘贴，再适当调整字体的大小，并拖动右下角的边线到单元格 B6，如图 12-9 所示。

	A	B	C	D	E
1	住房面积（m^2）	所占百分比			
2	小于50	9%			
3	50~80	14%			
4	80~100	54%			
5	100~130	17%			
6	大于130	6%			
7					
8		若要调整图表数据区域的大小，请拖拽区域的右下角。			

图 12-9　粘贴和调整字体大小后的表格

(6) 单击【Microsoft Office PowerPoint 中的图表-Microsoft Excel】窗口右上角的按钮，关闭窗口，返回 PowerPoint 窗口中。

(7) 这时，在 PowerPoint 窗口中，就创建了一个折线图，如图 12-10 所示。

(8) 在左边窗口单击“幻灯片”，再单击选定第 7 张幻灯片，按下 Ctrl+C 组合键，再按下 Ctrl+V 组合键复制幻灯片。

(9) 改变图表类型为“簇状柱形图”。单击选中第 8 张幻灯片，再单击选中图表，单击“设计/类型”组中的按钮，在弹出的【更改图表类型】对话框中，选择“柱形图”组中的“簇状柱形图”，单击确定按钮，图表类型就更改为“簇状柱形图”，如图 12-11 所示。

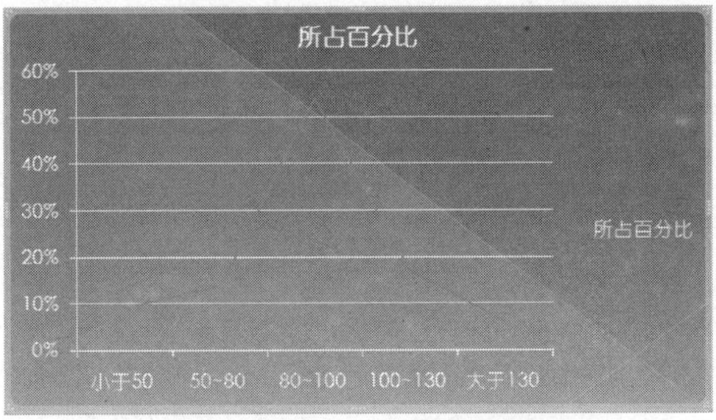

图 12-10 第 7 张幻灯片“折线图”

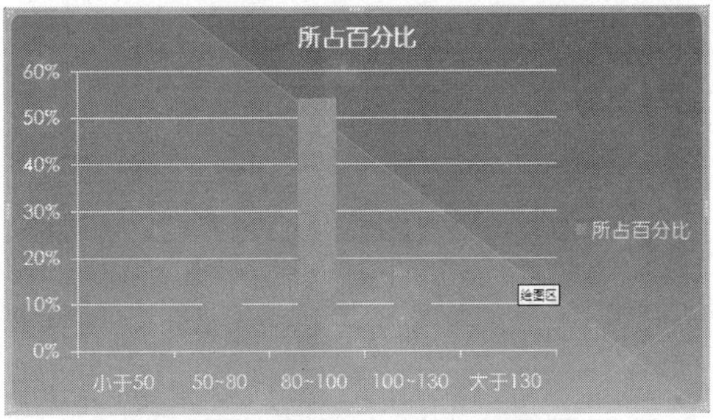

图 12-11 图表类型更改为“簇状柱形图”

(10) 改变图表样式为样式 6。选定图表，再单击“设计/图表样式”组中的其他按钮，从弹出的图表样式列表中选择第 1 行第 6 列“样式 6”，如图 12-12 所示。

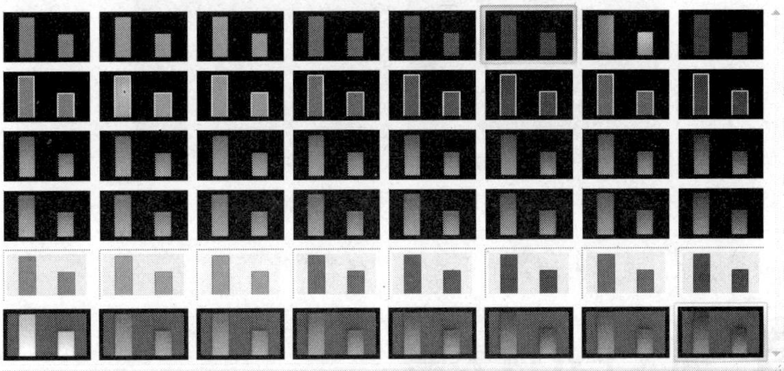

图 12-12 图表样式列表

(11) 设置横坐标标题为“面积”，纵坐标标题为“百分比”。选定图表，再单击“布局/标签”组中的按钮，若从中选择“主要横坐标轴标题”，则从弹出的列表中选择“坐标轴下方标题”，在图表中输入“面积”，适当移动横坐标标题位置；若从中选择“主要纵坐标轴标题”，则从弹出的列表中选择“横排标题”，在图表中输入“百分比”，适当移动纵坐标标题位置。

(12) 给绘图区添加紫色边框。单击选择绘图区，再单击“布局/背景”组中的按钮，在弹出的【设置绘图区格式】对话框中，选择“边框颜色”组中的“实线”，颜色为“紫色”，如图 12-13 所示；再设置“边框样式”的“宽度”为 3 磅；单击 关闭 按钮。

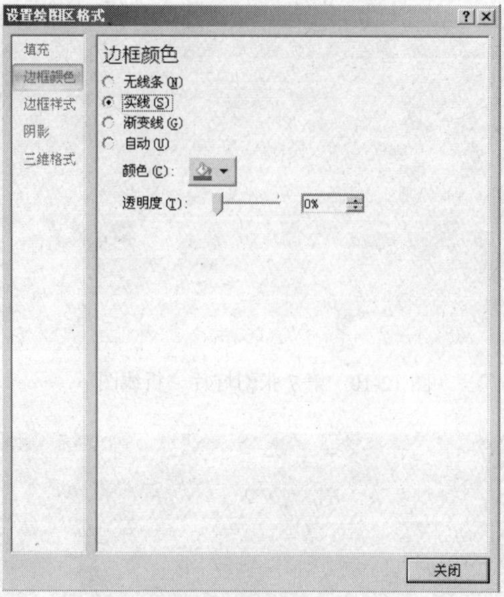

图 12-13 【设置绘图区格式】对话框

(13) 在第 8 张幻灯片的“标题”占位符中输入“球球地区居民住房基本情况”，第 8 张幻灯片样张如图 12-14 所示。

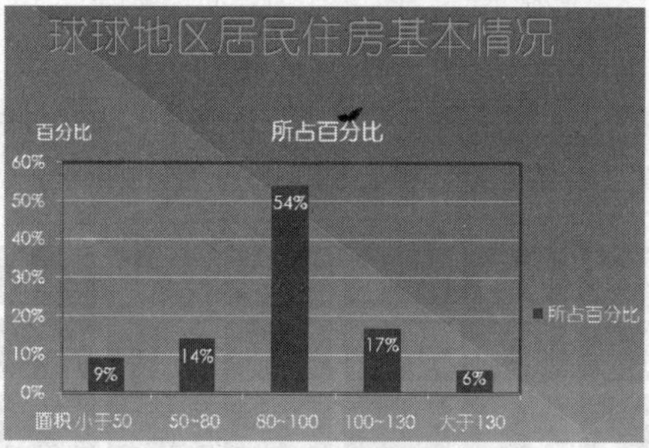

图 12-14 第 8 张幻灯片样张

(14) 单击左上角的按钮，在弹出的菜单中选择“保存”。

项目升级 插入 Excel 表格

在演示文稿中插入 Excel 表格有三种方式，一是通过插入表格的方式，二是通过插入对象后新建 Excel 工作表的方式，三是通过插入对象后打开 Excel 工作表的方式。

【操作步骤】

(1) 通过插入表格的方式来插入 Excel 表格。

① 在左边窗口单击“幻灯片”，再单击选定最后一张幻灯片，按下 Enter 键，在最后新建一张幻灯片。

② 单击选择第 9 张幻灯片，再单击“插入/表格”组中的按钮，从列表中选择 Excel 电子表格(X)，

这时弹出 Excel 表格的录入界面，如图 12-15 所示。

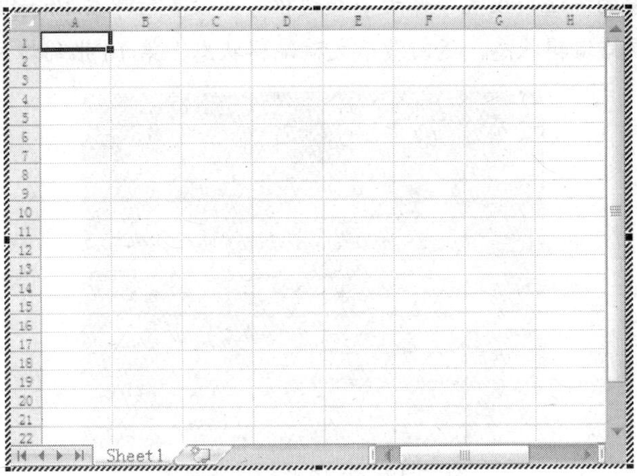

图 12-15　Excel 表格的录入界面

③　在 Excel 表格的录入界面中输入内容，并参考 Excel 格式设置的方法，设置字体大小和边框等。设置后单击 Excel 表格外的幻灯片的空白处，退出 Excel 表格编辑状态，返回演示文稿编辑状态。第 9 张幻灯片样张如图 12-16 所示。

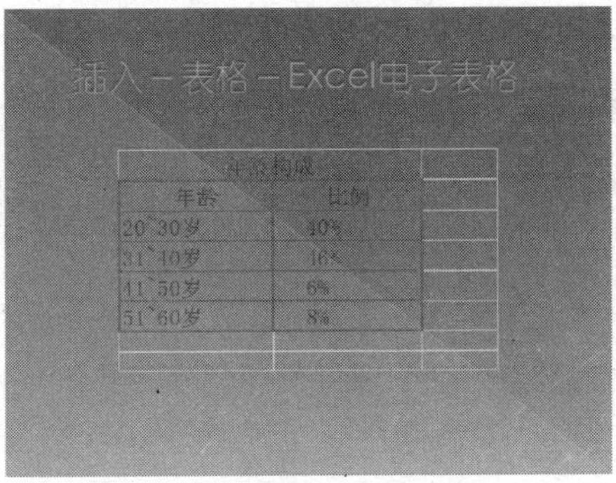

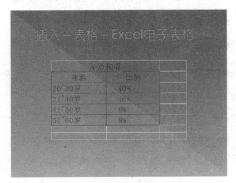

图 12-16　第 9 张幻灯片样张

(2)　通过插入对象后新建 Excel 工作表的方式来插入 Excel 表格。

①　在左边窗口单击“幻灯片”，再单击选定最后一张幻灯片，按下 Enter 键，在最后新建一张幻灯片。

②　选择第 10 张幻灯片，再单击“插入/文本”组中的按钮，在弹出的【插入对象】对话框中，选择“新建”、对象类型为“Microsoft Office Excel 工作表”，如图 12-17 所示。

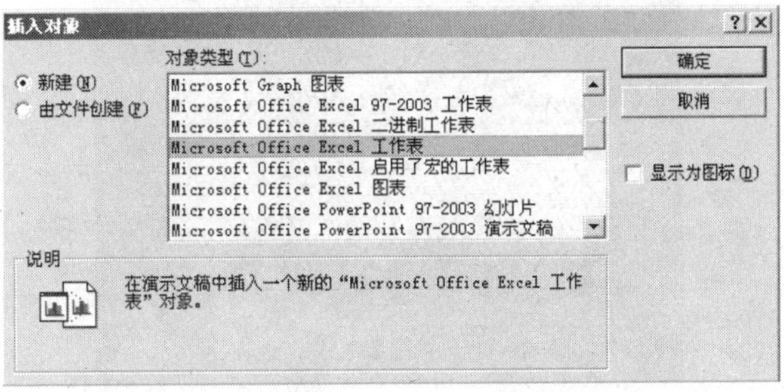

图 12-17　【插入对象】对话框

③ 单击[确定]按钮，也弹出 Excel 表格的录入界面。在 Excel 表格的录入界面中输入内容，并参考 Excel 格式设置的方法，设置字体大小和边框等。设置后单击 Excel 表格外的幻灯片的空白处，退出 Excel 表格编辑状态，返回演示文稿编辑状态。第 10 张幻灯片样张如图 12-18 所示。

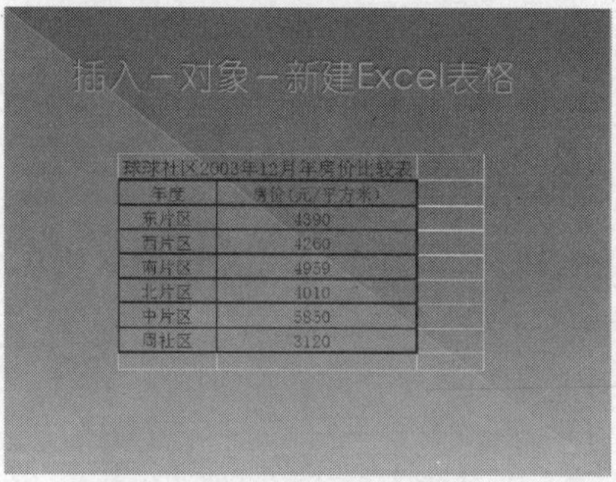

图 12-18　第 10 张幻灯片样张

(3) 通过插入对象后打开 Excel 工作表的方式来插入 Excel 表格。

① 在左边窗口单击“幻灯片”，再单击选定最后一张幻灯片，按下 Enter 键，在最后新建一张幻灯片。

② 单击选择第 11 张幻灯片，再单击“插入/文本”组中的按钮，在弹出的【插入对象】对话框中，选择“由文件创建”，如图 12-19 所示。

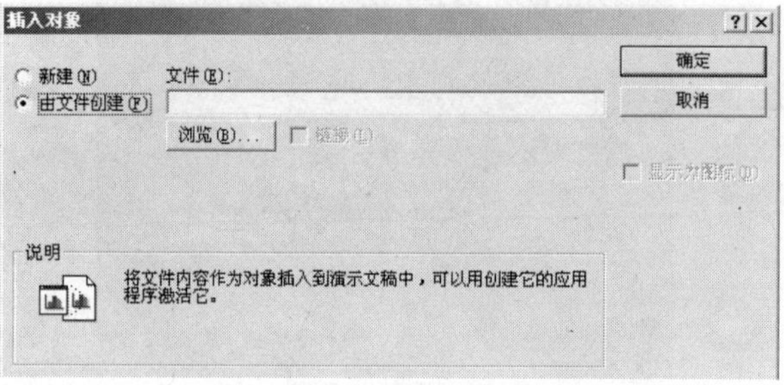

图 12-19　“插入对象”由文件创建

③ 单击[浏览(B)...]按钮，在弹出的【浏览】对话框中选择“项目 12 素材\房地产调查分析报告.xlsx”，单击[确定]按钮返回【插入对象】对话框。

④ 单击【确定】按钮返回演示文稿编辑状态，第 11 张幻灯片样张如图 12-20 所示。

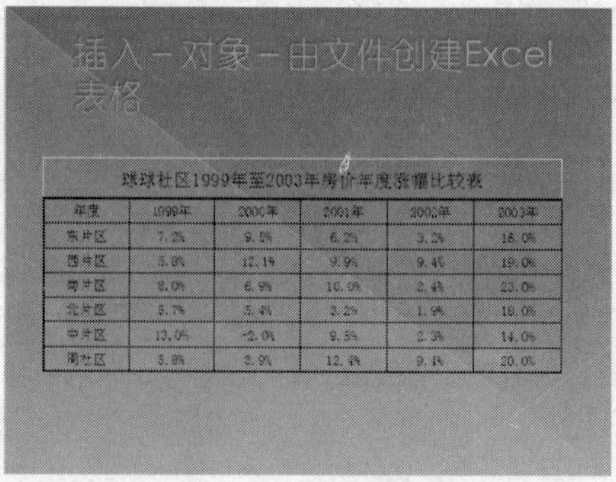

图 12-20　第 11 张幻灯片样张

⑤ 保存和关闭文件。单击按钮，在弹出的菜单中选择“保存”；单击按钮，完成文件的保存和关闭。

项目小结

幻灯片要使用不同的占位符，可以通过使用不同的版式来完成。在幻灯片中可以插入图表，插入的图表可更改图表类型、图表样式、图表标签以及数据来源等；还可以插入 Excel 表格或 Word 表格。要修改 Excel 表格内容，需要双击 Excel 表格进入 Excel 界面，在 Excel 界面中可以修改数据，也可以设置单元格格式等，修改完成后，单击 Excel 界面之外的地方就可以了。

课后练习　制作学生期末成绩报告

本节以制作学生期末成绩报告为例，说明如何在幻灯片中使用版式，如何设置行距，如何插入 Excel 表格，如何建立图表，如何修改图表等。

【操作步骤】

(1) 启动 PowerPoint 2007，单击按钮，在弹出的菜单中选择“保存”，将文件以“12-2（制作学生期末成绩报告）.pptx”为名保存。

(2) 选定第 1 张幻灯片，设置版式为“标题幻灯片”。单击“开始/幻灯片”组中的版式按钮，从弹出的版式列表中选择“标题幻灯片”，如图 12-21 所示。

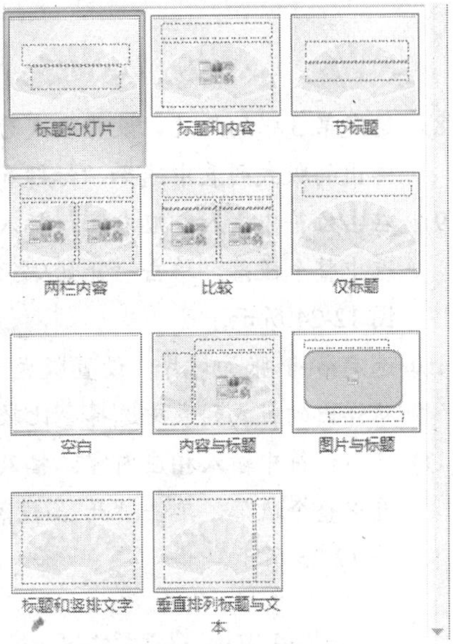

图 12-21　版式列表

(3) 在第 1 张幻灯片占位符中输入相应内容，并通过单击“插入/插图”组中的按钮，从弹出的剪贴画视窗中单击搜索按钮，再双击选中的剪贴画插入剪贴画。

(4) 设置主题为“暗香扑面”。单击“设计/主题”组中的第 1 行第 1 列“暗香扑面”。第 1 张幻灯片样张如图 12-22 所示。

(5) 新建 10 张幻灯片。在左边窗口单击“幻灯片”，再单击选定第 1 张幻灯片，连续按下 10 次 Enter 键，新建 10 张幻灯片。

图 12-22　第 1 张幻灯片样张

(6) 选定第 2 张幻灯片，设置版式为“节标题”。单击“开始/幻灯片”组中的版式按钮，从弹出的版式列表中选择“节标题”。

(7) 在占位符中输入相应内容；插入剪贴画；并选择文本，在“开始/字体”组中设置字体颜色；选中整个段落，单击“开始/段落”组中的按钮，设置行距为 1.5。第 2 张幻灯片样张如图 12-23 所示。

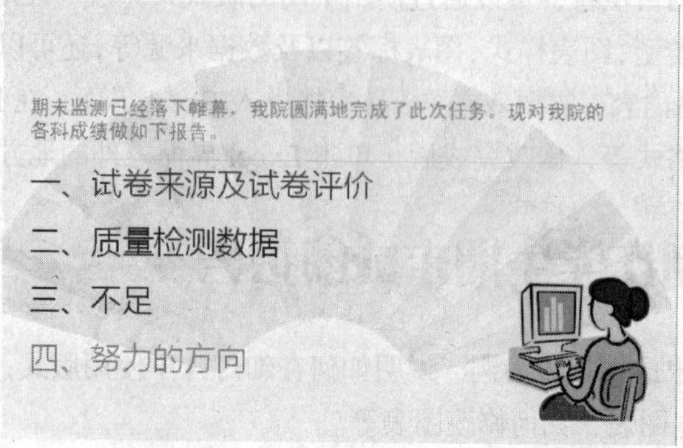
期末监测已经落下帷幕，我院圆满地完成了此次任务。现对我院的各科成绩做如下报告。
一、试卷来源及试卷评价
二、质量检测数据
三、不足
四、努力的方向

图 12-23　第 2 张幻灯片样张

(8) 选定第 3 张幻灯片，设置版式为“标题和内容”。单击“开始/幻灯片”组中的版式按钮，从弹出的版式列表中选择“标题和内容”。

(9) 在占位符中输入相应内容；插入剪贴画；并选择文本，在“开始/字体”组中设置字体颜色；选中整个段落，单击“开始/段落”组中的按钮，设置行距为 1.5。第 3 张幻灯片样张如图 12-24 所示。

(10) 选定第 4 张幻灯片，设置版式为“标题和内容”。单击“开始/幻灯片”组中的版式按钮，从弹出的版式列表中选择“比较”。

(11) 在占位符中输入相应内容；插入剪贴画；并选择文本，在“开始/字体”组中设置字体颜色；选中整个段落，单击“开始/段落”组中的按钮，设置行距为 1.5。第 4 张幻灯片样张如图 12-25 所示。

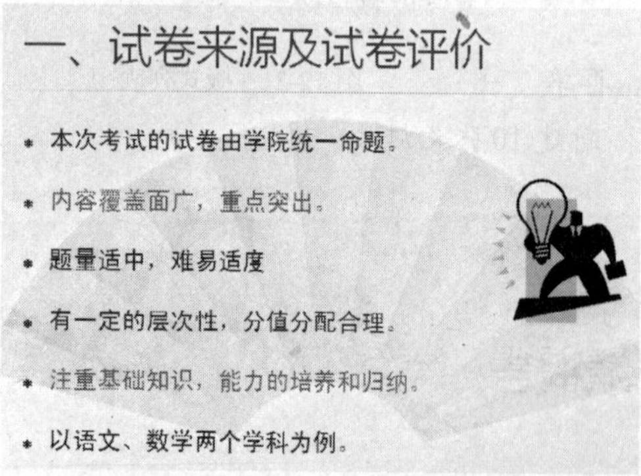
一、试卷来源及试卷评价
本次考试的试卷由学院统一命题。
内容覆盖面广，重点突出。
题量适中，难易适度
有一定的层次性，分值分配合理。
注重基础知识，能力的培养和归纳。
以语文、数学两个学科为例。

图 12-24　第 3 张幻灯片样张

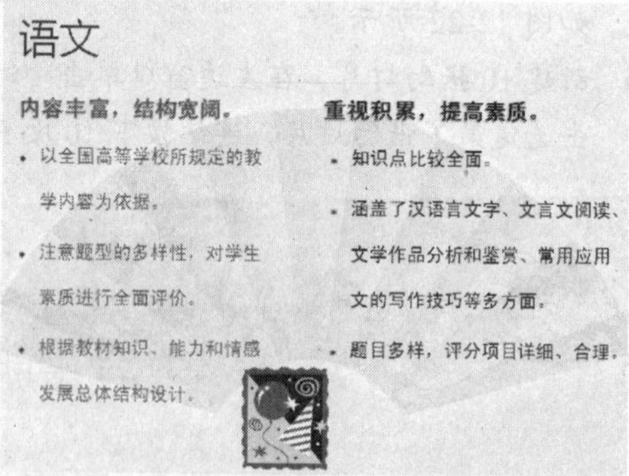
语文
内容丰富，结构宽阔。
以全国高等学校所规定的教学内容为依据。
注意题型的多样性，对学生素质进行全面评价。
根据教材知识、能力和情感发展总体结构设计。
重视积累，提高素质。
知识点比较全面。
涵盖了汉语言文字、文言文阅读、文学作品分析和鉴赏、常用应用文的写作技巧等多方面。
题目多样，评分项目详细、合理。

图 12-25　第 4 张幻灯片样张

(12) 选定第 5 张幻灯片，设置版式为“标题和内容”。单击“开始/幻灯片”组中的版式按钮，从弹出的版式列表中选择“两栏内容”。

(13) 在占位符中输入相应内容；插入剪贴画；并选择文本，在“开始/字体”组中设置字体颜色；

选中整个段落，单击“开始/段落”组中的按钮，设置行距为 1.5。第 5 张幻灯片样张如图 12-26 所示。

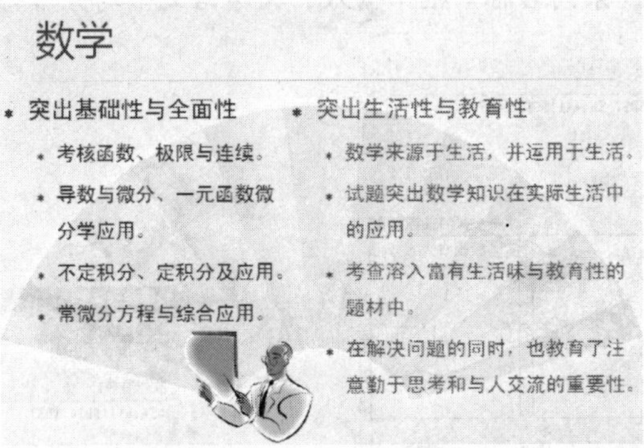

图 12-26　第 5 张幻灯片样张

(14) 选定第 6 张幻灯片，设置版式为“标题和内容”。单击“开始/幻灯片”组中的版式按钮，从弹出的版式列表中选择“仅标题”。

(15) 在占位符中输入相应内容；单击“插入/文本”组中的按钮，从弹出的【插入对象】对话框中，单击“由文件创建”单选按钮，单击浏览(B)...按钮，从弹出的【浏览】对话框中选择“项目 12 素材\制作学生期末成绩报告.xlsx”，单击确定按钮返回【插入对象】对话框，再单击确定按钮，将 Excel 表格插入幻灯片中。单击选中 Excel 表格，拖动边线适当调整表格大小和位置。

(16) 插入剪贴画后的第 6 张幻灯片样张如图 12-27 所示。

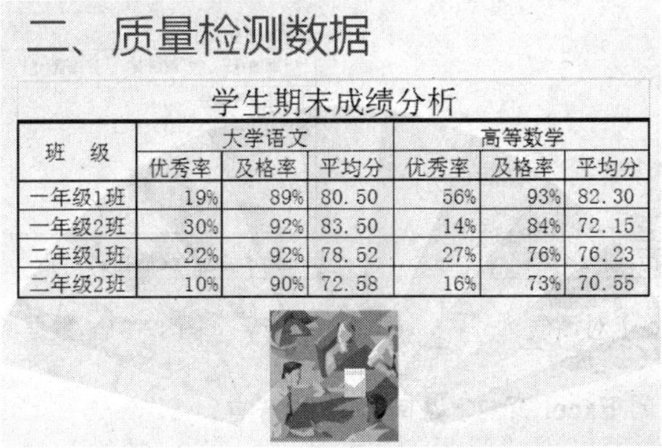

班　级	大学语文			高等数学		
	优秀率	及格率	平均分	优秀率	及格率	平均分
一年级1班	19%	89%	80.50	56%	93%	82.30
一年级2班	30%	92%	83.50	14%	84%	72.15
二年级1班	22%	92%	78.52	27%	76%	76.23
二年级2班	10%	90%	72.58	16%	73%	70.55

图 12-27　第 6 张幻灯片样张

(17) 选定第 7 张幻灯片，设置版式为“仅标题”。单击“开始/幻灯片”组中的版式按钮，从弹出的版式列表中选择“标题和内容”。

(18) 创建图表。在演示文稿中选中第 7 张幻灯片，单击“插入/插图”组中的按钮，插入图表，在弹出的【插入图表】对话框中单击选择“折线图”组中的“带数据标记的折线图”，单击确定按钮，弹出【Microsoft Office PowerPoint 中的图表-Microsoft Excel】窗口；双击打开“12-4（学生期末成绩分析）.xlsx”文件，选定单元格区域 A1:G7，按下 Ctrl+C 组合键复制，再关闭 Excel 文件；选中窗口中的单元格 A1，按下 Ctrl+V 组合键粘贴；拖动数据区至单元格 G7。

(19) 单击“设计/数据”组中的按钮，再选择 Excel 表格中的数据区域 D3:D7 和 G3:G7，选择结果如图 12-28 所示。

(20) 单击第一个“平均分”，再单击“图例项(系列)”框中的 编辑(E) 按钮，在弹出的【编辑数据系列】对话框中，在“系列名称”框中输入“大学语文平均分”，如图 12-29 所示。

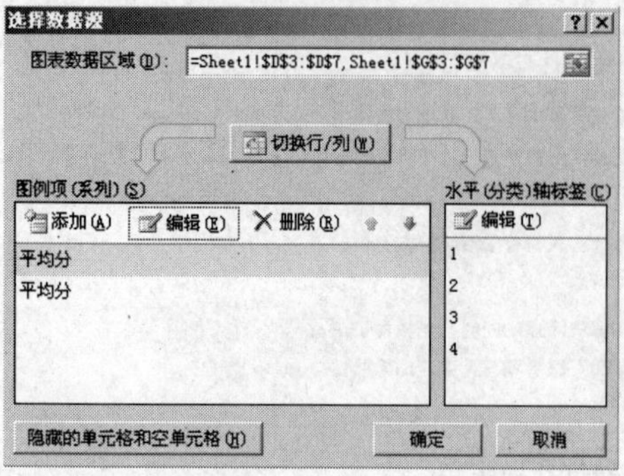

图 12-28 【选择数据源】对话框

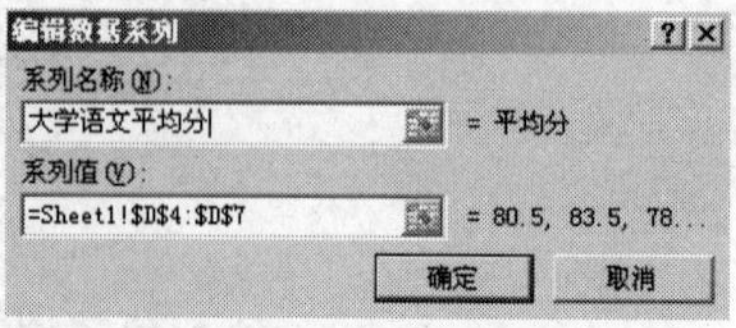

图 12-29 【编辑数据系列】对话框

(21) 单击 确定 按钮，返回【选择数据源】对话框。按同样方法，将第 2 个“平均分”更改为“高等数学平均分”。

(22) 单击“水平(分类)轴标签”框中的 编辑(T) 按钮，在弹出的【轴标签】对话框中，单击折叠按钮，选定单元格区域 A4:A7，如图 12-30 所示。

(23) 单击 确定 按钮，返回【选择数据源】对话框。结果如图 12-31 所示。

图 12-30 【轴标签】对话框

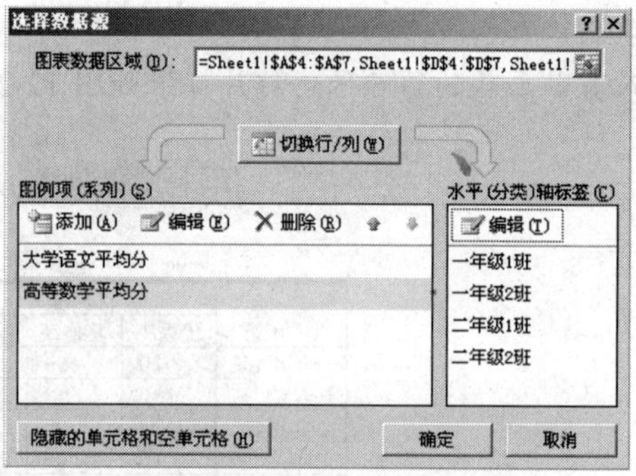

图 12-31 数据源选择结果

(24) 单击 确定 按钮，关闭 Excel 窗口，返回幻灯片窗口。生成的折线图如图 12-32 所示。

(25) 选择“设计/图表布局”组中的第 3 行第 3 列“布局 9”，再选择图表样式列表中的第 5 行第 2 列“图表样式 39”。

(26) 选择“布局/标签”组中的按钮，添加横坐标轴标题“班级”和纵坐标轴标题“平均分”；并适当调整标题位置，将图表标题更改为“学生期末平均分走势图”。

(27) 单击“布局/背景”组中的按钮，设置为渐变填充。

(28) 选择“布局/坐标轴”组中的按钮，去掉网格线。完成后的第 7 张幻灯片样张如图 12-33 所示。

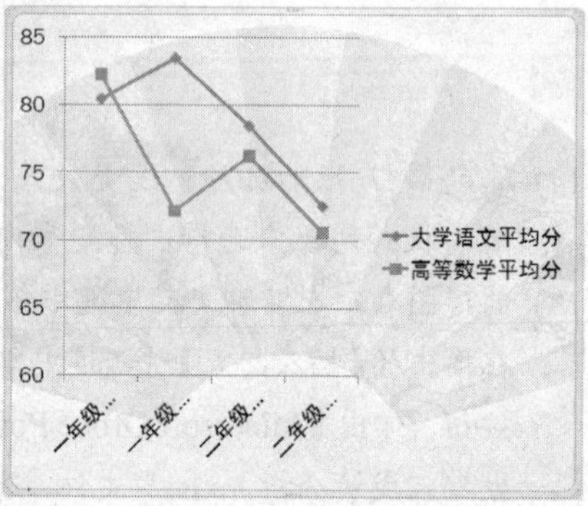

图 12-32 带数据标记的折线图

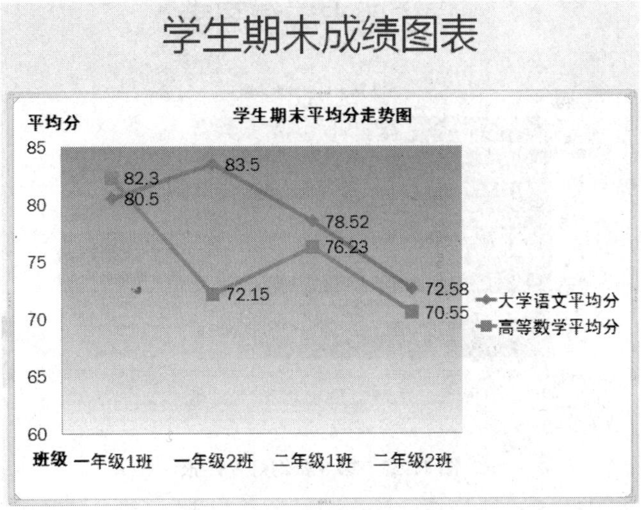

图 12-33　第 7 张幻灯片样张

(29) 选中第 7 张幻灯片，按下 Ctrl + C 组合键，再按下 Ctrl+V 组合键复制幻灯片。

(30) 选中第 8 张幻灯片，将图表类型更改为“簇状条形图”。选中图表，单击“设计/类型”组中的按钮，从弹出的【更改图表类型】对话框中选择“条形图”组中的“簇状条形图”，单击 确定 按钮。

(31) 选中横坐标轴标题“班级”，单击“布局/标签”组中的按钮，从弹出的列表中选择“主要横坐标轴标题”，再选择“其他主要横坐标轴标题选项”，这时弹出【设置坐标轴标题格式】对话框，在“对齐方式”中选择“文字方向”为“横排”，如图 12-34 所示。单击 关闭 按钮。

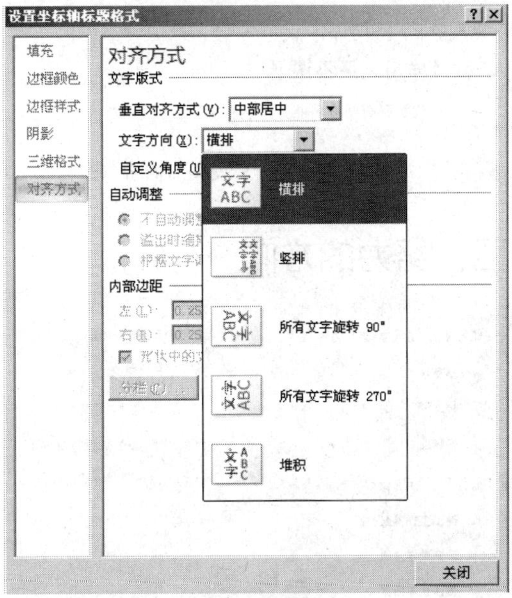

图 12-34　设置坐标轴标题文字方向

(32) 调整坐标轴标题的位置，完成后的第 8 张幻灯片样张如图 12-35 所示。

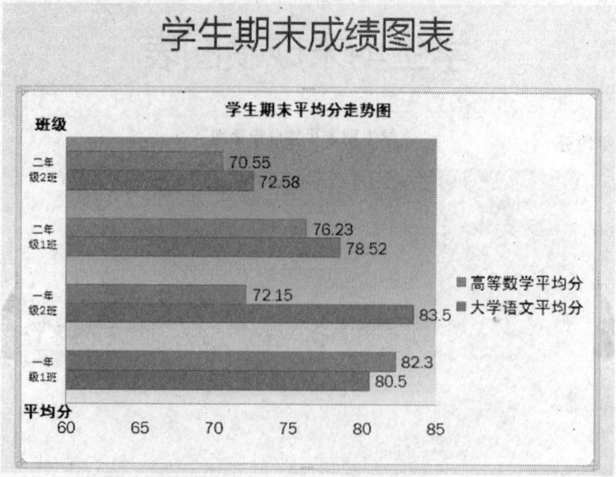

图 12-35　第 8 张幻灯片样张

(33) 第 9～第 11 张幻灯片分别采用“标题和内容”、“两栏内容”和“垂直排列标题与文本”版式，完成的幻灯片如图 12-36～图 12-38 所示。

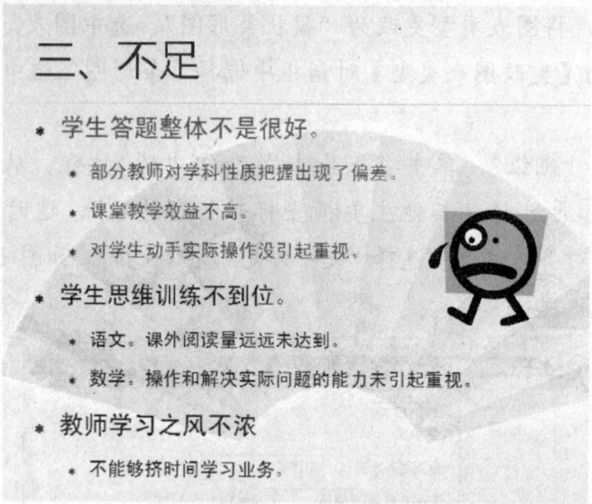
三、不足
学生答题整体不是很好。
部分教师对学科性质把握出现了偏差。
课堂教学效益不高。
对学生动手实际操作没引起重视。
学生思维训练不到位。
语文。课外阅读量远远未达到。
数学。操作和解决实际问题的能力未引起重视。
教师学习之风不浓
不能够挤时间学习业务。

图 12-36　第 9 张幻灯片样张

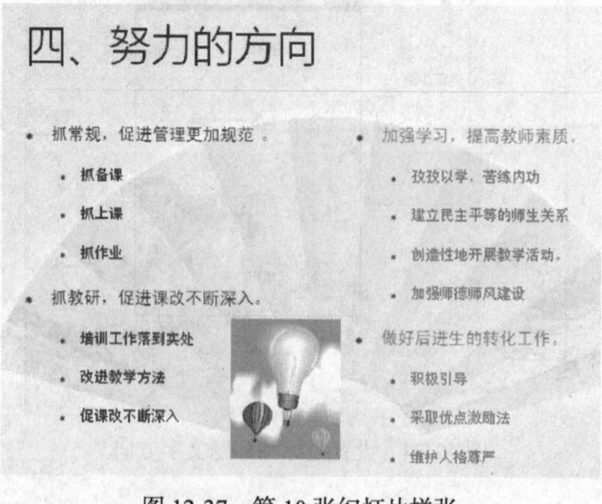

图 12-37　第 10 张幻灯片样张

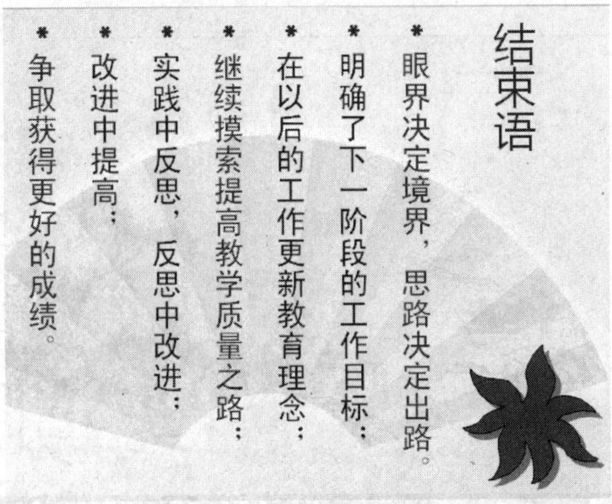
结束语
* 眼界决定境界，思路决定出路。
* 明确了下一阶段的工作目标；
* 在以后的工作更新教育理念；
* 继续摸索提高教学质量之路；
* 实践中反思，反思中改进；
* 改进中提高；
* 争取获得更好的成绩。

图 12-38　第 11 张幻灯片样张

(34) 保存和关闭文件。

项目十三

制作动感相册——多媒体与动画的应用

【项目背景】

利用 PowerPoint 可以创建和编辑相册，可以设置相册的应用设计模板和相框形状。在演示文稿中可以插入多媒体对象，如音频、视频和影片文件等，可以将插入的音频作为演示文稿的背景音乐，可以插入视频文件和 Flash 制作的影片文件；也可以给演示文稿中的对象插入自定义动画，包含进入、强调、动作路径和退出动画类型；还可以设置幻灯片切换时的动画和切换方式。当然，在幻灯片中可以根据需要随时添加文本框和编辑文字以及更改幻灯片的版式。

【项目分析】

相册的创建是通过“插入/插图”组中的相册功能来完成的。在创建相册时根据需要选定图片文件，可以根据需要调整图片显示的顺序，可以设置图片的边框形状，设置幻灯片的应用设计模板。相册创建完成后还可以编辑相册，更改图片文件等信息；可以将首页和添加音频、视频、影片文件的幻灯片设置为单击鼠标时播放，其余幻灯片都设置为自动播放；并给所有幻灯片设置自定义动画；在幻灯片中插入.mp3 音频文件，并将音频文件设置为自出现开始直到出现视频文件前结束播放，使之作为演示文稿的背景音乐；插入.wmv 视频文件和.swf 影片文件。当然，要播放.wmv 视频文件应保证系统中安装有视频播放文件，如 Windows Media Player；要播放.swf 影片文件应保证系统中安装有影片播放文件，如 FlashPlayer.exe 文件。

本项目以制作动感相册为例说明如何创建相册，如何使用设计模板，如何插入音频、视频文件，如何创建自定义动画，如何设置切换幻灯片方式，如何编辑文本和设置幻灯片版式。

【解决方案】

本项目可以通过以下几个任务来完成。

- 任务一　应用设计模板
- 任务二　插入多媒体对象

- 任务三　创建自定义动画
- 任务四　编辑文字和设置版式

任务一　应用设计模板

首先创建一个相册，并对相册设置一种应用设计模板，之后设置应用设计模板的字体、颜色和效果。

【操作步骤】

(1) 启动 PowerPoint 2007，单击左上角的按钮，在弹出的菜单中选择“保存”，将文件以“13-1(制作动感相册).pptx”为名保存。

(2) 单击“插入/插图”组中的按钮，从弹出的列表中选择“新建相册”，此时弹出【相册】对话框。

(3) 在【相册】对话框中，单击 文件/磁盘(F)... 按钮，在弹出的【插入新图片】对话框中选择“项目13 素材”中的.jpg 图片文件后，单击 插入(S) 按钮返回【相册】对话框。

(4) 在【相册】对话框中，在“相册中的图片”框中选择“风景图 1”，连续单击按钮，使“风景图1”调整到列表中的第 1 项，选择相应图片，单击和按钮，调整图片顺序，如图 13-1 所示。

(5) 选择“图片版式”为“1 张图片（带标题）”，如图 13-2 所示。

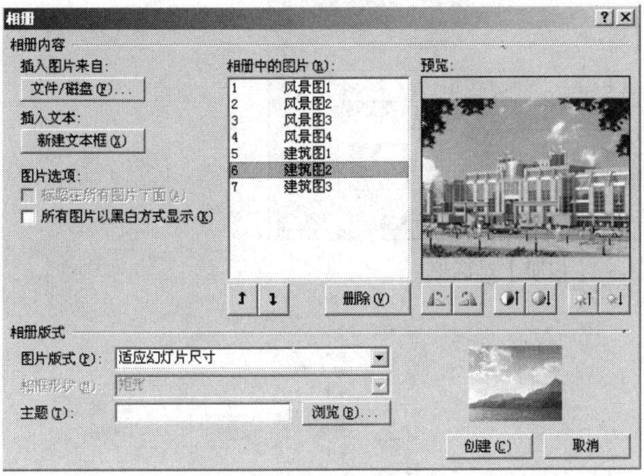

图 13-1　调整图片顺序

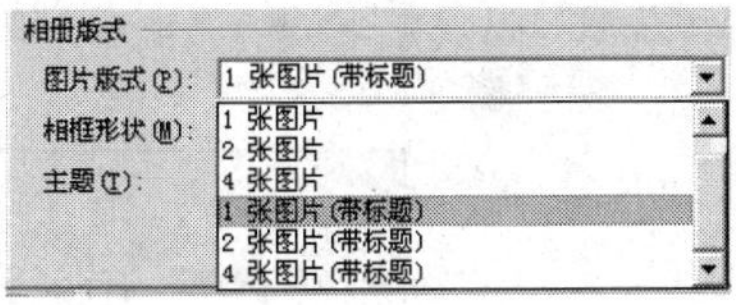

图 13-2　选择图片版式

(6) 选择“相框形状”为“复杂框架，黑色”，如图 13-3 所示。

(7) 单击“主题”右侧的 浏览(B)... 按钮，弹出【选择主题】对话框，如图 13-4 所示。

(8) 在【选择主题】对话框中选择一种主题，即选择一种应用设计模板，这里选择“Dragon.thmx”，单击 选择 按钮返回【相册】对话框，如图 13-5 所示。

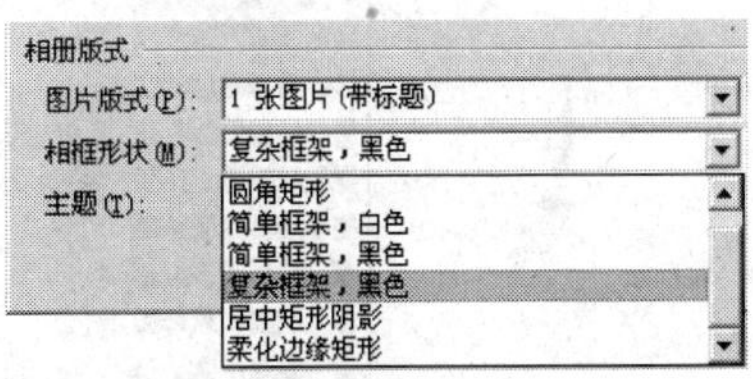

图 13-3　选择相框形状

(9) 单击 创建 按钮，则将选择的图片添加到演示文稿中。

(10) 设置应用设计模板的颜色为“穿越”。单击“设计/主题”组中的 颜色 按钮，从弹出的颜色列表中选择“穿越”，如图 13-6 所示。

(11) 设置应用设计模板的字体为华文行楷。单击“设计/主题”组中的 字体 按钮，从弹出的列表中选择字体为“华文行楷”，如图 13-7 所示。

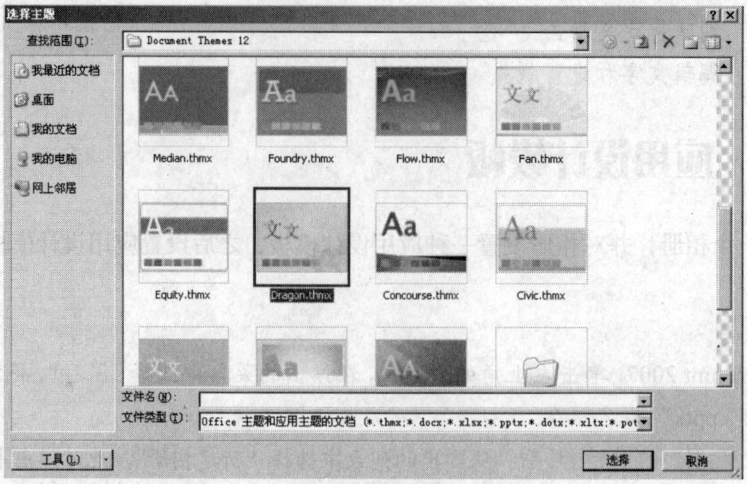

图 13-4 【选择主题】对话框

图 13-5 【相册】对话框

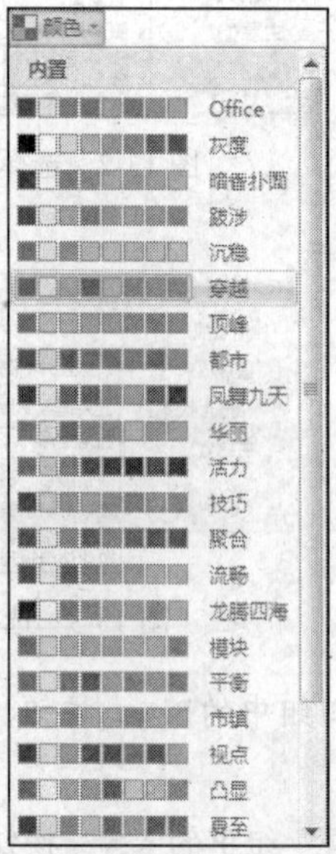

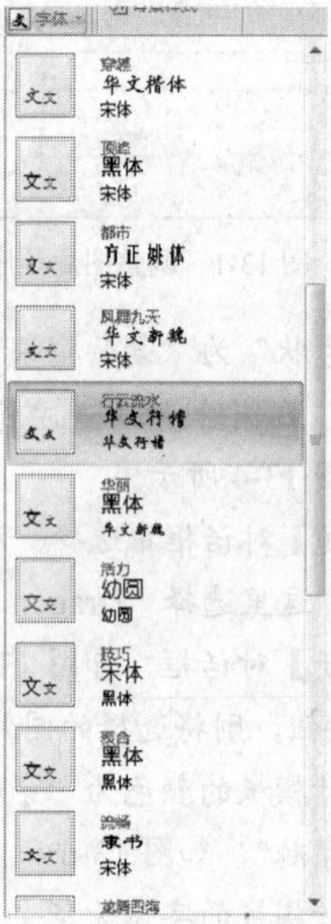

图 13-6 应用设计模板中的颜色列表　　　　图 13-7 应用设计模板中的字体列表

(12) 设置应用设计模板的效果为“沉稳”。单击“设计/主题”组中的效果按钮，从弹出的列表中选择效果为“沉稳”，如图 13-8 所示。

(13) 若要修改相册参数，则单击“插入/插图”组中的按钮，从弹出的列表中选择“编辑相册”，在弹出的【编辑相册】对话框中修改相应参数，如图 13-9 所示。单击 更新(U) 按钮完成相册的修改。

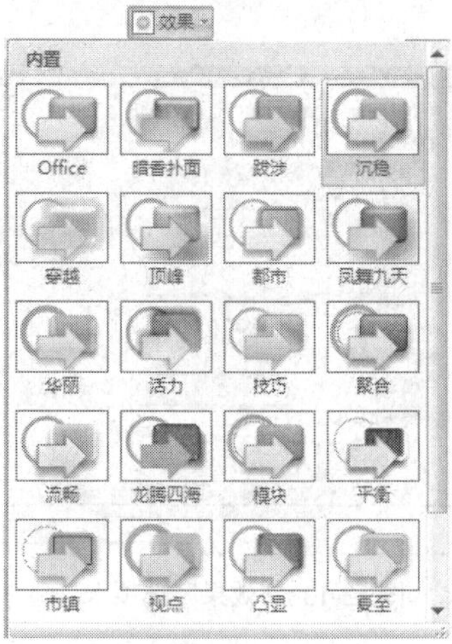

图 13-8　应用设计模板中的效果列表

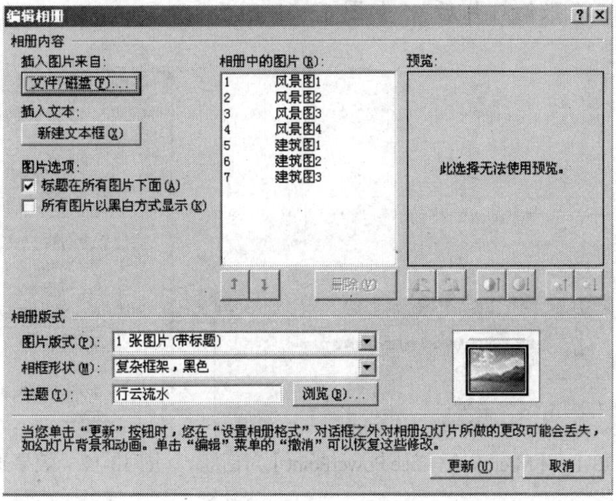

图 13-9 【编辑相册】对话框

(14) 单击按钮，在弹出的菜单中选择“保存”。

任务二　插入多媒体对象

在幻灯片中可以插入音频、视频等多媒体对象，可以通过插入媒体剪辑完成多媒体对象的插入。

【操作步骤】

(1) 在第 1 张幻灯片后面新建一张幻灯片。在“幻灯片”页面，单击选择第 1 张幻灯片，再按下 Enter 键，新建一张幻灯片。

(2) 选中第 2 张幻灯片，单击“插入/媒体剪辑”组中的按钮，从列表中选择“文件中的声音”，在弹出的【插入声音】对话框中选择声音文件“背景音乐 1.mp3”，如图 13-10 所示。

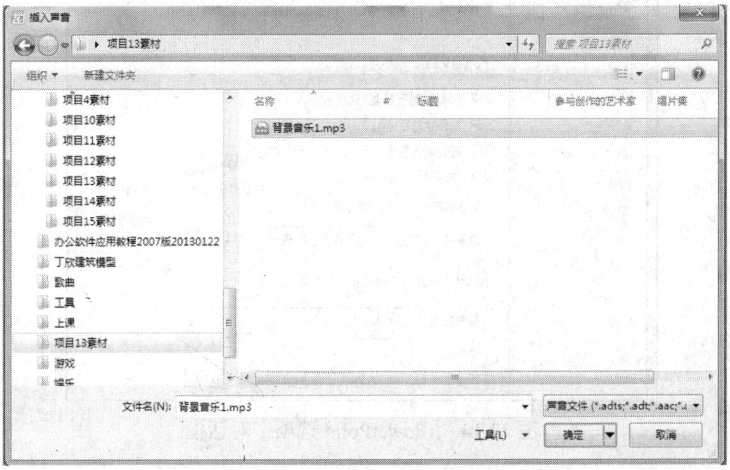

图 13-10　【插入声音】对话框

(3) 单击 确定 按钮，弹出【Microsoft Office PowerPoint】对话框，如图 13-11 所示。

(4) 单击 自动(A) 按钮。再单击“动画/动画”组中的 自定义动画 按钮，在“自定义动画”视窗中，单击“背景音乐 1.mp3”右侧的▼，从弹出的列表中选择“效果选项”，如图 13-12 所示。

(5) 此时系统弹出【播放声音】对话框，在“效果”选项卡中的“停止播放”组中选择并输入“在 8 张幻灯片后”，如图 13-13 所示。

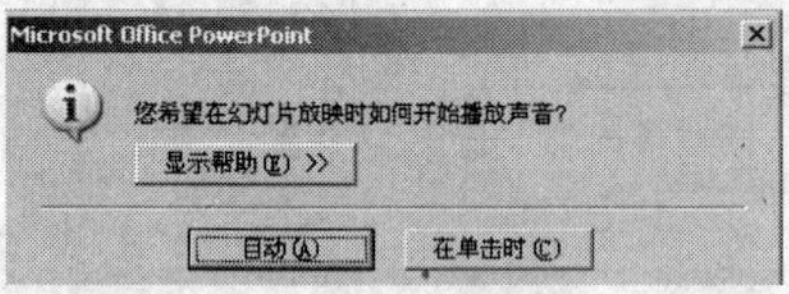

图 13-11 【Microsoft Office PowerPoint】对话框

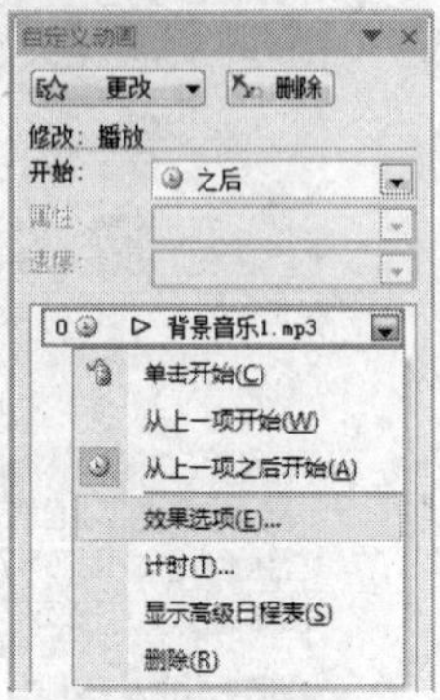

图 13-12 效果选项

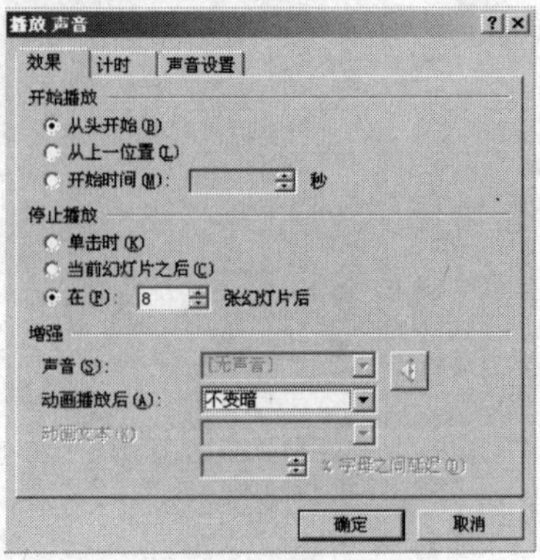

图 13-13 “效果”选项卡

(6) 单击 确定 按钮，就在第 2 张幻灯片中添加了一个按钮。完成背景音乐的添加。

(7) 在第 9 张幻灯片后面新建 2 张幻灯片。在“幻灯片”页面，单击选择第 9 张幻灯片，再 2 次按下 Enter 键，新建 2 张幻灯片。

(8) 选中第 10 张幻灯片，单击“插入/媒体剪辑”组中的按钮，从列表中选择“文件中的影片”，在弹出的【插入影片】对话框中选择视频文件“视频文件 1.wmv”。

(9) 在弹出的【Microsoft Office PowerPoint】对话框中，单击 在单击时(C) 按钮，适当改变视频视窗的位置和大小。完成视频文件的添加。

(10) 选中第 11 张幻灯片，单击按钮，单击选择右下角的 PowerPoint 选项(I) 按钮，在弹出的【PowerPoint 选项】对话框中，选择“常用”选项卡中的“☑在功能区显示‘开发工具’选项卡”，如图 13-14 所示。

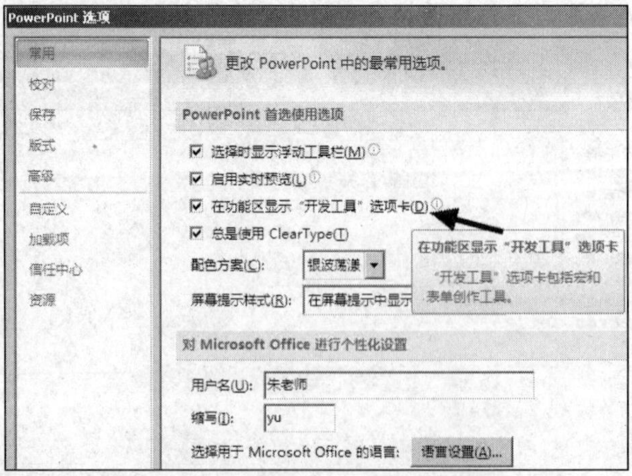

图 13-14 【PowerPoint 选项】对话框

(11) 单击 确定 按钮。这时系统添加了“开发工具”组，如图 13-15 所示。

(12) 单击“开发工具/控件”组中的其他控件按钮，在弹出的【其他控件】对话框中选择“Shockwave Flash Object”，如图 13-16 所示。

(13) 单击 确定 按钮，用鼠标拖动出一个矩形，作为影片文件的视窗。

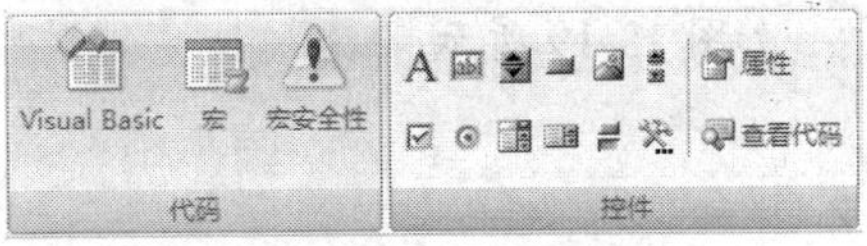

图 13-15 “开发工具”组

(14) 单击选择画出的影片文件的视窗，再单击“开发工具/控件”组中的 属性 按钮，在弹出的【属性】对话框中，在“Movie”框中输入影片文件的路径和文件名“项目 13 素材\简易百叶窗.swf”，如图 13-17 所示。

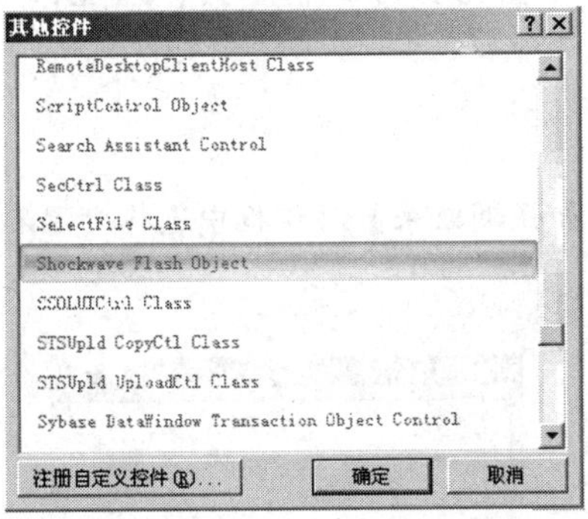

图 13-16 【其他控件】对话框

图 13-17 【属性】对话框

说明：在“Movie”框中也可以输入影片文件的绝对路径和文件名。

(15) 关闭【属性】对话框。适当调整影片文件视窗的位置和大小，完成影片文件的添加。

(16) 单击左上角的按钮，在弹出的菜单中选择“保存”。

任务三　创建自定义动画

PowerPoint 中提供了进入、强调、动作路径和退出四类自定义动画方式，每种方式中又有多种动画可供选择。下面以给图片设置自定义动画为例说明如何自定义动画。

【操作步骤】

(1) 选择第 3 张幻灯片中的图片，再单击“动画/动画”组中的 自定义动画 按钮，出现【自定义动画】对话框，单击 添加效果 按钮，出现进入、强调、动作路径和退出 4 类动画。将鼠标放在“进入”选项，则又列出“进入”方式下的动画选择列表，如图 13-18 所示。

(2) 单击“其他效果”，在弹出的【添加进入效果】对话框中选择“华丽型”组中的“螺旋飞入”，如图 13-19 所示。

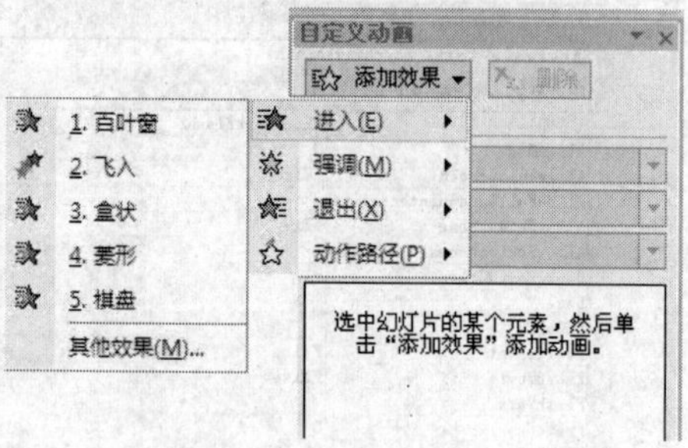

图 13-18 “进入”列表

图 13-19 【添加进入效果】对话框

(3) 单击 确定 按钮，完成“进入”动画设置。

(4) 继续单击 添加效果 中的“强调”，如图 13-20 所示。

(5) 从弹出的列表中的选择“其他效果”，从弹出的【添加强调效果】对话框中选择“温和型”组中的“跷跷板”，如图 13-21 所示。

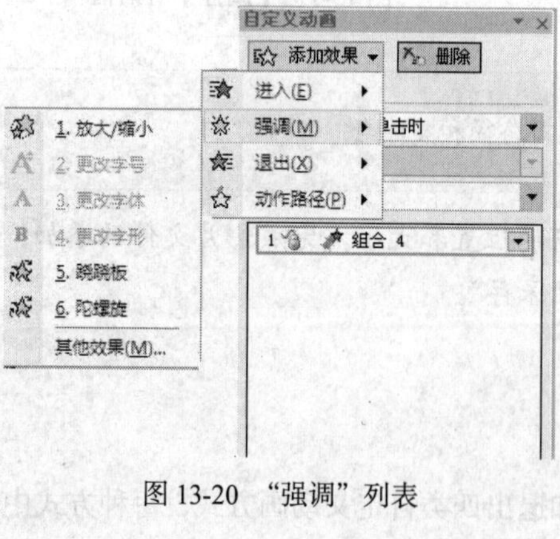

图 13-20 “强调”列表

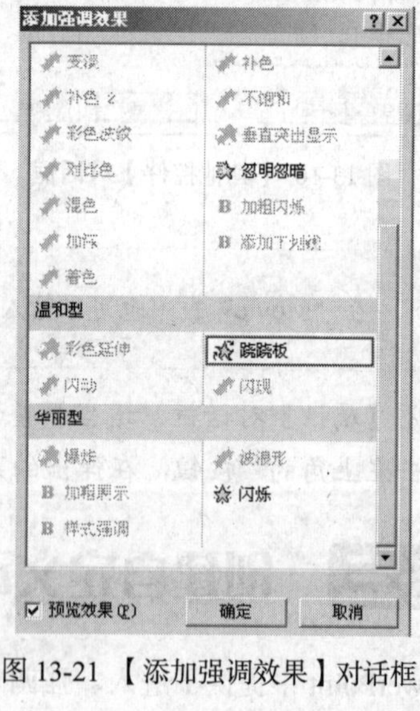

图 13-21 【添加强调效果】对话框

(6) 单击 确定 按钮，完成“强调”动画设置。

(7) 继续单击 添加效果 中的“动作路径”，如图 13-22 所示。

(8) 从弹出的列表中的选择“其他动作路径”，从弹出的【添加动作路径】对话框中选择“直线和曲线”组中的“弯弯曲曲”，如图 13-23 所示。

(9) 单击 确定 按钮，出现一条两端带有箭头的路径，单击路径可以看到路径上出现 8 个控点，如图 13-24 所示。

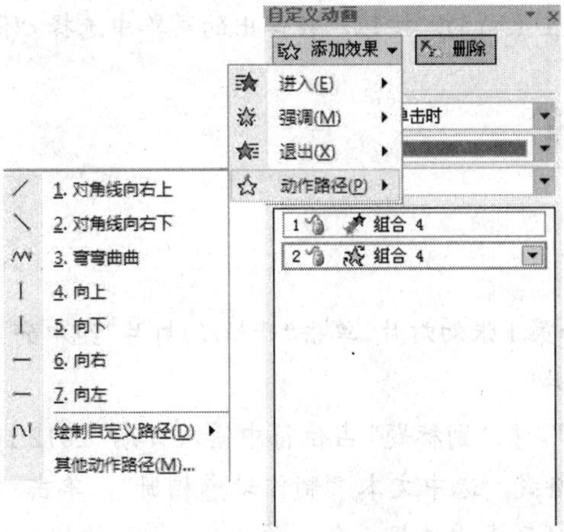

图 13-22 “动作路径”列表

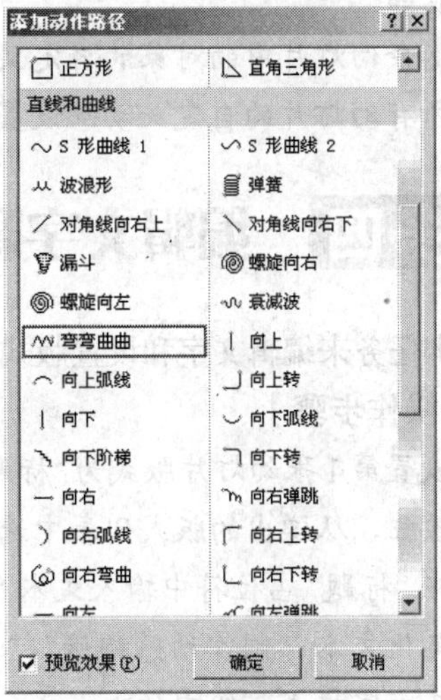

图 13-23 【添加动作路径】对话框

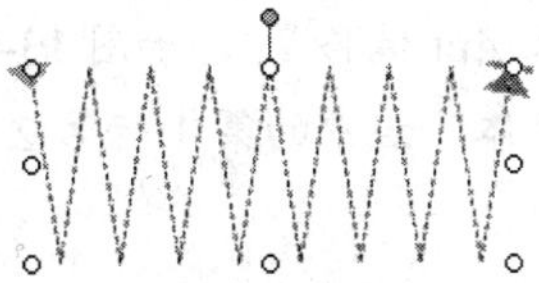

图 13-24 路径

拖动路径上控点可以改变路径的位置、大小和角度。

(10) 继续单击“添加效果”下拉菜单中的“退出”命令，如图 13-25 所示。

(11) 从弹出的列表中选择“其他效果”，从弹出的【添加退出效果】对话框中选择“温和型”组中的“回旋”，如图 13-26 所示。

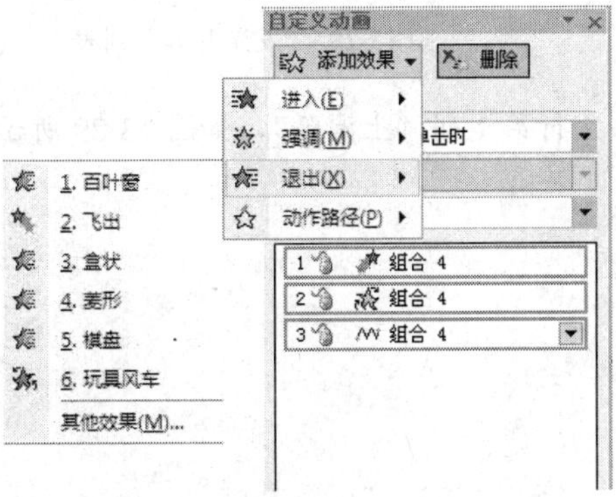

图 13-25 “退出”列表

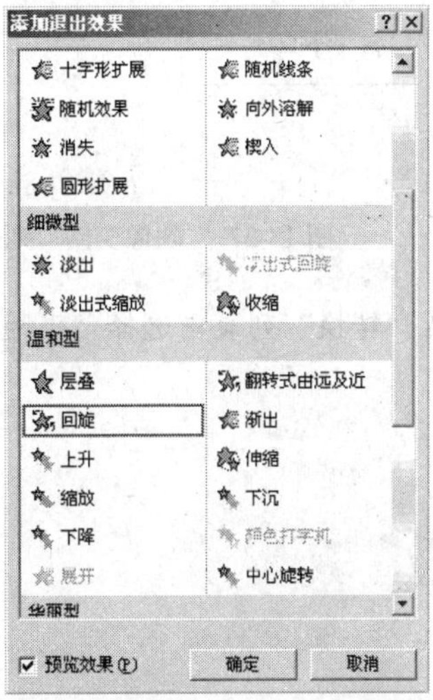

图 13-26 【添加退出效果】对话框

(12) 单击 确定 按钮，完成“退出”效果的设置。至此完成了第 3 张幻灯片中的图片的自定义动画。

(13) 其余幻灯片中的对象的自定义动画设置类似于第3张幻灯片的设置。这里不再赘述。

(14) 所有幻灯片的自定义动画设置完成后，单击左上角的按钮，在弹出的菜单中选择“保存”。

任务四　编辑文字和设置版式

本任务来编辑文字和设置版式。

【操作步骤】

(1) 设置第1张幻灯片版式为“标题幻灯片”。选择第1张幻灯片，单击“开始/幻灯片”组中的 版式 按钮，从弹出的版式列表中选择“标题幻灯片”。

(2) 在“标题”占位符中输入文本“制作动感相册”，在“副标题”占位符中输入日期“2012.11.16”。

(3) 美化文本“制作动感相册”，为其设置相应格式。选中文本“制作动感相册”，单击“格式/艺术字样式”组中的 文本填充 按钮，从弹出的列表中选择橙色；单击 文本轮廓 按钮，从弹出的列表中选择红色；单击 文本效果 按钮，从弹出的列表中选择“映像”组中的“映像变体”列表中的第2行第2列“半映像 4pt 偏移量”，如图13-27所示。

(4) 从“发光”列表中选择“发光变体”组中的第1行第2列“强调文字颜色2　5pt 发光”，如图13-28所示。

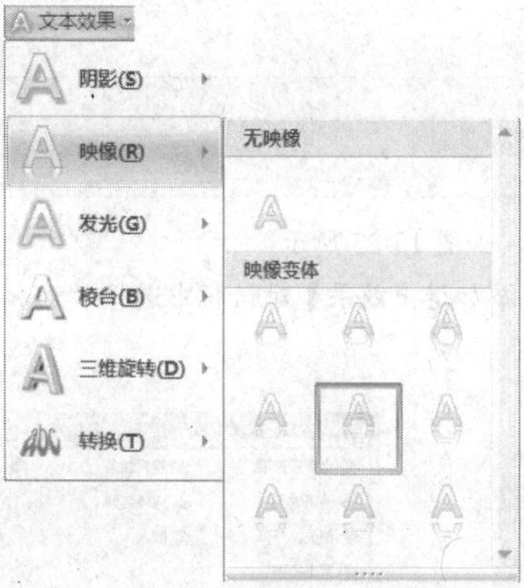

图13-27 “映像变体”列表

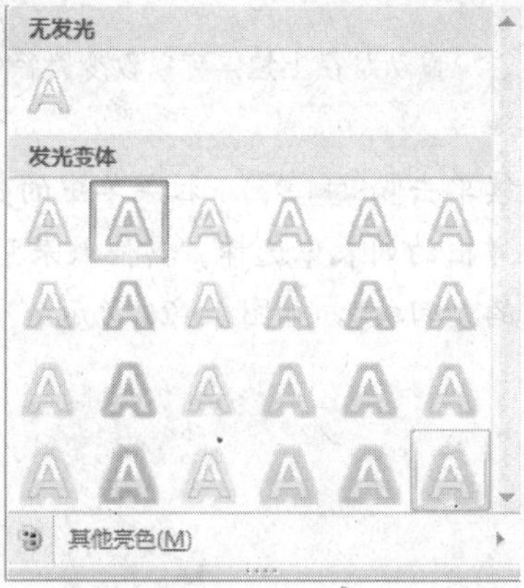

图13-28 “发光变体”列表

(5) 从“转换”列表中选择“跟随路径”组中的第1行第1列“上弯弧”，如图13-29所示。

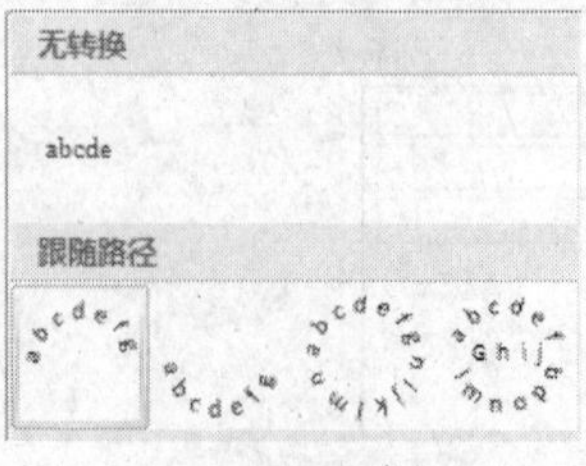

图13-29 “跟随路径”列表

(6) 适当调整标题和副标题的位置和对齐方式，第 1 张幻灯片样张如图 13-30 所示。

图 13-30　第 1 张幻灯片样张

(7) 设置其余幻灯片版式为“仅标题”。选中第 2 张幻灯片，再按下 Shift 键选择最后一张幻灯片，则选中了自第 2 张幻灯片开始后的所有幻灯片。再单击“开始/幻灯片”组中的版式按钮，从弹出的版式列表中选择“仅标题”。

(8) 单击按钮，在弹出的菜单中选择“保存”。

项目升级　切换放映

除了对幻灯片中的对象设置自定义动画外，还可以对幻灯片切换设置动画和播放方式，如单击鼠标换片或是根据设置的时间自动进行播放。

【操作步骤】

(1) 设置第 1 张幻灯片的切换效果为“擦除”“顺时针回旋，8 根轮辐”。选择第 1 张幻灯片，单击“动画/切换到此幻灯片”组中的其他按钮，从弹出的切换效果列表中选择“擦除”组中的第 3 行第 4 列“顺时针回旋，8 根轮辐”，如图 13-31 所示。

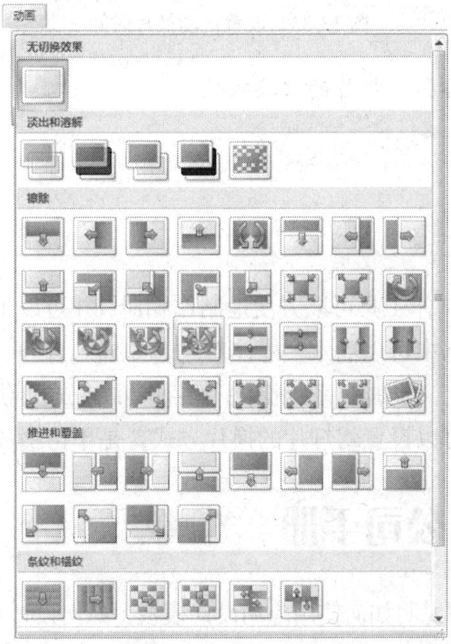

图 13-31　幻灯片切换效果列表

(2) 选择“动画/切换到此幻灯片”组中的“切换声音”为“风铃”，“切换速度”为“中速”，换片方式为“☑单击鼠标时”，如图 13-32 所示。

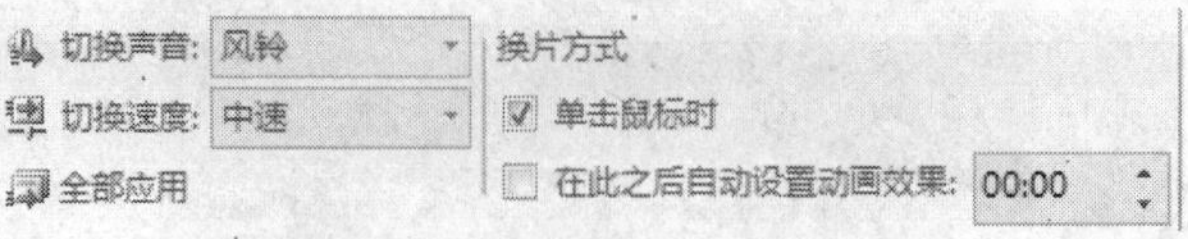

图 13-32　换片方式选项

(3) 设置第 2 张幻灯片的切换效果为“推进和覆盖”“向上覆盖”。选择第 2 张幻灯片，单击“动画/切换到此幻灯片”组中的其他按钮，从弹出的切换效果列表中选择“推进和覆盖”组中的第 1 行第 8 列“向上覆盖”。

(4) 参照步骤（2），设置第 2 张幻灯片的“切换声音”为“鼓声”，“切换速度”为“中速”，换片方式为“☑单击鼠标时”。

(5) 选择第 10 张幻灯片，按下 Shift 键，再单击选择第 11 张幻灯片，参照步骤（2）设置第 10 张和第 11 张幻灯片的“切换声音”为“无声音”，“切换速度”为“中速”，换片方式为“☑单击鼠标时”。

(6) 设置第 3～第 9 张幻灯片的“切换声音”为“无声音”，“切换速度”为“中速”，换片方式为“单击鼠标时”和“在 6 秒之后自动设置动画效果”。选择第 3 张幻灯片，按下 Shift 键，再单击选择第 9 张幻灯片，在“动画/切换到此幻灯片”组中设置“切换声音”为“无声音”，“切换速度”为“中速”，在“换片方式”组中选择“☑单击鼠标时”，同时选择“☑在此之后自动设置动画效果”，并在框中输入“00:06”，如图 13-33 所示。

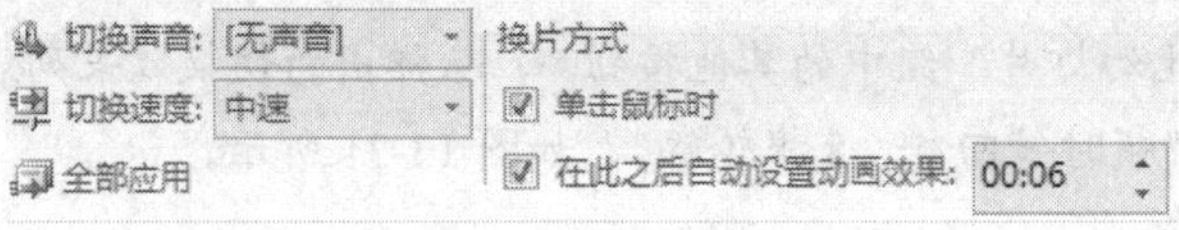

图 13-33　设置自动换片时间

(7) 适当设置第 3 张及以后各张幻灯片的切换效果。

(8) 保存并关闭文件。

项目小结

利用 PowerPoint 的相册制作工具可以方便地制作相册，并可以根据需要选择合适的应用设计模板和相框形状。在演示文稿中可以插入多媒体对象，如插入音频、视频和影片文件等；还可以设置演示文稿中的对象的自定义动画，系统提供了多种动画方式可供选择。在演示文稿中可以给幻灯片设置不同的版式；还可以设置幻灯片的换片方式，是单击播放，还是自动播放。

课后练习　制作公司手册

本节以制作公司手册为例说明如何使用应用设计模板，如何设置对象的自定义动画，如何设置换片方式，如何设置幻灯片的版式，如何编辑和设置文本格式，如何添加声音、影片等多媒体对象。

【操作步骤】

(1) 启动 PowerPoint 2007，单击按钮，在弹出的菜单中选择“保存”，将文件以“13-2(制作公司手册).pptx”为名保存。

(2) 设置第 1 张幻灯片的应用设计模板。单击选择第 1 张幻灯片，再单击“设计/主题”组中的其他按钮，从弹出的列表中选择第 2 行第 8 列“凸显”主题；再单击颜色按钮，从弹出的颜色列表中选择主题颜色为“凸显”；单击字体按钮，从弹出的字体列表中选择“凸显 华文楷体 宋体”；单击效果按钮，从弹出的效果列表中单击选择第 5 行第 3 列“凸显”。

(3) 设置第 1 张幻灯片的版式为“标题幻灯片”。单击第 1 张幻灯片，再单击“开始/幻灯片”组中的版式按钮，从弹出的版式列表中单击选择“标题幻灯片”。

(4) 在第 1 张幻灯片中输入文本。单击“标题”占位符，输入“皮皮公司手册”；单击“副标题”占位符，输入“－－公司宣传手册”。

(5) 新建 9 张幻灯片。在“幻灯片”页面，单击选择第 1 张幻灯片，再多次按下 Enter 键，新建 9 张幻灯片。

(6) 设置第 2 张幻灯片的版式为“两栏内容”。单击第 2 张幻灯片，再单击“开始/幻灯片”组中的版式按钮，从弹出的版式列表中单击选择“两栏内容”。

(7) 设置第 3～第 10 张幻灯片的版式为“标题和内容”。单击第 3 张幻灯片，按下 Shift 键后单击第 10 张幻灯片，选中第 3～第 10 张幻灯片之后，单击“开始/幻灯片”组中的版式按钮，从弹出的版式列表中单击选择“标题和内容”。

(8) 单击选择第 2 张幻灯片，在“标题”占位符中输入“☮皮皮责任有限公司”；在左边一栏中输入文本；在右边一栏中添加图片；调整文本、图片和标题的位置；并设置文本的背景颜色为浅蓝色、字体颜色为深蓝色。调整后的第 2 张幻灯片样张如图 13-34 所示。

图 13-34　第 2 张幻灯片样张

> **说明**
>
> 改变文本背景颜色的方法如下：选中文本占位符，再单击“格式/形状样式”组中的形状填充按钮，从弹出的列表中选择需要的颜色。
>
> 改变文本字体颜色的方法如下：选中文本占位符或选中文本，在“开始/字体”组中进行更改。

(9) 单击选择第 3 张幻灯片，在“标题”占位符中输入“公司管理理念:”；单击“插入/文本”

组中的按钮，从弹出的列表中选择“垂直文本框”，用鼠标画出一个方框，在方框中输入文本，并设置文本行距为 3.0；再插入一张图片。设置完成后的第 3 张幻灯片样张如图 13-35 所示。

说明

设置文本行距的方法如下：选中文本占位符或选中文本，再单击“开始/段落”组中的行距按钮，从弹出的列表中选择需要的行距。

插入图片的方法：单击“插入/插图”组中的按钮，在弹出的【插入图片】对话框中选择图片文件后，单击插入(S)按钮。

图 13-35　第 3 张幻灯片样张

(10) 按照设置第 3 张幻灯片的方法设置第 4～第 9 张幻灯片。设置完成后的幻灯片样张如图 13-36～图 13-41 所示。

图 13-36　第 4 张幻灯片样张

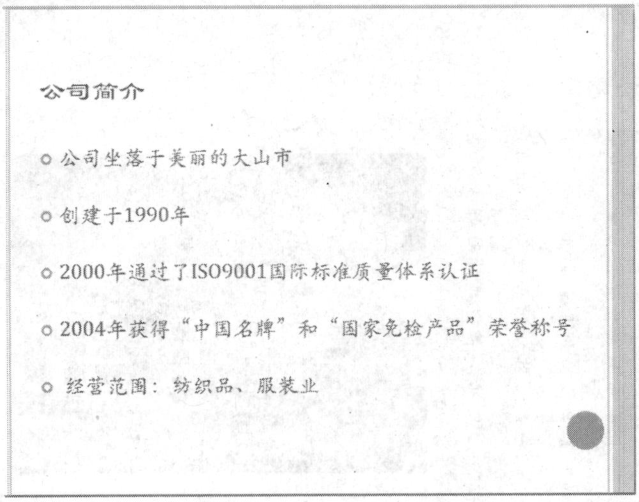
公司简介
公司坐落于美丽的大山市
创建于1990年
2000年通过了ISO9001国际标准质量体系认证
2004年获得“中国名牌”和“国家免检产品”荣誉称号
经营范围：纺织品、服装业

图 13-37　第 5 张幻灯片样张

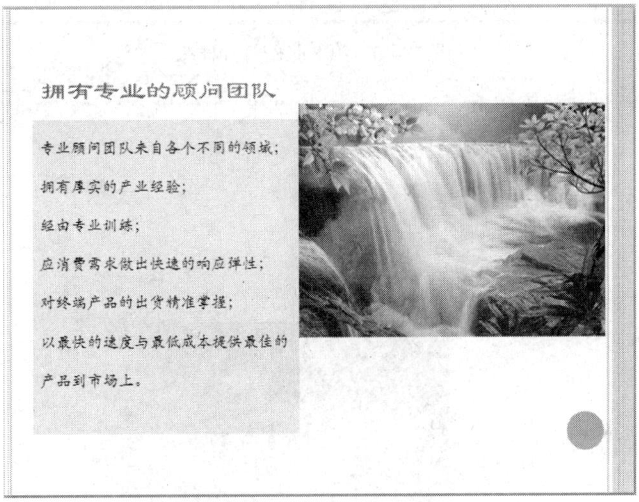
拥有专业的顾问团队
专业顾问团队来自各个不同的领域；
拥有厚实的产业经验；
经由专业训练；
应消费需求做出快速的响应弹性；
对终端产品的出货精准掌握；
以最快的速度与最低成本提供最佳的
产品到市场上。

图 13-38　第 6 张幻灯片样张

图 13-39　第 7 张幻灯片样张

图 13-40　第 8 张幻灯片样张

图 13-41　第 9 张幻灯片样张

(11) 在第 10 张幻灯片中添加影片文件。单击选择第 10 张幻灯片，单击“开发工具/控件”组中的其他控件按钮，在弹出的【其他控件】对话框中选择“Shockwave Flash Object”后，单击确定按钮，并用鼠标画出一个方框；选中方框，单击“开发工具/控件”组中的属性按钮，在弹出的【属性】对话框中，在“Movie”选项后面输入影片所在的位置“项目 13 素材\滴水波纹.swf”，之后关闭【属性】对话框。第 10 张幻灯片样张如图 13-42 所示。

(12) 在第 1 张幻灯片中添加声音，并作为演示文稿的背景音乐。单击选择第 1 张幻灯片，再单击“插入/媒体剪辑”组中的按钮，从弹出的列表中选择“文件中的声音”，在弹出的【插入声音】对话框中选择声音文件后，单击确定按钮，这时在幻灯片中出现一个图标；单击选择，单击“动画/动画”组中的自定义动画按钮，在“自定义动画”视窗中，单击刚才添加的声音文件右侧的▼按钮，从弹出的列表中选择“效果选项”，再从弹出的【播放声音】对话框中选择“停止播放”为在(E): 10 张幻灯片后，再单击确定按钮完成背景音乐的添加。完成后的第 1 张幻灯片样张如图 13-43 所示。

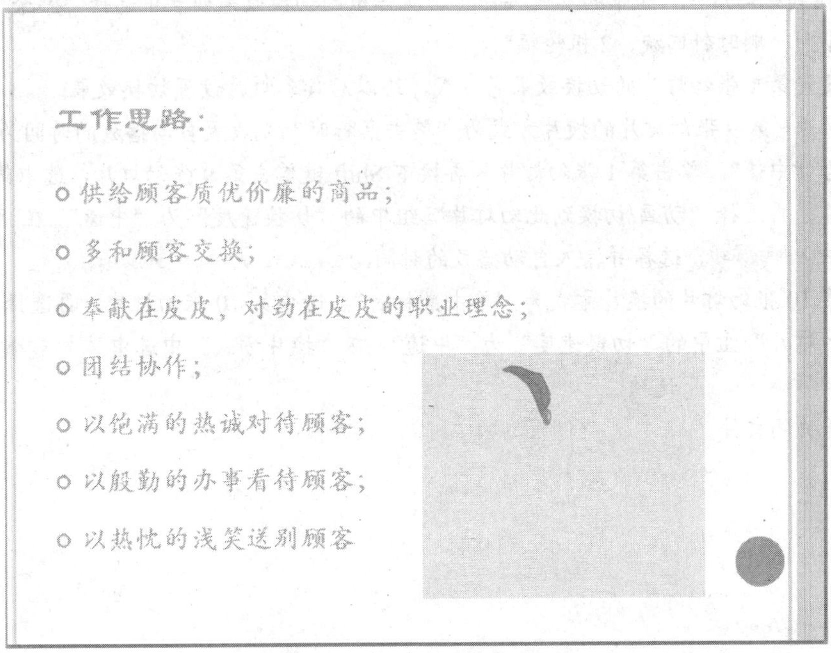

图 13-42　第 10 张幻灯片样张

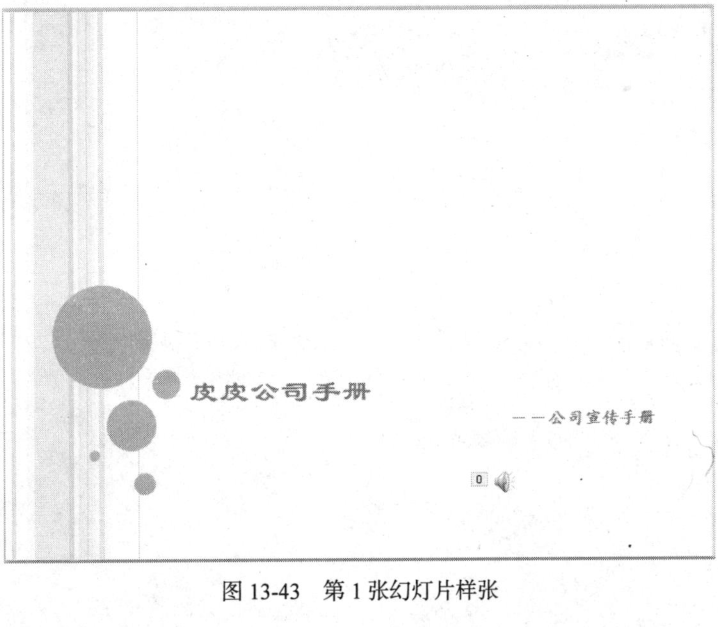

图 13-43　第 1 张幻灯片样张

(13) 设置第 1 张幻灯片的自定义动画。选中“标题”占位符，单击“动画/动画”组中的自定义动画按钮，在“自定义动画”视窗中，单击添加效果▾按钮，从弹出的列表中选择“进入/其他效果”，在弹出的【添加进入效果】对话框中选择“华丽型”组中的“螺旋飞入”后，单击确定按钮；按同样方法选中“副标题”占位符，设置不同的自定义动画。

(14) 按照设置第1张幻灯片中“标题”占位符的自定义动画的方式，给以后各幻灯片中的各个对象设置自定义动画。

(15) 设置第1张幻灯片的切换效果为“顺时针回旋，2根轮辐”。选中第1张幻灯片，再单击“动画/切换到此幻灯片”组中的其他按钮▾，从弹出的切换效果列表中选择“擦除”组中的第3行第1列“顺时针回旋，2根轮辐”。

(16) 参照设置第1张幻灯片的切换效果的方式，给以后各幻灯片设置切换效果。

(17) 设置第1～第9张幻灯片的换片方式为“单击鼠标时”或设置自动播放的时间为5秒，切换速度为“中速”。单击第1张幻灯片，再按下Shift键单击第9张幻灯片，选中第1～第9张幻灯片，再选择“动画/切换到此幻灯片”组中的“切换速度”为“中速”，在“换片方式”中选中☑单击鼠标时，选择并输入自动播放的时间☑在此之后自动设置动画效果: 00:05。

(18) 设置第10张幻灯片的换片方式为“单击鼠标时”。选中第10张幻灯片，再选择“动画/切换到此幻灯片”组中的“切换速度”为“中速”，在“换片方式”中选中☑单击鼠标时，取消勾选☐在此之后自动设置动画效果: 00:00选项。

(19) 保存并关闭文件。

项目十四

制作学校主页——Web演示文稿的制作

【项目背景】

PowerPoint 中可以通过应用内容提示向导制作演示文稿。在演示文稿中可以设置超链接，将其超链接到某张幻灯片，或是超链接到其他文档，或是超链接到某网页。设置完成的演示文稿可以存储成演示文稿，也可以另外存储为网页形式，以便以网页的形式打开演示文稿。

【项目分析】

Web 演示文稿的制作需要先制作演示文稿，之后将演示文稿另存为网页文件。网页文件可以在 Internet Explorer 中打开。

演示文稿根据内容提示向导制作：在演示文稿中添加文本和图片，并适当设置文本和图片的位置、大小和格式，使其布局合理；在演示文稿的最后一张幻灯片中设置超链接，使其超链接到第一张幻灯片；最后将演示文稿保存为.pptx 和. htm 两种文件类型。

本项目以制作学校主页为例说明如何根据内容提示向导创建演示文稿，如何设置超链接，如何将演示文稿保存为.pptx 和. htm 两种文件类型。

【解决方案】

本项目可以通过以下几个任务来完成。

- 任务一　应用内容提示向导
- 任务二　设置超链接

任务一　应用内容提示向导

选择系统已经安装的一种模板创建演示文稿。

【操作步骤】

(1) 启动 PowerPoint 2007，单击左上角的按钮，在弹出的菜单中选择“新建”，在弹出的【新建演示文稿】对话框中选择“已安装的模板”组中的“项目状态报告”，如图 14-1 所示。

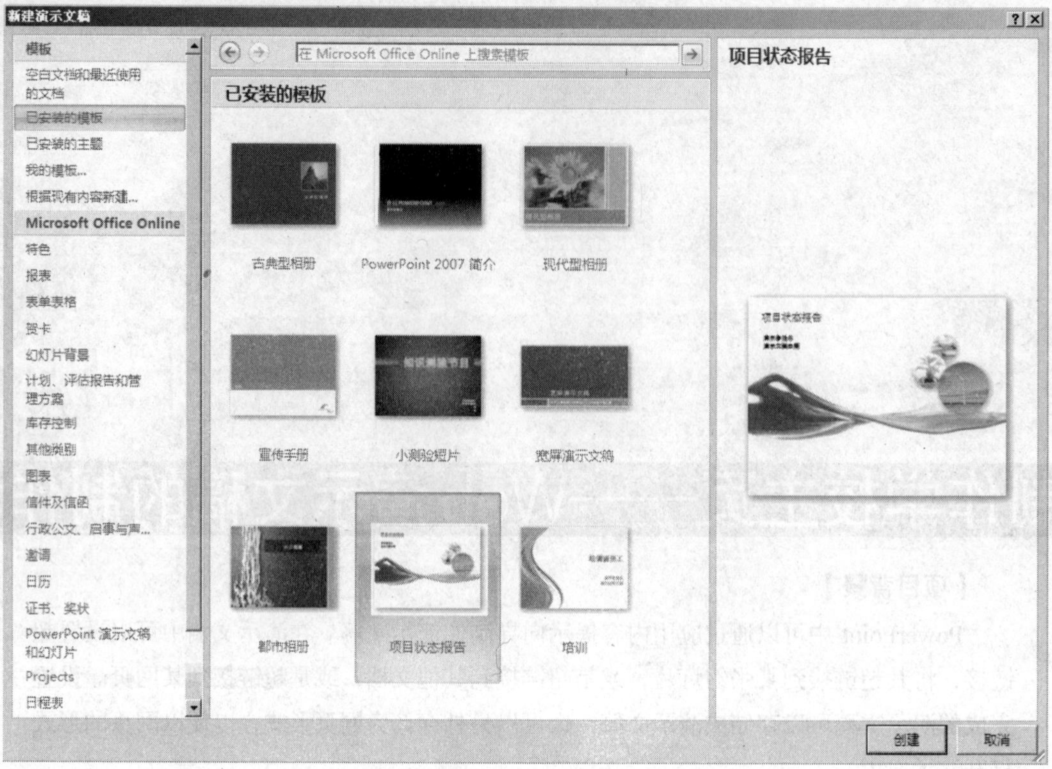

图 14-1 【新建演示文稿】对话框

(2) 单击 创建 按钮，就按内容提示向导创建了演示文稿。

(3) 单击“设计/主题”组中的 字体 按钮，从弹出的列表中选择“平衡 幼圆 宋体”。

(4) 选中第 1 张幻灯片，在“标题”占位符中输入“远方科技学校”，在“副标题”占位符中输入“莱莱 2012.12.16 ”，并设置字体颜色为绿色，字体分别为幼圆和宋体，字号分别为 40 和 26 磅，将“标题”占位符中的文字加粗，并适当调整 2 个占位符的位置。调整后的第 1 张幻灯片样张如图 14-2 所示。

图 14-2 “学校主页”第 1 张幻灯片样张

(5) 选中第2张幻灯片，在占位符中输入相应内容；在“开始/字体”组中设置“标题”占位符中的文本字体为幼圆、字号为40磅、加粗、字体颜色为蓝色，设置“内容”占位符中的文本字体为宋体、字号为16磅、字体颜色为蓝色；在“开始/段落”组中设置行距为3.0；再插入1张图片，并适当调整位置和大小。完成后的第2张幻灯片样张如图14-3所示。

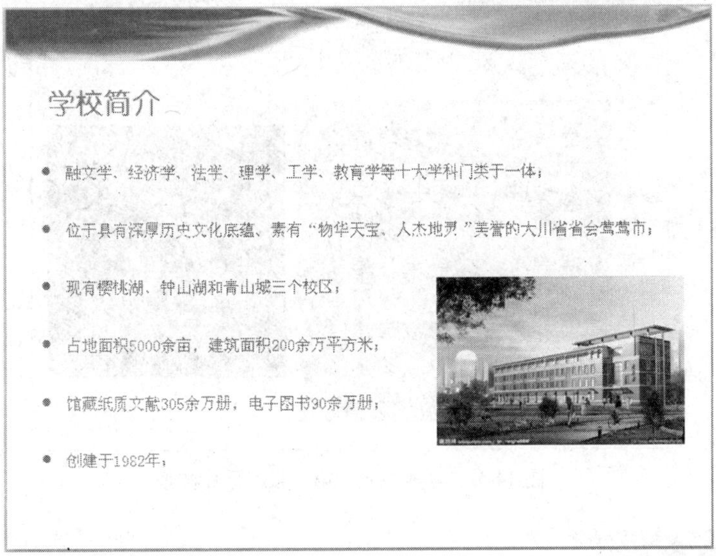

图14-3　“学校主页”第2张幻灯片样张

(6) 删除第3张及后面的所有幻灯片。选中第3张幻灯片后，连续多次按下Delete键，直到第3张及后面的所有幻灯片全部删除。

(7) 新建9张幻灯片。选中第2张幻灯片，连续多次按下Enter键，直到幻灯片的数量达到11张为止。

(8) 选中第3张幻灯片，调整“内容”占位符的大小，并复制一个“内容”占位符；在“标题”和2个“内容”占位符中输入相应文本内容；在“开始/字体”组中设置“标题”占位符中的文本字体为幼圆、字号为40磅、加粗、字体颜色为绿色，设置2个“内容”占位符中的文本字体为宋体、字号为27磅；在“开始/段落”组中设置行距为2.0；再选中2个“内容”占位符，单击“格式/形状样式”组中的 形状填充 按钮，从弹出的列表中选择绿色，来设置2个“内容”占位符的填充颜色为绿色；添加1张图片并适当调整位置和大小。调整后的第3张幻灯片样张如图14-4所示。

(9) 选中第4张幻灯片，在“标题”占位符中输入“管理机构”，并在“开始/字体”组中设置字体为幼圆、字号为40磅、加粗、字体颜色为红色。单击“内容”占位符中的“插入SmartArt”按钮，在弹出的【选择SmartArt图形】对话框中选择“层次结构”组中的“组织结构图”后，单击 确定 按钮。

(10) 删除第2行的文本框及第3行的第2个和第3个文本框，只保留原来第1行和第3行各1个文本框，如图14-5所示。

(11) 在第1行的文本框中输入“党群部门”；在第2行的文本框中输入“纪委监察处 ”；选中第1行文本框，在“开始/字体”组中设置字体为宋体、字号为32磅、字体颜色为白色，再单击“格式/形状样式”组中的 形状填充 按钮，从弹出的列表中选择绿色，来设置填充颜色为绿色；

选中第2行文本框，在“开始/字体”组中设置字体为宋体、字号为20磅、字体颜色为白色，再单击“格式/形状样式”组中的形状填充按钮，从弹出的列表中选择绿色，来设置填充颜色为绿色；适当调整文本框的大小和位置，调整后的结果如图14-6所示。

图14-4 “学校主页”第3张幻灯片样张

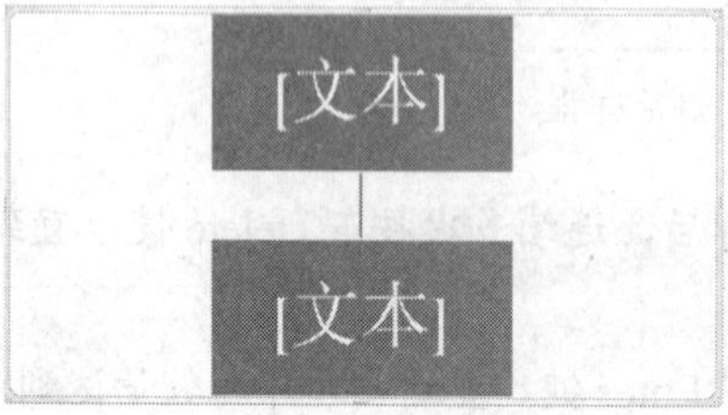

图14-5 文本框调整

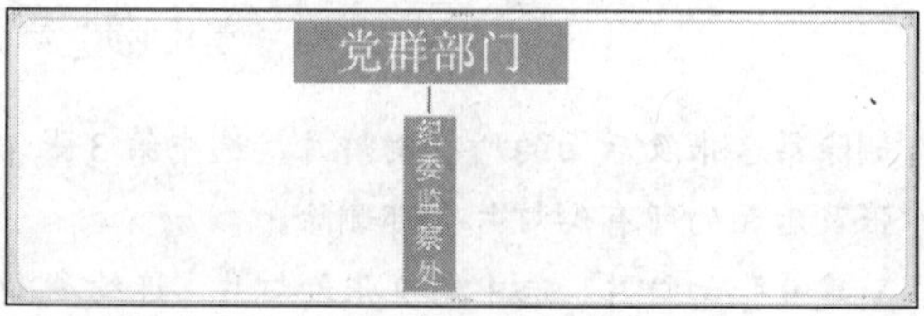

图14-6 设置文本框格式

(12) 选中第2行第1个文本框，按下Ctrl+C组合键，再按下Ctrl+V组合键7次，复制7个文本框，在7个文本框中输入相应内容，并适当调整，调整后的结果如图14-7所示。

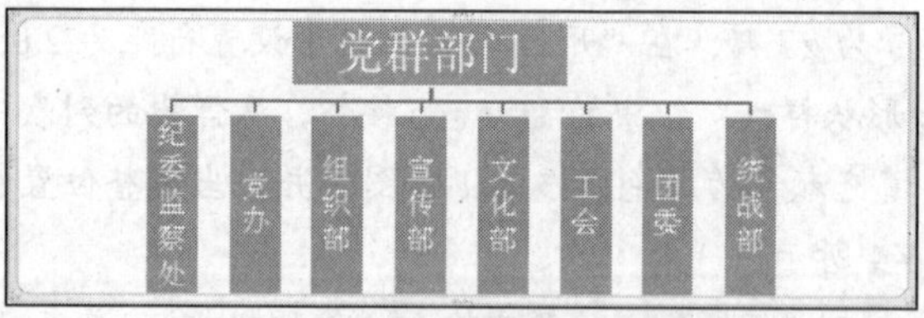

图14-7 “党群部门”组织结构图

(13) 选择“党群部门”组织结构图，按下Ctrl+C组合键，再按下Ctrl+V组合键进行复制，适当调整位置，在第2个组织结构图中输入相应内容，并设置文本框的填充颜色为蓝色。调整后的第4张幻灯片样张如图14-8所示。

(14) 选中第5张幻灯片，在占位符中输入相应内容；在“开始/字体”组中设置“标题”占位符中的文本字体为幼圆、字号为40磅、加粗、字体颜色为紫色，设置“内容”占位符中的文本字体为宋体、字号为24磅、字体颜色为紫色；在“段落”组中设置行距为1.5；再单击“格式/形状样式”组中的形状填充按钮，从弹出的列表中选择绿色，来设置“内容”占位符的填充颜色为淡蓝色；最后插入 1 张图片，并适当调整位置和大小。完成后的第 5 张幻灯片样张如图 14-9 所示。

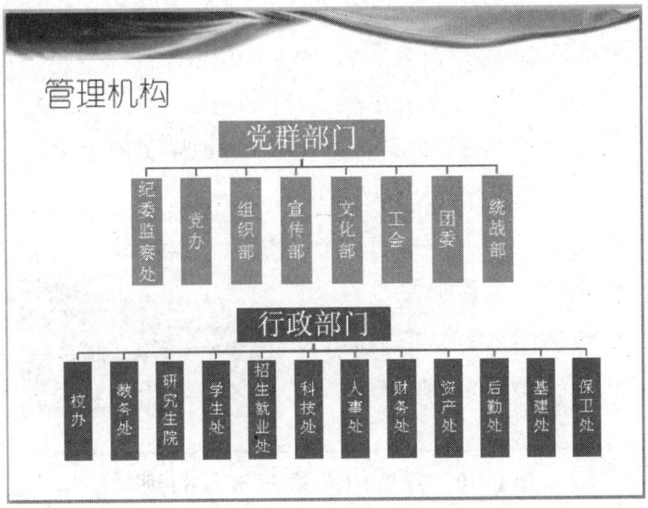

图 14-8 “学校主页”第 4 张幻灯片样张

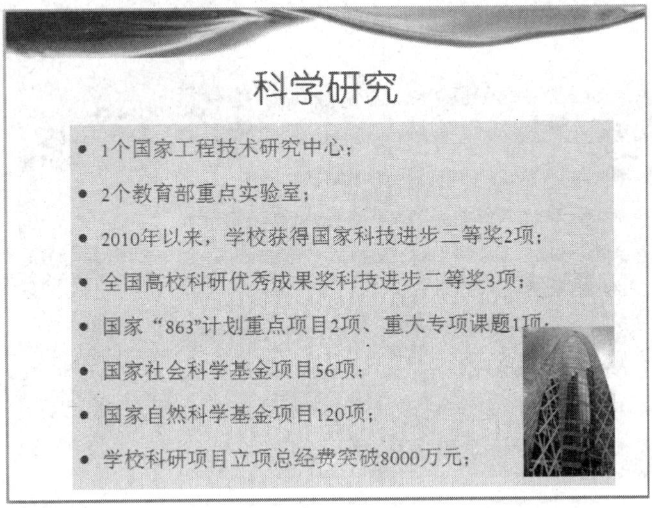

图 14-9 “学校主页”第 5 张幻灯片样张

(15) 选中第 6 张幻灯片，在占位符中输入相应内容；在“开始/字体”组中设置“标题”占位符中的文本字体为幼圆、字号为 40 磅、加粗、字体颜色为蓝色，设置“内容”占位符中的文本字体为宋体、字号为 24 磅、字体颜色为蓝色；在“段落”组中设置行距为 1.5；再插入 1 张图片，并适当调整位置和大小。完成后的第 6 张幻灯片样张如图 14-10 所示。

(16) 选中第 7 张幻灯片，在占位符中输入相应文本内容；在“开始/字体”组中设置“标题”占位符中的文本字体为幼圆、字号为 40 磅、加粗、字体颜色为绿色，设置“内容”占位符中的文本字体为宋体、字号为 15 磅；在“段落”组中设置行距为 2.0；再选中“内容”占位符，单击“格式/形状样式”组中的 形状填充 按钮，从弹出的列表中选择绿色，来设置“内容”占位符的填充颜色为绿色；添加 1 张图片并适当调整位置和大小。调整后的第 7 张幻灯片样张如图 14-11 所示。

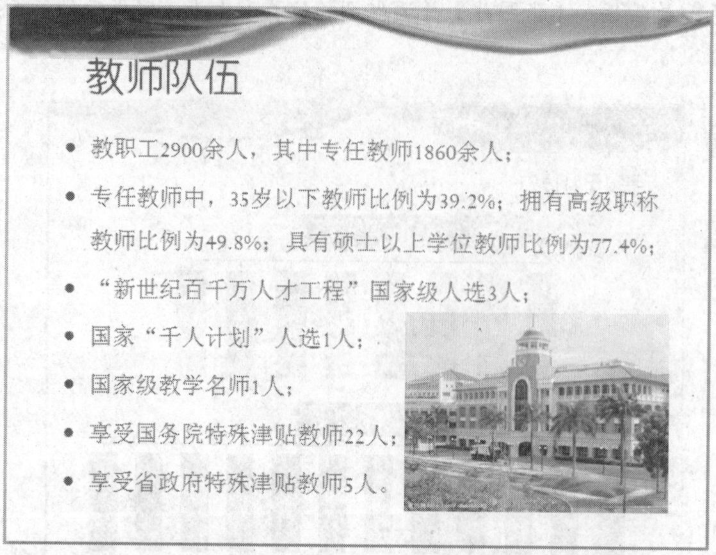

图 14-10 “学校主页”第 6 张幻灯片样张

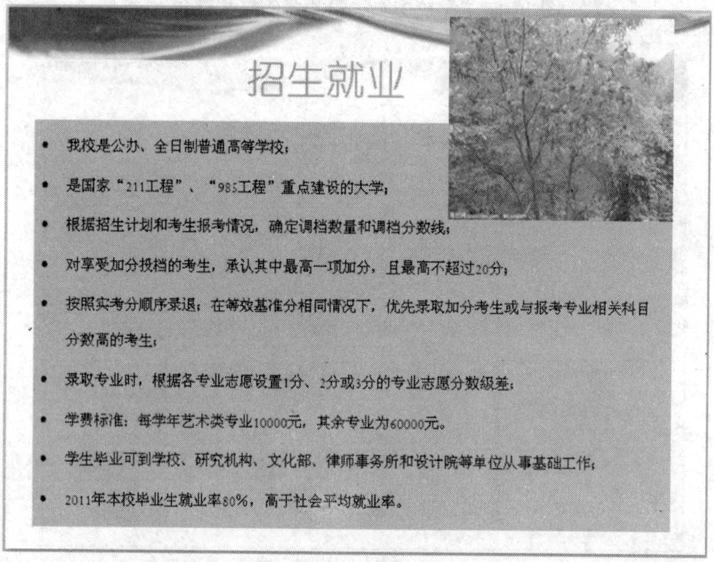

图 14-11 “学校主页”第 7 张幻灯片样张

(17) 选中第 8 张幻灯片，在占位符中输入相应文本内容；在“开始/字体”组中设置“标题”占位符中的文本字体为幼圆、字号为 40 磅、加粗、字体颜色为蓝色，设置“文本”占位符中的文本字体为宋体、字号为 17 磅、字体颜色为蓝色；在“段落”组中设置行距为 2.5；再选中“内容”占位符，单击“格式/形状样式”组中的 形状填充 按钮，从弹出的列表中选择绿色，来设置“内容”占位符的填充颜色为黄色；添加 1 张图片并适当调整位置和大小。调整后的第 8 张幻灯片样张如图 14-12 所示。

(18) 选中第 9 张幻灯片，在占位符中输入相应文本内容；在“开始/字体”组中设置“标题”占位符中的文本字体为幼圆、字号为 40 磅、加粗、字体颜色为黑色，设置“内容”占位符中的文本字体为宋体、字号为 18 磅、字体颜色为黑色；在“段落”组中设置行距为 2.0；再选中“内容”占位符，单击“格式/形状样式”组中的 形状填充 按钮，从弹出的列表中选择蓝色，来设置“内容”占位符的填充颜色为蓝色；添加1张图片并适当调整位置和大小。调整后的第9张幻灯片样张如图14-13所示。

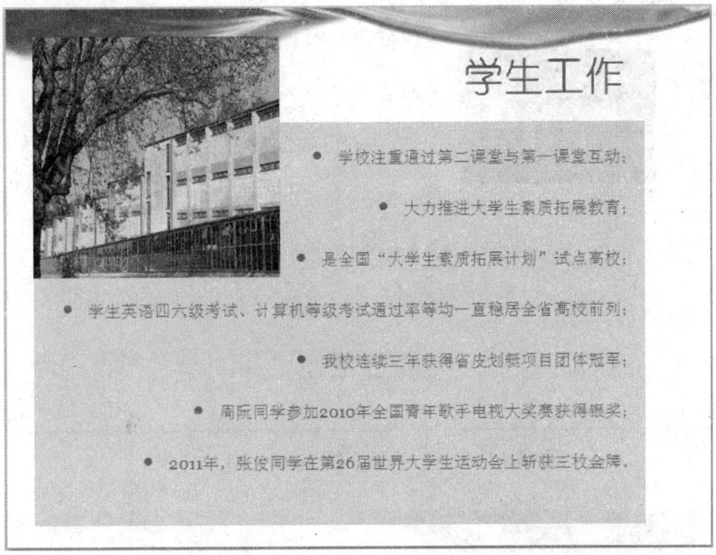

图14-12　“学校主页”第8张幻灯片样张

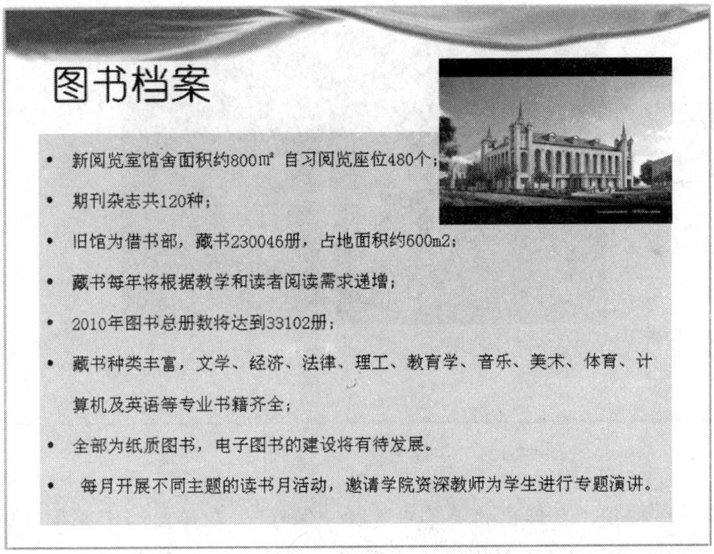

图14-13　“学校主页”第9张幻灯片样张

(19) 选中第10张幻灯片，在占位符中输入相应文本内容；在“开始/字体”组中设置“标题”占位符中的文本字体为幼圆、字号为40磅、加粗、字体颜色为紫色，设置“内容”占位符中的文本字体为宋体、字号为19磅、字体颜色为紫色；在“段落”组中设置行距为2.5；添加1张图片并适当调整位置和大小。调整后的第10张幻灯片样张如图14-14所示。

(20) 选中第11张幻灯片，在占位符中输入相应文本内容；在“开始/字体”组中设置“标题”占位符中的文本字体为幼圆、字号为40磅、加粗、字体颜色为蓝色；添加1张图片并适当调整位置和大小。调整后的第11张幻灯片样张如图14-15所示。

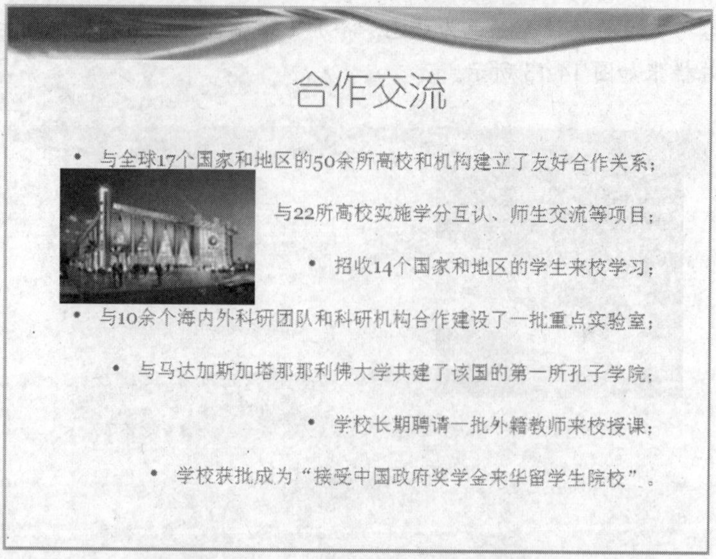

图 14-14 “学校主页”第 10 张幻灯片样张

图 14-15 “学校主页”第 11 张幻灯片样张

(21) 保存文件。单击按钮，在弹出的菜单中选择“保存”，在弹出的【另存为】对话框中设置文件的路径，文件名为“14-1（制作学校主页）”，设置文件类型为“.pptx”，单击 保存(S) 按钮。

任务二 设置超链接

在幻灯片中可以设置超链接，将幻灯片中的对象超链接到网址、文件、电子信箱或幻灯片中。

【操作步骤】

(1) 选中第 1 张幻灯片，选中“标题”占位符，右击，从快捷菜单中选择“超链接”，弹出【插入超链接】对话框。

(2) 在【插入超链接】对话框中，在左边的框中选择“本文档中的位置”，在右边的框中选择第 1

张幻灯片，如图 14-16 所示。单击 确定 按钮。

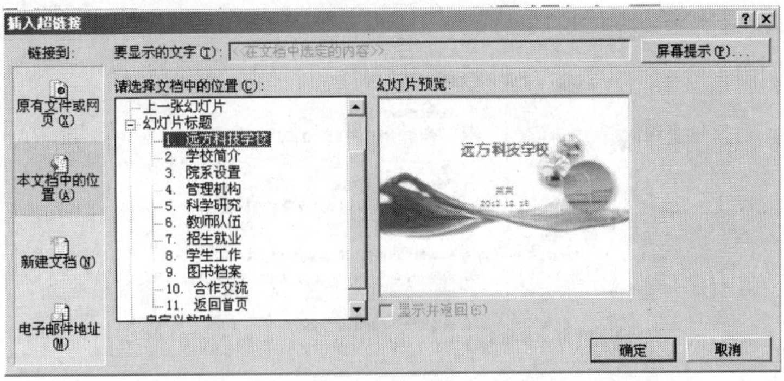

图 14-16　【插入超链接】对话框

(3) 选中插入的图片，单击鼠标右键，从快捷菜单中选择“超链接”，在弹出的【插入超链接】对话框中，在左边的框中选择“在本文档中的位置”，在右边的框中选择第 1 张幻灯片后，单击 确定 按钮。

(4) 完成后的第 11 张幻灯片样张如图 14-17 所示。

图 14-17　插入超链接后的“学校主页”第 11 张幻灯片样张

(5) 保存文件。单击按钮，在弹出的菜单中选择“保存”。

(6) 关闭文件。单击按钮，将演示文稿关闭。

项目升级　演示文稿转换 HTML

演示文稿除了可以保存为.pptx 的形式外，也可以保存为其他文件类型，如保存为网页形式.htm，这样就可以将演示文稿以网页的方式打开。

【操作步骤】

(1) 打开文件“14-1（制作学校主页）.pptx”。

(2) 单击按钮，在弹出的列表中选择“另存为”/“其他格式”，如图 14-18 所示。

图 14-18 “另存为”/“其他格式”选项

(3) 此时，系统弹出【另存为】对话框。

(4) 在【另存为】对话框中，设置文件的路径，文件名为“14-2（制作学校主页）”，文件类型为“.htm”，如图 14-19 所示。

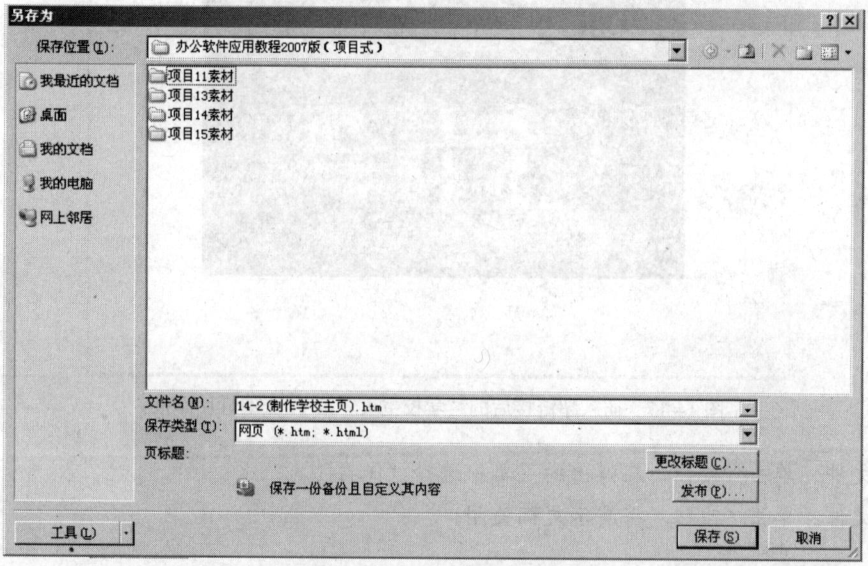

图 14-19 【另存为】对话框

(5) 单击按钮。等待一会儿，查看文件所在文件夹时会发现文件夹中多了一个文件“14-2（制作学校主页）.htm”和一个文件夹“14-2（制作学校主页）.files”。

(6) 关闭文件“14-2（制作学校主页）.htm”。

(7) 双击文件“14-2（制作学校主页）.htm”，弹出【打开方式】 对话框。

(8) 在【打开方式】对话框中，选择程序文件“Internet Explorer”，如图 14-20 所示。

(9) 单击 确定 按钮。系统弹出限制网页运行提示，如图 14-21 所示。

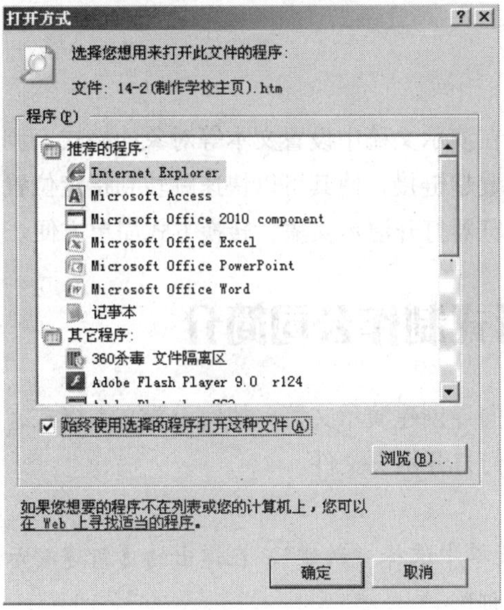

图 14-20 【打开方式】对话框

图 14-21 限制网页运行提示

(10) 单击安全保护提示，在弹出的菜单中选择“允许阻止的内容”，如图 14-22 所示。

(11) 这时，系统弹出【安全警告】对话框。在该对话框中，单击 是(Y) 按钮，如图 14-23 所示。

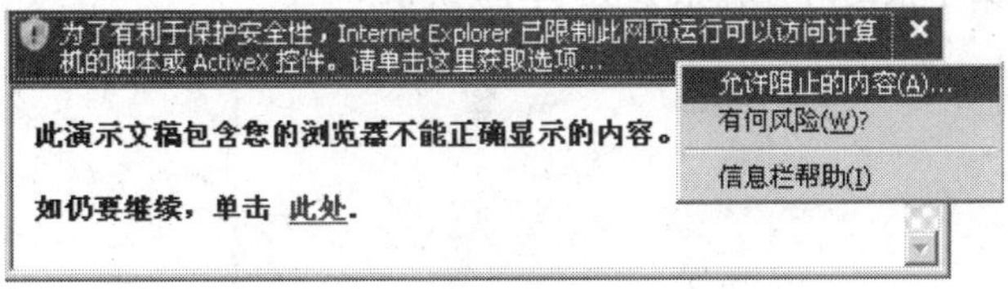

图 14-22 选择“允许阻止的内容”

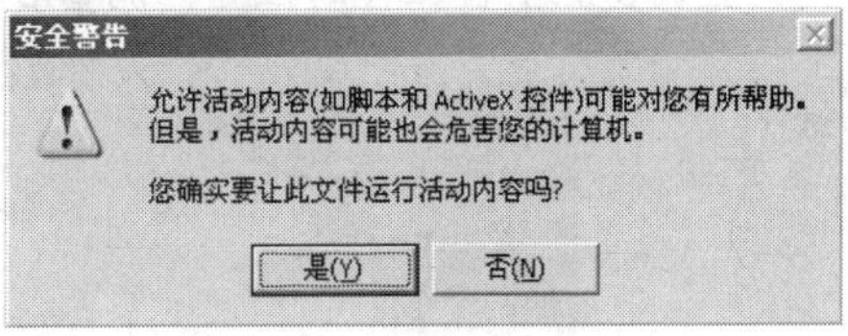

图 14-23 【安全警告】对话框

(12) 这时，系统就以网页的形式打开了文件“14-2（制作学校主页）.htm”，结果如图 14-24 所示。

图 14-24 打开网页文件“14-2（制作学校主页）.htm”

(13) 单击左边的选项，就会在右边显示相应内容。

项目小结

用户可以根据内容提示向导制作演示文稿；可以在演示文稿中设置文本等对象的格式，调整各个对象的大小和位置；也可以给幻灯片中的对象设置超链接，使其可以快速跳转到指定位置；还可以将演示文稿存储为网页形式，以便使用网页浏览器打开演示文稿，转换方式简单方便。

课后练习　以Web演示文稿形式制作公司简介

本节以制作公司简介为例说明如何应用内容提示向导创建演示文稿，如何设置文本格式，如何设置超链接，如何将演示文稿存储为网页文件，如何打开网页文件。

【操作步骤】

(1) 启动PowerPoint 2007，单击按钮，在弹出的菜单中选择“新建”，在弹出的【新建演示文稿】对话框中选择“已安装的模板”组中的“培训”。

(2) 单击 创建 按钮，就按内容提示向导创建了演示文稿。

(3) 选中第1张幻灯片，在“标题”占位符中输入“慧慧公司简介”，在“副标题”占位符中输入“甜妞 2012.12.16 ”，并设置字号分别为44磅和24磅，将“标题”中的文字加粗，并适当调整2个占位符的位置。调整后的第1张幻灯片样张如图14-25所示。

图14-25　“公司简介”第1张幻灯片样张

(4) 选中第2张幻灯片，在“标题”和“内容”占位符中分别输入文本；设置字体大小分别为44磅和18磅，将“标题”占位符中的文字加粗；并设置“标题”和“内容”占位符中的文本字体颜色为紫色；“内容”占位符中的文本填充颜色为淡蓝色，行距为2.5；插入1张图片，并适当调整占位符的位置。调整后的第 2 张幻灯片样张如图 14-26 所示。

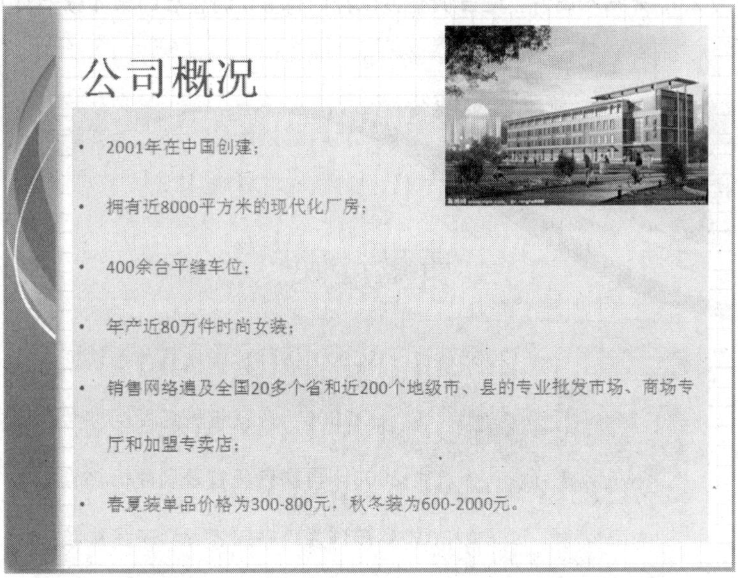

图 14-26　“公司简介”第 2 张幻灯片样张

(5) 复制第 2 张幻灯片。选中第 2 张幻灯片，按下 Ctrl+C 组合键，再按下 Ctrl+V 组合键，这样就在第 2 张幻灯片后面复制了幻灯片。

(6) 选中第 3 张幻灯片，在“标题”和“内容”占位符中分别输入文本；设置字号分别为 44 磅和 20 磅，将“标题”中的文字加粗；并设置标题字体颜色为绿色、内容字体颜色为蓝色，内容行距为 2.0；更换图片，并适当调整占位符的位置。调整后的第 3 张幻灯片样张如图 14-27 所示。

图 14-27　“公司简介”第 3 张幻灯片样张

(7) 保留第 10 张幻灯片，除此之外，删除第 4 张以后的所有幻灯片。

(8) 选中第 4 张幻灯片，在“标题”占位符中输入文本“质量过硬”，并设置字体颜色为深红色；

插入一个横排文本框，并输入文本，设置文本字体颜色为黑色，填充颜色为淡黄色，字号为 24 磅，行距为 2.0；并插入图片，适当调整占位符的位置。调整后的第 4 张幻灯片样张如图 14-28 所示。

图 14-28 “公司简介”第 4 张幻灯片样张

(9) 复制 6 张幻灯片。选中第 4 张幻灯片，按下 Ctrl+C 组合键，再连续 6 次按下 Ctrl+V 组合键，复制 6 张幻灯片。

(10) 选中第 5 张幻灯片，在“标题”和“内容”占位符中分别输入文本；设置字号分别为 44 磅和 24 磅，将“标题”中的文字加粗；并设置标题和内容字体颜色为紫色，内容行距为 2.5；更换图片，并适当调整占位符的位置。调整后的第 5 张幻灯片样张如图 14-29 所示。

图 14-29 “公司简介”第 5 张幻灯片样张

(11) 选中第 6 张幻灯片，在“标题”和“内容”占位符中分别输入文本；设置字号分别为 44 磅和 20 磅，将“标题”中的文字加粗；并设置标题字体颜色为蓝色，内容字体颜色为黑色，内容行距为 2.5；更换图片，并适当调整占位符的位置。调整后的第 6 张幻灯片样张如图 14-30 所示。

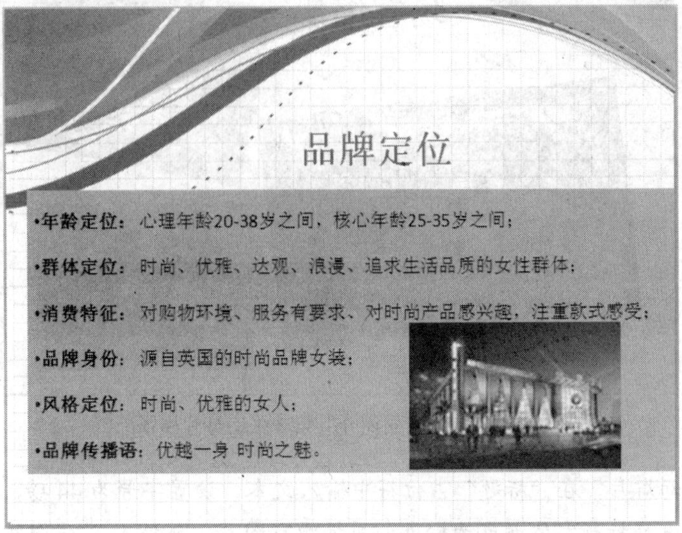

图 14-30　“公司简介”第 6 张幻灯片样张

(12) 选中第 7 张幻灯片，在“标题”和“内容”占位符中分别输入文本；设置字号分别为 44 磅和 24 磅，将“标题”中的文字加粗；并设置标题字体颜色为绿色，内容字体颜色为黑色，内容的填充颜色为浅绿色，内容行距为 2.0；更换图片，并适当调整占位符的位置。调整后的第 7 张幻灯片样张如图 14-31 所示。

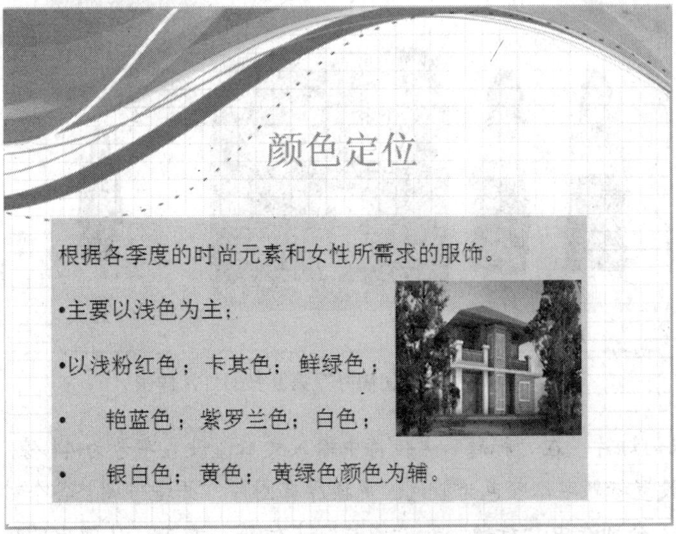

图 14-31　“公司简介”第 7 张幻灯片样张

(13) 选中第 8 张幻灯片，在“标题”占位符中输入文本，设置字号为 44 磅，将“标题”中的文字加粗；并设置标题字体颜色为深绿色；更换原有图片，新插入 2 张图片，并适当调整各个对象的位置和大小。调整后的第 8 张幻灯片样张如图 14-32 所示。

图 14-32 “公司简介”第 8 张幻灯片样张

(14) 选中第 9 张幻灯片，在“标题”占位符中输入文本，设置字号为 44 磅，将“标题”中的文字加粗；并设置标题字体颜色为橙色；更换原有图片，新插入 3 张图片，并适当调整各个对象的位置和大小。调整后的第 9 张幻灯片样张如图 14-33 所示。

图 14-33 “公司简介”第 9 张幻灯片样张

(15) 选中第 10 张幻灯片，在“标题”占位符中输入文本，设置字号为 44 磅，将“标题”中的文字加粗；并设置标题字体颜色为蓝色；更换原有图片，并适当调整各个对象的位置和大小。

(16) 插入超链接。分别选中“标题”和“图片”占位符，右击，从弹出的快捷菜单中选择“超链接”，在弹出的【插入超链接】对话框中，选择“本文档中的位置”组中的第 1 张幻灯片，之后按下 确定 按钮。设置超链接后的第 10 张幻灯片样张如图 14-34 所示。

(17) 保存演示文稿。单击按钮，在弹出的菜单中选择“保存”，在弹出的【另存为】对话框中设置文件保存位置，输入文件名“14-3（制作公司简介）”，选择文件类型为“.pptx”，单击保存(S)按钮。

图 14-34 “公司简介”第 10 张幻灯片样张

(18) 将演示文稿另存为网页文件。单击按钮，在弹出的列表中选择“另存为”为“其他格式”。此时，系统弹出【另存为】对话框。在弹出的【另存为】对话框中设置文件的路径，文件名为“14-4（制作公司简介）”，文件类型为“.htm”。单击保存(S)按钮。等待一会儿，查看文件所在文件夹时会发现文件夹中多了一个文件“14-4（制作公司简介）.htm”和一个文件夹“14-4（制作公司简介）.files”。

(19) 关闭文件“14-4（制作公司简介）.htm”。

(20) 双击文件“14-4（制作公司简介）.htm”，弹出【打开方式】对话框。在【打开方式】对话框中，选择程序文件“Internet Explorer”，单击确定按钮。系统弹出限制网页运行提示。单击安全保护提示，在弹出的菜单中选择“允许阻止的内容”。这时，系统弹出【安全警告】对话框。在该对话框中，单击是(Y)按钮。这时，系统就以网页的形式打开了文件“14-4（制作公司简介）.htm”。结果如图 14-35 所示。

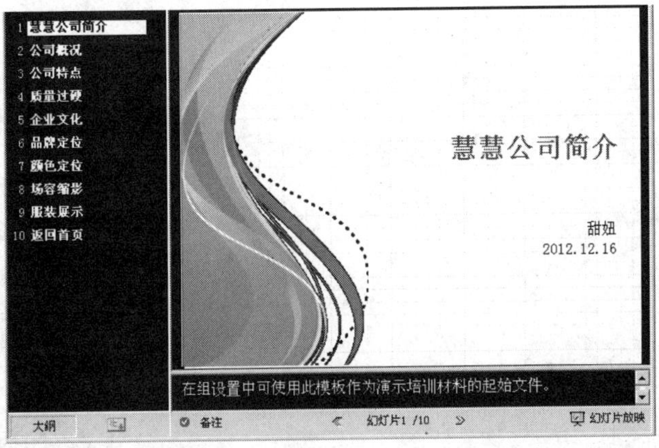

图 14-35 以网页的形式打开“14-4（制作公司简介）.htm”

(21) 单击左边的选项，就会在右边显示相应内容。

综合篇

三合一完美集合

本篇介绍 Office 2007 中三大组件的综合应用，主要介绍将 Excel 表格链接到或嵌入 Word 文档的方法，以及将 Word 文档和 Excel 表格链接到或嵌入 PowerPoint 的方法。本篇包括以下项目。

项目十五　制作招生简章——Office 2007 综合应用

项目十五

制作招生简章——Office 2007 综合应用

【项目背景】

Office 2007 套件中各个应用软件之间都存在着互动的关系，在各个应用程序之间可以相互传递信息，共享数据资源，还可以为应用程序创建其他程序的对象，可以采用链接和嵌入技术，操作灵活，功能强大。

【项目分析】

在综合应用 Office 时，将数据表格和图表在 Excel 中制作，将文本内容在 Word 中制作，将二者结合在一起，可以通过在 Word 中嵌入和链接 Excel 表格及图表来实现；也可以将 Word 中的文本和 Excel 中的数据表格及图表嵌入和链接到 PowerPoint 中，达到三者的完美结合。

本项目以制作招生简章为例说明如何制作 Excel 表格和图表，如何制作 Word 文档，如何将 Excel 表格和图表嵌入和链接到 Word 文档中，如何在 Word 中制作表格和图表，如何将 Word 文档和 Excel 表格及图表嵌入和链接到 PowerPoint 中。

【解决方案】

本项目可以通过以下几个任务来完成。

- 任务一 创建 Excel 2007 表格
- 任务二 创建 Word 2007 文档
- 任务三 在 Word 2007 文档中嵌入和链接 Excel 2007 表格

任务一 创建 Excel 2007 表格

本任务首先来创建两个 Excel 表格，然后在 Excel 中创建一个图表。

【例 15-1】 创建 Excel 2007 表格“15-1（培训项目介绍）.xlsx”。

【操作步骤】

(1) 启动 Excel 2007，系统自动新建一个空白工作簿“Book1”。

(2) 在单元格 A1 中输入标题“培训项目介绍”；选定单元格区域 A1:E1，单击“开始/对齐方式”组中的合并后居中按钮；在“开始/字体”组中设置标题的字体为宋体，字号为 20 磅；右击行标签“1”，在弹出的快捷菜单中选择“行高”，在弹出的【行高】对话框中，输入行高为“20”，单击确定按钮。

(3) 在单元格区域 A2:E6 中输入如图 15-1 所示的内容；在“开始/字体”组中设置单元格区域 A2:E6 的字体为宋体，字号为 10.5 磅；设置第 2 行行高为 27，第 3 行至第 6 行行高为 80；在单元格 D3 中输入“理论 + 上机”时，先输入“理论 +”，在按 Alt + Enter 组合键之后，再输入“上机”。

	A	B	C	D	E
1	培训项目介绍				
2	培训科目	培训内容	培训课时	授课形式	上课地点
3	二级VF	数据库系统与VF基础知识 、数据库基本操作、结构化查询语言SQL、VF程序设计、设计器和项目管理器使用等	130	理论+上机	实验楼301
4	二级VB	VB基本概念、集成开发环境、可视化编程方法、基本输入输出、常用控件功能及使用、VB控制结构语句等。	140	理论+上机	实验楼303
5	二级C	基本数据结构与算法、 程序设计基础 、软件工程基础、数据库设计基础、C语言基本概念、结构、数据类型、基本语句、数组、函数、指针及文件应用。	150	理论+上机	实验楼305
6	二级Access	数据结构基础、程序技术基础、软件工程基础、数据库技术基础、Access基本操作(表、查询、窗体、报表、WEB页、宏、模块)及其综合应用与开发、SQL基本语法与命令的使用、VB简单程序设计。	120	理论+上机	实验楼307

图 15-1　培训项目介绍

(4) 将鼠标放在列标签 A 和列标签 B 之间的位置，当鼠标指针变成↔时，左右拖动鼠标适当调整列宽；按同样方法适当调整其余各列列宽。

(5) 设置单元格区域 A2:A6、B2:E2 和 C2:E6 中的文字水平和垂直方向均居中；设置单元格区域 B3:B6 中的文字水平方向向左对齐、垂直方向居中。设置对齐方式的方法为：选中相应的单元格区域，在“开始/对齐方式”组中进行设置。完成后的样文如图 15-1 所示。

(6) 单击按钮，在弹出的菜单中选择【保存】命令，在弹出的【另存为】对话框中以“15-1（培训项目介绍）.xlsx”为名保存文件。

(7) 单击窗口右上角的关闭按钮 x，关闭 Excel 文件。

【例 15-2】　创建 Excel 2007 表格“15-2（收费标准）.xlsx”，并在 Excel 中创建一个图表。

【操作步骤】

(1) 启动 Excel 2007，系统自动新建一个空白工作簿“Book1”。

(2) 在单元格 A1 中输入标题“收费标准”；选定单元格区域 A1:C1，单击“开始/对齐方式”组中的合并后居中按钮；在“开始/字体”组中设置标题的字体为宋体，字号为 20 磅。

(3) 在单元格区域 A2:C6 中输入如图 15-2 所示的内容；在“开始/字体”组中设置单元格区域的字体为宋体，字号为 12 磅。

(4) 选中 A～C 列，再将鼠标放在选中列的任一列标签的右侧，当鼠标指针变成↔时，左右拖动鼠标适当调整 A～C 列的列宽。

(5) 将鼠标移到第 1 行与第 2 行的行标签之间，当鼠标指针变成↕时，上下拖动鼠标适当调整第 1 行的行高。

	A	B	C
1	收费标准		
2	项目	配套教材费(元)	培训费(元)
3	二级VF	35.8	370
4	二级VB	35.8	380
5	二级C	39.8	390
6	二级Access	35.8	360

图 15-2　收费标准

(6)　选中第 2～第 6 行，再将鼠标放在选中行的任一行标签的下方，当鼠标指针变成↕时，上下拖动鼠标适当调整第 2～第 6 行的行高。

(7)　选中单元格区域 A2:C6，单击“插入/图表”组中的按钮，从弹出的列表中单击选择“三维柱形图”中的“三维簇状柱形图”，这时生成的图表如图 15-3 所示。

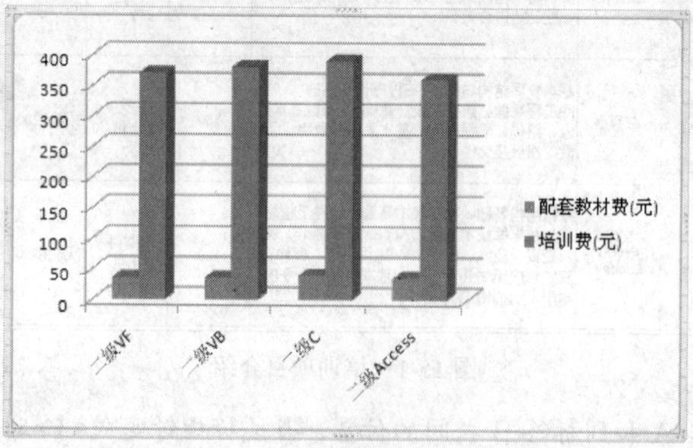

图 15-3　三维簇状柱形图原图

(8)　单击“布局/标签”组中的按钮，给图表添加图表标题“收费标准图”；单击按钮，给图表添加横向标题和纵向标题，并适当调整各部分的大小和位置，结果如图 15-4 所示。

(9)　单击左上角的按钮，在弹出的菜单中选择“保存”命令，在弹出的【另存为】对话框中以“15-2（收费标准）.xlsx”为名保存文件。

(10) 单击窗口右上角的按钮，关闭 Excel 文件。

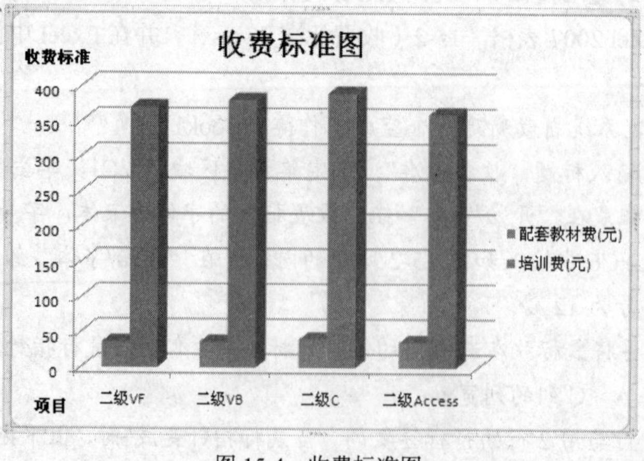

图 15-4　收费标准图

任务二　创建 Word 2007 文档

本任务在 Word 2007 中创建一个文档“15-3（制作招生简章）（1 版）.docx”。

【操作步骤】

(1) 启动 Word 2007，系统自动新建一个空白文档“文档 1”。

(2) 在文档中输入相应的内容，如图 15-5 和图 15-6 所示。

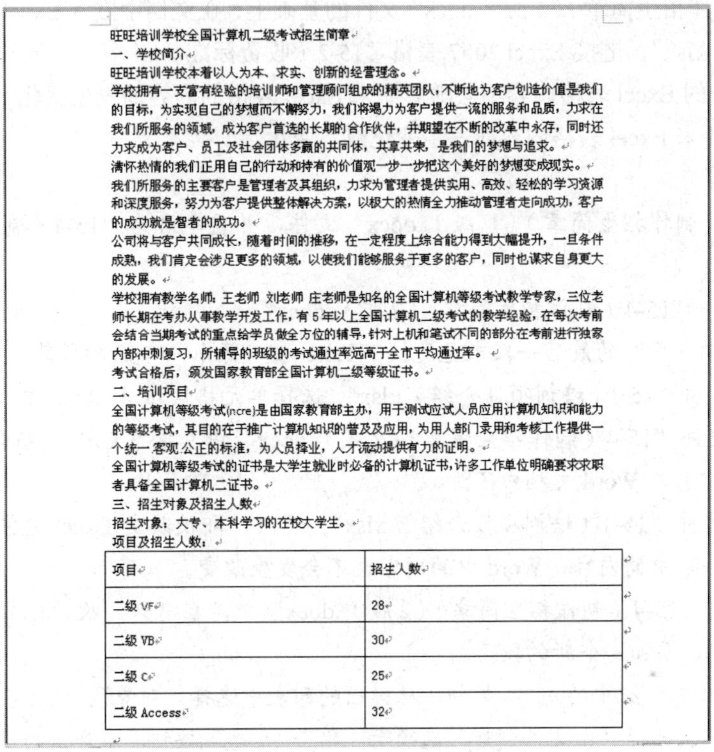

旺旺培训学校全国计算机二级考试招生简章
一、学校简介
旺旺培训学校本着以人为本、求实、创新的经营理念。
学校拥有一支富有经验的培训师和管理顾问组成的精英团队，不断地为客户创造价值是我们的目标，为实现自己的梦想而不懈努力，我们将竭力为客户提供一流的服务和品质，力求在我们所服务的领域，成为客户首选的长期的合作伙伴，并期望在不断的改革中永存，同时还力求成为客户、员工及社会团体多赢的共同体，共享共荣，是我们的梦想与追求。
满怀热情的我们正用自己的行动和持有的价值观一步一步把这个美好的梦想变成现实。
我们所服务的主要客户是管理者及其组织，力求为管理者提供实用、高效、轻松的学习资源和深度服务，努力为客户提供整体解决方案，以极大的热情全力推动管理者走向成功，客户的成功就是智者的成功。
公司将与客户共同成长，随着时间的推移，在一定程度上综合能力得到大幅提升，一旦条件成熟，我们肯定会涉足更多的领域，以使我们能够服务于更多的客户，同时也谋求自身更大的发展。
学校拥有教学名师：王老师 刘老师 庄老师是知名的全国计算机等级考试教学专家，三位老师长期在考办从事教学开发工作，有 5 年以上全国计算机二级考试的教学经验，在每次考前会结合当期考试的重点给学员做全方位的辅导，针对上机和笔试不同的部分在考前进行独家内部冲刺复习，所辅导的班级的考试通过率远高于全市平均通过率。
考试合格后，颁发国家教育部全国计算机二级等级证书。
二、培训项目
全国计算机等级考试(ncre)是由国家教育部主办，用于测试应试人员应用计算机知识和能力的等级考试，其目的在于推广计算机知识的普及及应用，为用人部门录用和考核工作提供一个统一 客观 公正的标准，为人员择业，人才流动提供有力的证明。
全国计算机等级考试的证书是大学生就业时必备的计算机证书，许多工作单位明确要求求职者具备全国计算机二证书。
三、招生对象及招生人数
招生对象：大专、本科学习的在校大学生。
项目及招生人数：

项目	招生人数
二级 VF	28
二级 VB	30
二级 C	25
二级 Access	32

图 15-5　“招生简章”第 1 页文本

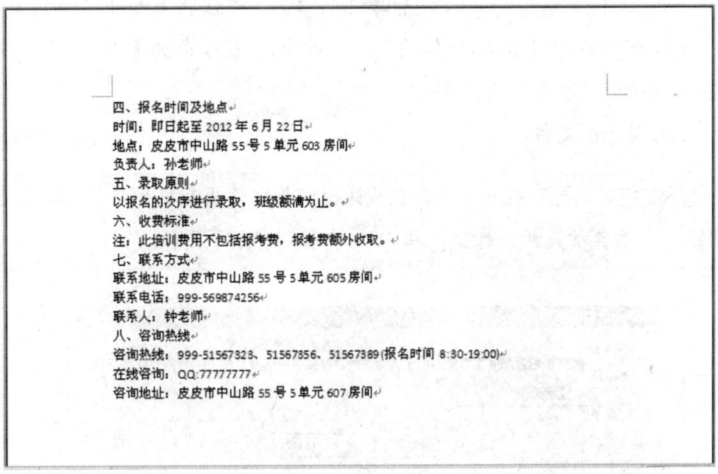

四、报名时间及地点
时间：即日起至 2012 年 6 月 22 日
地点：皮皮市中山路 55 号 5 单元 603 房间
负责人：孙老师
五、录取原则
以报名的次序进行录取，班级额满为止。
六、收费标准
注：此培训费用不包括报考费，报考费额外收取。
七、联系方式
联系地址：皮皮市中山路 55 号 5 单元 605 房间
联系电话：999-569874256
联系人：钟老师
八、咨询热线
咨询热线：999-51567323、51567356、51567389(报名时间 8:30-19:00)
在线咨询：QQ:77777777
咨询地址：皮皮市中山路 55 号 5 单元 607 房间

图 15-6　“招生简章”第 2 页文本

(3) 单击左上角的按钮，在弹出的菜单中选择“保存”，在弹出的【另存为】对话框中以“15-3（制作招生简章）（1版）.docx”为名保存文件。

(4) 单击窗口右上角的关闭按钮，关闭 Word 文件。

任务三 在 Word 2007 文档中嵌入和链接 Excel 2007 表格

在“15-3（制作招生简章）（1版）.docx”文件的基础上，在文档中嵌入 Excel 2007 表格“15-1（培训项目介绍）.xlsx”，链接 Excel 2007 表格“15-2（收费标准）.xlsx”。

嵌入 Word 中的 Excel 表格内容不会随着原来 Excel 表格的内容而发生变化，链接则根据用户的需要选择随着原来 Excel 表格内容而发生变化或不变化。

【操作步骤】

(1) 复制“15-3（制作招生简章）（1版）.docx”文件，并重命名为“15-4（制作招生简章）（2版）.docx”。

(2) 双击打开文件“15-4（制作招生简章）（2版）.docx”。

(3) 在“二、培训项目”的最后一段末尾处按下 Enter 键，添加一个新的段落。

(4) 打开 Excel 文件“15-1（培训项目介绍）.xlsx”，选择单元格区域 A1:E6，按下 Ctrl+C 组合键。

(5) 回到 Word 文件“15-4（制作招生简章）（2版）.docx”中，按下 Ctrl+V 组合键，就将 Excel 中的表格内容嵌入 Word 文档中了。

(6) 关闭 Excel 文件“15-1（培训项目介绍）.xlsx”。这时，即使改变 Excel 文件“15-1（培训项目介绍）.xlsx”中的内容，Word 中的内容也不会发生改变。

(7) 在 Word 文件“15-4（制作招生简章）（2版）.docx”中，在“六、收费标准”所在段落后面按下 Enter 键，添加一个新的段落。

(8) 单击“插入/文本”组中的 对象 按钮，从弹出的列表中选择“对象”，这时在弹出的【对象】对话框中，单击选择“由文件创建”选项卡，单击 浏览(B)... 按钮，在弹出的【浏览】对话框中选择 Excel 文件“15-2（收费标准）.xlsx”，单击 插入(S) 按钮返回【对象】对话框中，在【对象】对话框中单击复选框 链接到文件(K)，之后单击 确定 按钮将 Excel 文件链接到 Word 文档中。

(9) 单击按钮，在弹出的菜单中选择“保存”，在弹出的【另存为】对话框中以“15-4（制作招生简章）（2版）.docx”为名保存文件。

(10) 单击按钮，关闭 Word 文件。

说明 当文件使用链接时，再次打开文件，系统弹出链接文件更新提示信息，如图 15-7 所示。选择 是(Y) 按钮，表示自动更新；选择 否(N) 按钮，表示不更新。

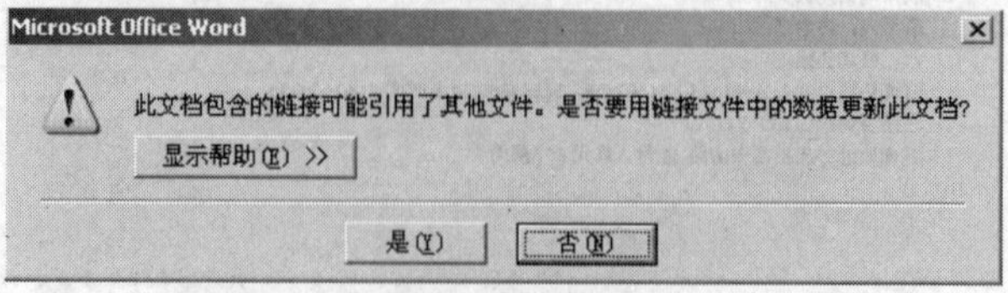

图 15-7 链接文件数据更新提示框

项目升级 在 Word 2007 文档中链接图表及文档美化

可以在“15-4（制作招生简章）(2 版）.docx”文件的基础上，使用 Word 文档中的数据创建图表，并对图表进行格式化；也可以将 Excel 表格中创建的图表链接到 Word 文档中，同时可以对 Word 文档进行美化；还可以将 Word 文档和 Excel 表格中的文本、表格和图表应用到 PowerPoint 中。

操作一 建立图表

【操作步骤】

(1) 复制“15-4(制作招生简章)(2 版).docx”文件，并重命名为“15-5(制作招生简章)(3 版).docx”。

(2) 双击打开文件“15-5（制作招生简章）(3 版）.docx”。

(3) 单击“插入/插图”组中的按钮，在弹出的【插入图表】对话框中选择“折线图”，单击 确定 按钮，这时系统弹出【Microsoft Office Word 中的图表- Microsoft Excel】对话框。

(4) 在【Microsoft Office Word 中的图表-Microsoft Excel】对话框中，单击左上角的按钮，在弹出的菜单中选择“打开”，这时弹出【打开】对话框。

(5) 在【打开】对话框中，选择文件“15-1（培训项目介绍）.xlsx”，单击 打开(O) 按钮。

(6) 单击“设计/数据”组中的按钮，这时弹出【选择数据源】对话框。

(7) 在【选择数据源】对话框中，单击“图表数据区域”框中的折叠按钮，选择文件“15-1（培训项目介绍）.xlsx”中的单元格区域 A2:A6 和 C2:C6，之后单击 确定 按钮。完成后的图表如图 15-8 所示。

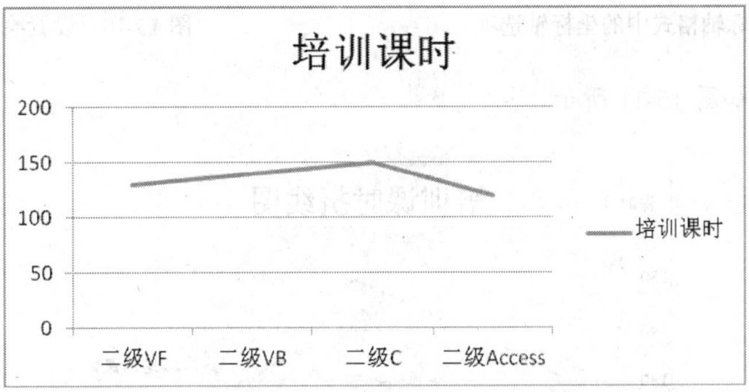

图 15-8 “培训课时”折线图

(8) 关闭文件“15-5（制作招生简章）(3 版）.xlsx”。

(9) 关闭【Microsoft Office Word 中的图表-Microsoft Excel】对话框。

操作二 图表的格式化

【操作步骤】

(1) 选中图表标题，将图表标题更改为“培训课时折线图”。

(2) 单击“布局/标签”组中的按钮，给图表添加横向标题“项目”和纵向标题“课时”，并适当调整各部分的大小和位置。

(3) 单击“格式/当前所选内容”组中的第一个下拉列表框，从列表框中单击选择垂直(值)轴，再单击设置所选内容格式，这时弹出【设置坐标轴格式】对话框。

(4) 在【设置坐标轴格式】对话框中，设置“坐标轴选项”组中的参数，如图 15-9 所示。

(5) 单击“格式/当前所选内容”组中的第一个下拉列表框，从列表框中选择绘图区，再选择设置所选内容格式，这时弹出【设置绘图区格式】对话框。

(6) 在【设置绘图区格式】对话框中，设置“填充”为“纯色填充”，颜色为黄色，如图 15-10 所示。

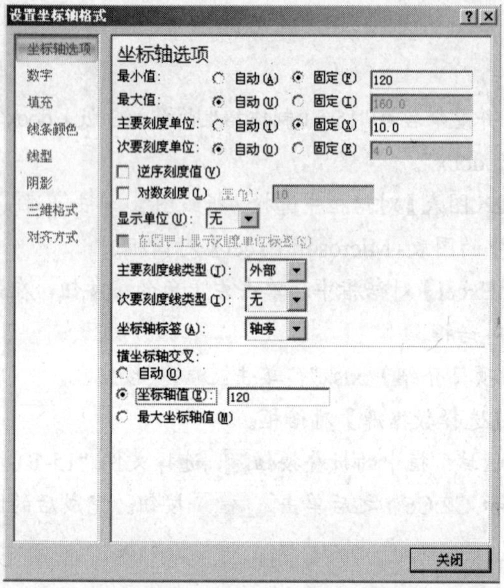

图 15-9 设置坐标轴格式中的坐标轴选项

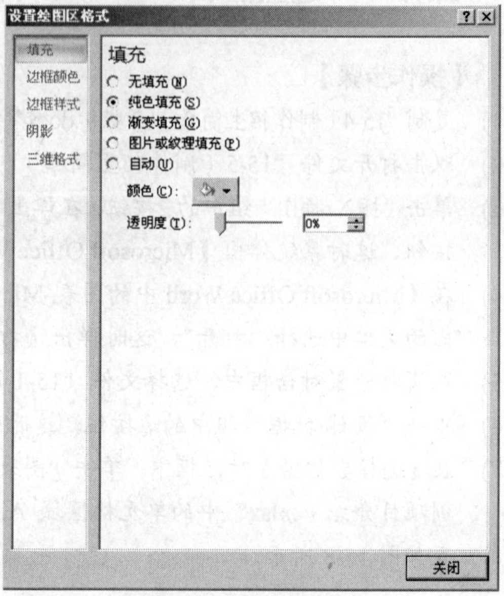

图 15-10 设置绘图区格式

(7) 完成后的图表如图 15-11 所示。

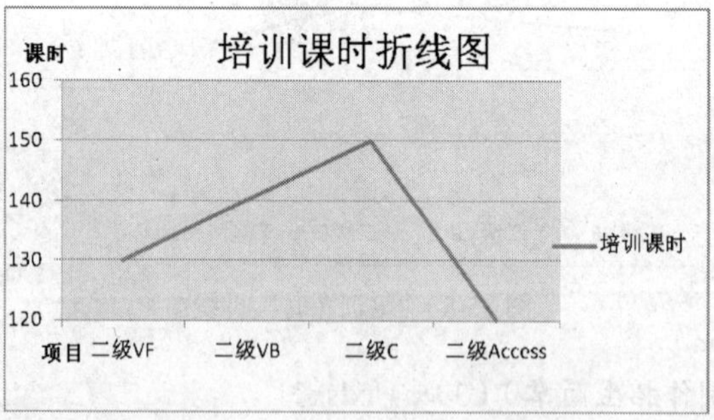

图 15-11 格式化后的折线图

操作三　链接图表

将 Excel 中的图表链接到 Word 文档中。

【操作步骤】

(1) 打开 Excel 文件“15-2（收费标准）.xlsx”。

(2) 选中图表后按 Ctrl+C 组合键进行复制。

(3) 回到 Word 文档中，在“收费标准”表格后面按下 Enter 键添加一个新的段落。

(4) 单击“开始/剪贴板”组中的按钮，从弹出的列表中选择“选择性粘贴”，这时弹出【选择性粘贴】对话框。

(5) 在【选择性粘贴】对话框中选择粘贴方式为“粘贴链接”，形式为“Microsoft Office Excel 图表 对象”，如图 15-12 所示。

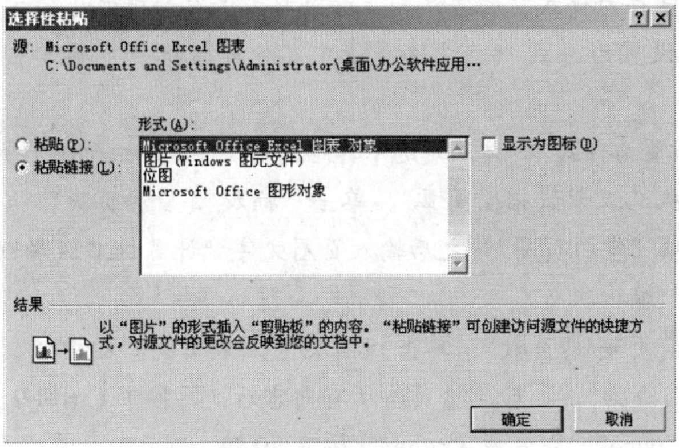

图 15-12 【选择性粘贴】对话框

(6) 单击 确定 按钮，就将 Excel 表格中的图表链接到 Word 文档中了。

操作四　文档的美化

本节对 Word 文档中的文本进行适当的设置，来美化文档。

【操作步骤】

(1) 复制“15-5（制作招生简章）(3 版).docx”文件，并重命名为“15-6（制作招生简章）.docx”。

(2) 双击打开文件“15-6（制作招生简章）.docx”。

(3) 设置文件标题字体为楷体，字号为小二，对齐方式为水平居中，段前、段后间距各 1 行。

(4) 设置第一个段落标题格式：字体为黑体，字号为四号，对齐方式为两端对齐，段前、段后间距都是 0.5 行；并将该格式保存为样式 1。

设置段落标题格式的方式：选中第一个段落标题“一、学校简介”，在“开始/字体”组中设置字体和字号；再单击“段落”组中的按钮，这时系统弹出【段落】对话框，在该对话框中选择“缩进和间距”选项卡中的“间距”组，在“段前”和“段后”框中都输入“1 行”后，单击 确定 按钮完成段落标题的格式设置。

将设置好的格式保存为样式 1 的方法：单击“开始/样式”组中的样式库中的其他按钮，从弹出的列表中选择“将所选内容保存为新快速样式”，此时系统弹出【根据格式设置创建新样式】对话框，如图 15-13 所示。单击 确定 按钮，这时在样式库中就添加了“样式 1”。

图 15-13 【根据格式设置创建新样式】对话框

(5) 设置第一段正文格式：字体为宋体，字号为小四，首行缩进 2 字符，段前、段后间距都是 0.5

行，段落行距为1.5倍；并将调好的格式存储为样式2。

设置第一段正文格式的方式：选中第一段正文“旺旺培训学校本着以人为本、求实、创新的经营理念。”，在“开始/字体”组中设置字体和字号。再单击“段落”组中的按钮，这时系统弹出【段落】对话框。在该对话框中，选择“缩进”组中的“特殊格式”为“首行缩进”、“磅值”为“2字符”；选择“缩进和间距”选项卡中的“间距”组，在“段前”和“段后”框中都输入“0.5行”后，单击 确定 按钮完成段落正文的格式设置。

将设置好的格式保存为样式2的方法与上面将格式保存为样式1的方法类同。

(6) 将段落标题全部设置为样式1。方法是选中其他段落标题，再单击“开始/样式”组中的“样式1”。

(7) 将其他正文全部设置为样式2。方法是选中其他正文，再单击“开始/样式”组中的“样式2”。

(8) 添加页眉“计算机二级考试招生简章”。单击“插入/页眉和页脚”组中的按钮，从弹出的列表中选择第一项“空白页眉”，之后输入页眉文字“计算机二级考试招生简章”。双击正文区，退出“页眉”编辑状态。

(9) 添加页脚为“当前页码/总页数”。单击“插入/页眉和页脚”组中的按钮，从弹出的列表中选择第一项“空白页脚”，之后删除页脚所有内容后，再按下Ctrl+F9组合键，出现{}，在出现的{}中输入“page”，即变成{page}，按下F9键，则系统生成了当前页码；再输入“/”；接着按Ctrl+F9组合键，这时出现{}，在{}内输入“numpages”，即变成{numpages}，之后再次按F9键，系统又生成总页数。双击正文区，退出“页脚”编辑状态。

(10) 单击按钮，保存文件。单击按钮，关闭Word文件。

操作五　Word与Excel在PowerPoint中的应用

【操作步骤】

(1) 启动PowerPoint 2007，系统自动新建一个空白演示文稿“演示文稿1”，单击保存按钮，在弹出的【另存为】对话框中，以“15-7（制作招生简章）.pptx”为名保存文件。

(2) 单击“设计/主题”组中的其他主题按钮，从弹出的列表中选择第1行第10列“行云流水”；单击 颜色 按钮，选择颜色列表中的“穿越”；单击 字体 按钮，从字体列表中选择“行云流水 华文楷体 华文楷体”。

(3) 设置第1张幻灯片版式为“标题幻灯片”。选中第1张幻灯片，单击“开始/幻灯片”组中的 版式 按钮，从弹出的列表中选择“标题幻灯片”。

(4) 将“15-6（制作招生简章）.docx”文件中的文字“全国计算机二级考试招生简章”粘贴到演示文稿的标题占位符中；在副标题中输入相应内容。完成后的第1张幻灯片样张如图15-14所示。

图15-14　第1张幻灯片样张

(5) 在左边“幻灯片”视窗中，选中第1张幻灯片，连续6次按下Enter键添加6张幻灯片。

(6) 设置第 2 张幻灯片版式为“标题和内容”。选中第 2 张幻灯片，单击“开始/幻灯片”组中的 版式 按钮，从弹出的列表中选择“标题和内容”。

(7) 将 Word 文件“15-6（制作招生简章）.docx”中的部分内容粘贴到第 2 张幻灯片中。选中“标题”占位符，在“开始/字体”组中设置字体颜色为绿色；选中“内容”占位符，在“开始/字体”组中设置字号为 32 磅，字体颜色为黑色；在“段落”组中单击行距按钮，设置行距为 2.0；单击“格式/形状样式”组中的 形状轮廓 按钮，从弹出的列表中选择绿色来设置“内容”占位符的背景颜色；单击“插入/插图”组中的按钮，从弹出的【插入图片】对话框中选择一张图片后，单击 插入(S) 按钮插入 1 张图片；选中图片拖动鼠标适当调整图片的位置和大小。调整后的第 2 张幻灯片样张如图 15-15 所示。

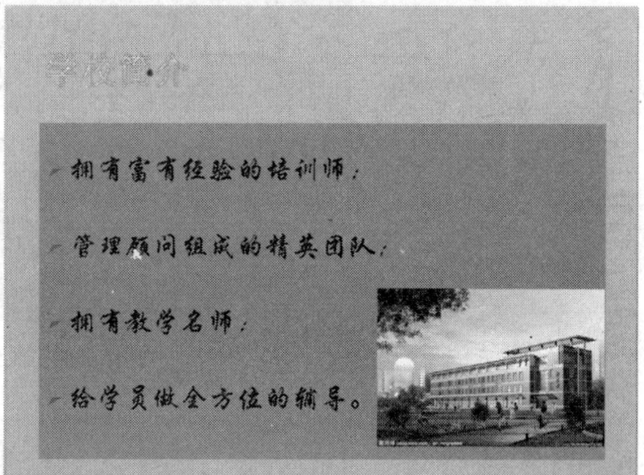

图 15-15　第 2 张幻灯片样张

(8) 按以上方法适当设置其他幻灯片的版式、内容和格式等。完成后的第 3～第 7 张幻灯片样张如图 15-16～图 15-20 所示。

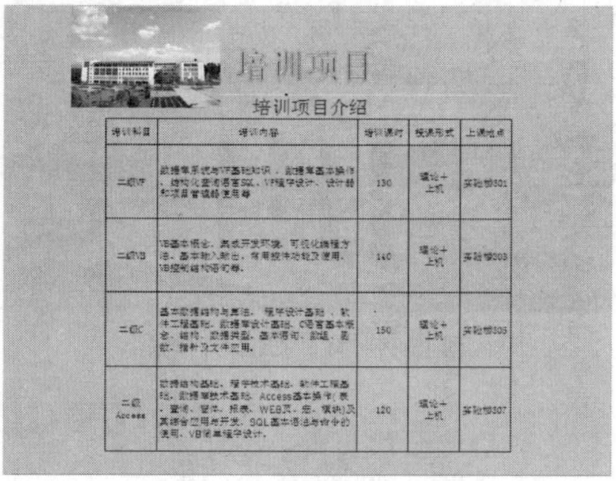

图 15-16　第 3 张幻灯片样张

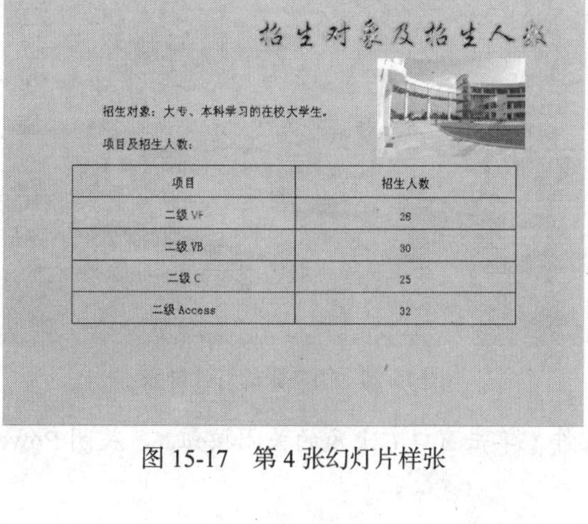

图 15-17　第 4 张幻灯片样张

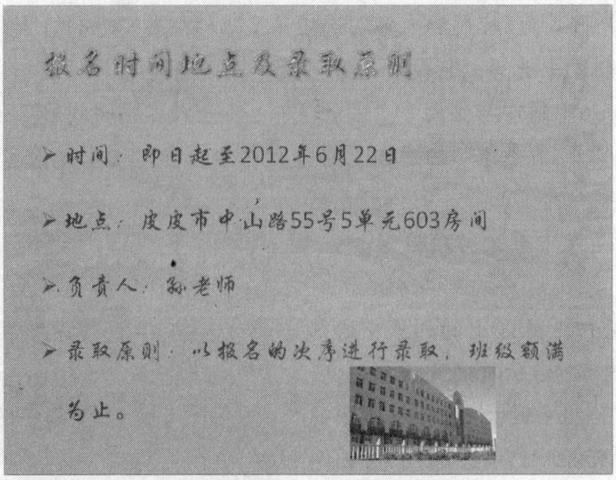

图 15-18　第 5 张幻灯片样张

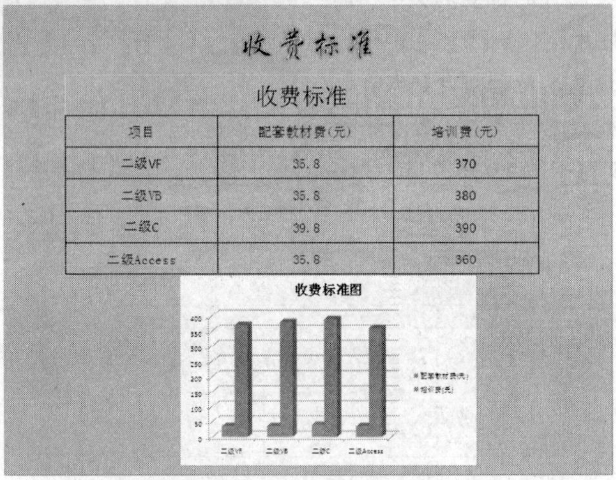

收费标准

项目	配套教材费(元)	培训费(元)
二级VF	35.8	370
二级VB	35.8	380
二级C	39.8	390
二级Access	35.8	360

图 15-19　第 6 张幻灯片样张

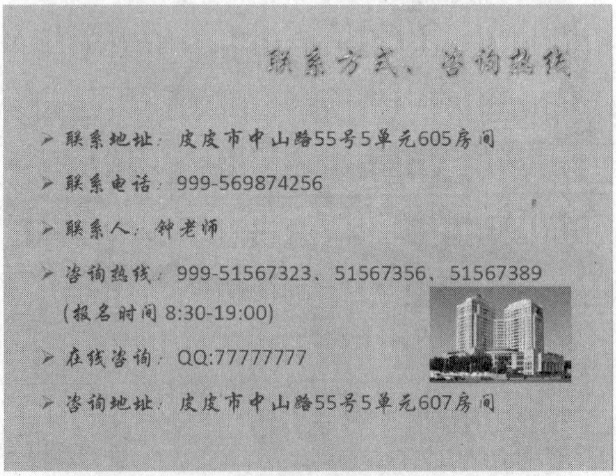

图 15-20　第 7 张幻灯片样张

(9)　单击▣按钮，保存文件。单击窗口右上角的关闭按钮✕，关闭 PowerPoint 文件。

项目小结

Office 2007 家族中的 3 个应用程序 Word、Excel 和 PowerPoint，可以独立使用来创建 Word 文档、Excel 表格和 PowerPoint 演示文稿，也可以相互之间进行嵌入和链接，还可以进行复制和粘贴，共享数据的方式简单、灵活、方便。

课后练习　制作单位工作简报

本节以制作单位工作简报为例说明如何制作 Excel 文件和图表，如何制作 Word 文档，如何将 Excel 表格嵌入和链接到 Word 文档中，如何在 Word 中使用 Excel 表格中的数据创建图表，如何美化 Word 文档。

【操作步骤】

(1) 制作 Excel 表格和图表。

① 启动 Excel 2007，系统自动新建一个空白工作簿“Book1”。

② 单击按钮，在弹出的菜单中选择“保存”，在弹出的【另存为】对话框中以“15-8（2012 年上半年净利润对照表）.xlsx”为名保存文件。

③ 在工作表中输入内容，如图 15-21 所示。选中单元格区域 A1:D1，单击“开始/对齐方式”组中的合并后居中按钮，将标题合并居中，在“字体”组中设置字号为 16 磅；在“字体”组中设置其他单元格字号为 12 磅，在“对齐方式”组中设置其他单元格为水平、垂直方向都居中。

	A	B	C	D
1	2012年上半年净利润对照表			
2	序号	公司	2012年上半年净利润（亿元）	与去年同比增长百分比
3	1	三花股份	1.86	-9.10%
4	2	格力电器	28.72	30.08%
5	3	浙江美大	1.54	4.06%

图 15-21　2012 年上半年净利润对照表

④ 选中单元格区域 B2:C5，单击“插入/图表”组中的按钮，从弹出的列表中选择“折线图”，生成的图表如图 15-22 所示。

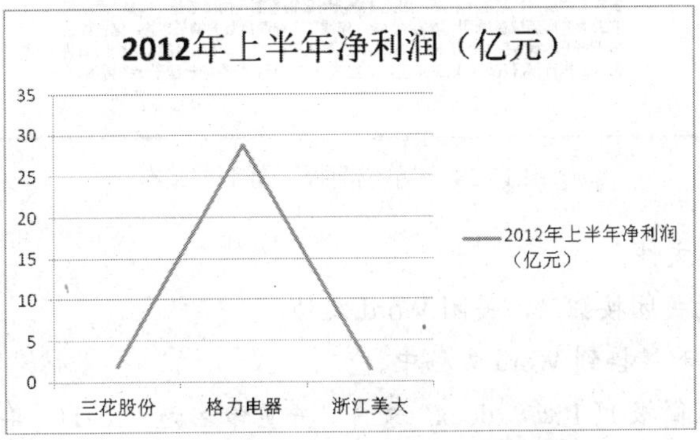

图 15-22　2012 年上半年净利润折线图

⑤ 单击保存按钮，保存文件。

⑥ 单击窗口右上角的关闭按钮，关闭 Excel 文件。

⑦ 按同样方法创建另一个 Excel 文件“15-9（公司前三季度利率情况）.xlsx”，文件内容及格式如图 15-23 所示。

	A	B	C	D
1	公司前三季度利率情况			
2	利率种类	综合毛利率	经营利润率	净利率
3	与去年同期比较增长	17.60%	5.00%	3.90%

图 15-23　公司前三季度利率情况

(2) 制作 Word 文档。

① 启动 Word 2007，系统自动新建一个空白文档“文档 1”。

② 单击左上角的按钮，在弹出的菜单中选择“保存”，在弹出的【另存为】对话框中以“15-10（单位简报）(1 版）.docx”为名保存文件。

③ 在文件中录入相应内容，如图 15-24 和图 15-25 所示。

智慧勇敢电器公司单位 简报
2012 年第 6 期（总第 19 期）
智慧勇敢电器公司宣传部主编
2012 年 9 月 21 日 星期五
行业动态
公司状况
未来目标
一、行业动态
1-8 月家电行业累计工业销售产值同比增长 8.2%，与 1-7 月持平；累计出口交货值同比增长 3.5%，较 1-7 月下降 1.4 个百分点。其中 8 月当月家电行业工业销售产值同比增长 10.5%，环比 7 月上升 8 个百分点;出口交货值同比下降 4.6%，环比 7 月下降 1.1 个百分点。
1-8 月家用电器行业主营业务收入同比增长 6.3%，比 1-7 月份上升 0.1 个百分点;利润总额累计同比增长 19.5%。
截至 7 月 25 日，三花股份、格力电器、浙江美大三家公司发布了业绩快报。三花股份上半年净利润 18610.58 万元，同比下降 9.1%；家电巨头之一的格力电器上半年主营收入 483.03 亿元，净利润 28.72 亿元，业绩同比增长 30.08%，盈利能力表现强劲。浙江美大上半年，公司实现营业收入 15423.34 万元，比上年同期增长 4.06%。
除了上述公司，目前家电业中海信电器一家率先发了半年报。在内销电视市场增长乏力的局面下，海信电器上半年实现营业收入 100.65 亿元，同比增长 2.72%；归属于母公司净利润 5.75 亿元，同比增长 11.03%。从中报看，海信电器业绩得以增长主要来源于海外市场贡献。海信电器上半年国内市场营收同比下降 7.12%，但海外市场大幅增长 42.47%。
二、公司状况
公司今年前三季度业绩强劲。与去年同期相比，利润率持续提升，综合毛利率、经营利润率和净利率分别达到 17.6%、5%和 3.9%。
管理层表示，3 季度成本收入比下降至 12.6%表明成本控制措施效果良好。由于去年 3 季度的比较基准较高，因此 3 季度同店销售额仅同比增长 14.1%，而今年前三季度同店销售额同比增长 21.5%，保持了之前两位数的增长态势，这主要是由于每平米销售额同比增长了 21.8%。主要集中在二、三线城市的 185 个门店装修项目执行情况良好，前三季度，这些城市的同店销售额增长快于一线城市。

图 15-24　“单位简报”第 1 页文本

④ 单击按钮，保存文件。

⑤ 单击窗口右上角的关闭按钮，关闭 Word 文档。

(3) 将 Excel 表格嵌入和链接到 Word 文档中。

① 复制“15-10（单位简报）(1 版）.docx”文件，并重命名为“15-11（单位简报）(2 版）.docx”。

② 双击打开文件“15-11（单位简报）(2 版）.docx”。

管理层预计，持续的门店装修计划将推动未来同店销售额的增长更加强劲。总体来说，今年前三季度，公司净增门店 61 家、装修门店 216 家、关闭经营不善的门店 29 家，截至 3 季度末，公司共有门店 787 家。管理层表示，他们的目标是今年年底前再新开 40 家门店。
截至今年 9 月末，公司的经营现金流达 20 亿人民币，资产负债表上的现金余额达 50 亿人民币。由于为"十一"黄金周做准备，存货周转天数略微上升至 70 天。管理层表示，公司仍有 49 亿人民币的银行贷款额度。
三、未来目标
公司在连锁发展、营销创新、科技转型、电子商务等方面都要发展，要将公司打造成一个在连锁地域、经营规模、科技创新、服务能力等方面都具备全球化竞争力的世界级企业。
未来的五年战略规划，要每年保持 200 家店以上的开店速度，通过实体店销售、B2C 销售、定制服务（Service to Order，简称 STO）、分销销售四大类销售渠道，超级旗舰店、旗舰店、精品店和邻里店四大类店面类型推进实现到 2020 年占据中国零售市场中家电部分近 20%的市场份额。
此外公司将建成以 60 个现代化物流基地为核心的覆盖全国的物流网络。高效高速的物流网络、贴心舒适的店面体验网络、便捷发达的多媒体交易网络、智慧共享的管理网络为主体"四网合一"的信息化战略发展模式。
公司未来五年战略的发布，标志着公司的全新起航，目前公司在企业各项资源配置上已经开始了有计划的准备和投入。

报：智慧勇敢电器公司总裁办公室
送：智慧勇敢电器公司生产部、经营部、企化部、人力资源部
发：智慧勇敢电器公司各门店

图 15-25　"单位简报"第 2 页文本

③　在"截至 7 月 25 日……"一段后面按 Enter 键，添加一个新的段落。

④　打开 Excel 文件"15-8（2012 年上半年净利润对照表）.xlsx"，选择单元格区域 A1:D5，按 Ctrl+C 组合键。

⑤　回到 Word 文件"15-11（单位简报）（2 版）.docx"中，按 Ctrl+V 组合键，就将 Excel 中的表格内容嵌入 Word 文档中了。

⑥　选中文件"15-8（2012 年上半年净利润对照表）.xlsx"中的图表，按 Ctrl+C 组合键。

⑦　回到 Word 文件"15-11（单位简报）（2 版）.docx"中，按 Ctrl+V 组合键，就将 Excel 中的图表嵌入 Word 文档中了。

⑧　关闭 Excel 文件"15-8（2012 年上半年净利润对照表）.xlsx"。这时，即使改变 Excel 文件"15-8（2012 年上半年净利润对照表）.xlsx"中的内容，Word 中的内容也不会发生改变。

⑨　在 Word 文件"15-11（单位简报）（2 版）.docx"中，在"公司今年前三季度业绩强劲"所在段落后面按下 Enter 键，添加一个新的段落。

⑩　单击"插入/文本"组中的 对象 按钮，从弹出的列表中选择"对象"，这时在弹出的【对象】对话框中，单击选择"由文件创建"选项卡，单击 浏览(B)... 按钮，在弹出的【浏览】对话框中选择 Excel 文件"15-9（公司前三季度利率情况）.xlsx"，单击 插入(S) 按钮返回【对象】对话框中，在【对象】对话框中单击复选框 链接到文件(K)，之后单击 确定 按钮，将 Excel 文件链接到 Word 文档中。

⑪　单击按钮，保存文件。

⑫　单击窗口右上角的关闭按钮，关闭 Word 文档。

(4)　在 Word 中使用 Excel 表格中的数据创建图表。

①　复制"15-11（单位简报）（2 版）.docx"文件，并重命名为"15-12（单位简报）（3 版）.docx"。

②　双击打开文件"15-12（单位简报）（3 版）.docx"。

③ 在“公司前三季度利率情况”表格后面插入图表。方法如下。

a. 单击“插入/插图”组中的按钮，在弹出的【插入图表】对话框中选择“簇状柱形图”，单击确定按钮，这时系统弹出【Microsoft Office Word 中的图表 - Microsoft Excel】对话框。

b. 在【Microsoft Office Word 中的图表 - Microsoft Excel】对话框中，单击左上角的按钮，在弹出的菜单中选择“打开”，这时弹出【打开】对话框。

c. 在【打开】对话框中，选择文件“15-9（公司前三季度利率情况）.xlsx”，单击打开(O)按钮。

d. 单击“设计/数据”组中的按钮，这时弹出【选择数据源】对话框。

e. 在【选择数据源】对话框中，单击“图表数据区域”框中的折叠按钮，选择文件“15-9（公司前三季度利率情况）.xlsx”中的单元格区域 A2:D3，之后单击确定按钮。完成后的图表如图 15-26 所示。

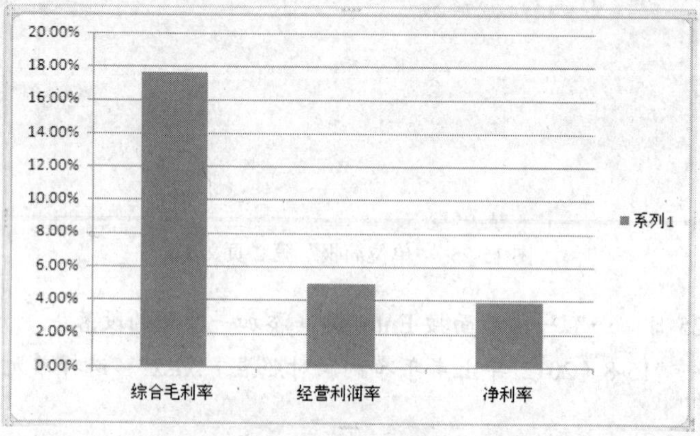

图 15-26　公司前三季度利率情况图

④ 单击按钮，保存文件。

⑤ 单击窗口右上角的关闭按钮，关闭 Word 文档。

(5) 美化 Word 文档。

① 复制“15-12（单位简报）（3 版）.docx”文件，并重命名为“15-13（单位简报）.docx”。

② 双击打开文件“15-13（单位简报）.docx”。

③ 在“开始/字体”组中设置第 1 行字体为宋体、字号为小一、颜色为红色、加粗，在“段落”组中设置对齐方式为居中。

④ 在“开始/字体”组中设置第 2 行字体为宋体、字号为四号、颜色为黑色，在“段落”组中设置对齐方式为居中。

⑤ 在“开始/字体”组中设置第 3 行和第 4 行字体为宋体、字号为四号、颜色为黑色，在“段落”组中设置对齐方式为右对齐。

⑥ 选中第 4 行，再单击“页面布局/页面背景”组中的按钮，在弹出的【边框和底纹】对话框中，选中第 1 个选项卡“边框”；在“边框”选项卡中，选中“设置”为“自定义”，“样式”为第 1 个实线，“颜色”为“红色”，“宽度”为“3.0 磅”，在“预览”中单击左边第 2 个线条，在“应用于”中选中“段落”，如图 15-27 所示。

⑦ 在“开始/字体”组中设置第 5 行、第 6 行和第 7 行字体为宋体、字号为小三、颜色为黑色，在“段落”组中设置对齐方式为左对齐；再单击“开始/段落”组中的第 1 个项目符号按钮，

从中选择符号➢。

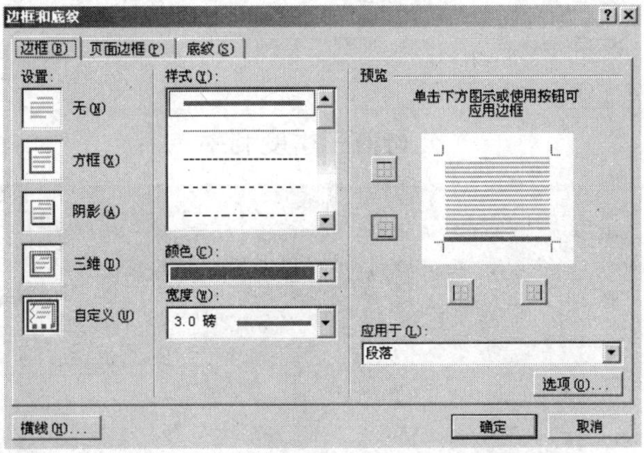

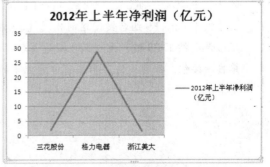

图 15-27　设置第4行的段落边框

⑧　在“开始/字体”组中设置第8行字体为宋体、字号为三号、颜色为黑色、加粗，在“段落”组中设置对齐方式为居中。

⑨　将第8行格式保存为“样式1”。单击“开始/样式”组中的其他按钮，从弹出的选项中选择“将所选内容保存为新快速样式”，在弹出的【根据格式设置创建新样式】对话框中的“名称”框中输入“样式1”后，单击 确定 按钮。

⑩　在“开始/字体”组中设置第9行所在段落的字体为宋体、字号为小四、颜色为黑色，在“段落”组中设置对齐方式为两端对齐、首行缩进2字符、行距为1.5倍行距。

⑪　将第9行所在段落的格式保存为“样式2”。单击“开始/样式”组中的其他按钮，从弹出的选项中选择“将所选内容保存为新快速样式”，在弹出的【根据格式设置创建新样式】对话框中的“名称”框中输入“样式2”后，单击 确定 按钮。

⑫　将文件中除图表外的其余各段分别设置为样式1或样式2。

⑬　将鼠标指针移到最后第2行文字前单击鼠标，再按下键盘上的Tab键，使文字刚好到达右边界位置。

⑭　将鼠标指针分别移到最后第1行和第3行文字前单击鼠标，再按下键盘上的Tab键，使文字与最后第2行左边位置对齐。

⑮　选中文件的第1个图表，再单击“布局/背景”组中的按钮，从弹出的列表中选择“其他绘图区选项”，在弹出的【设置绘图区格式】对话框中选择“填充”选项卡中的“纯色填充”，在颜色中选择第3个“橄榄色”，单击 关闭 按钮。美化后的图表如图15-28所示。

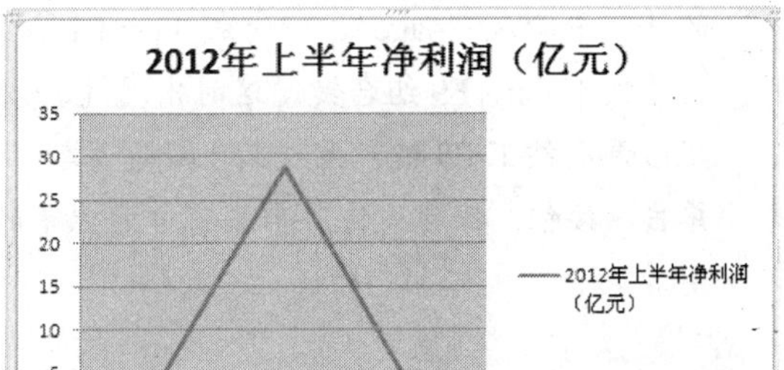

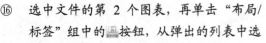

图 15-28　美化后的折线图

⑯　选中文件的第2个图表，再单击“布局/标签”组中的按钮，从弹出的列表中选择“图表上方”，更改“图表标题”为“公司前三季度利率”；单击“标签”组中的按钮，从弹出的列表中选择“数据标签内”；删除“系列1”；再单击“布局/背景”组中的按钮，

从弹出的列表中选择“其他绘图区选项”，在弹出的【设置绘图区格式】对话框中选择“填充”选项卡中的“纯色填充”，在颜色中选择第 3 个“紫色”后，单击 关闭 按钮。美化后的图表如图 15-29 所示。

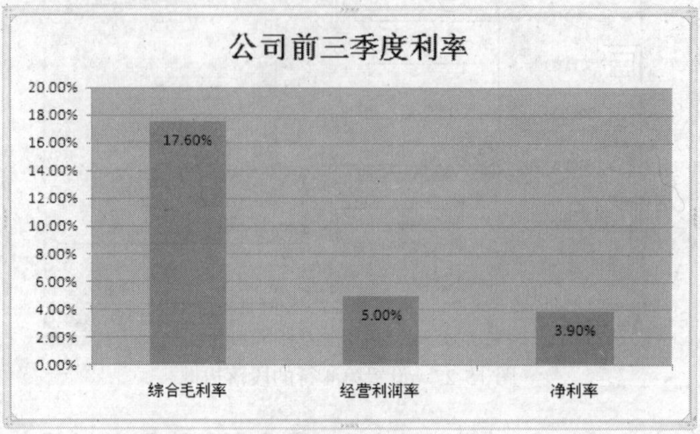

图 15-29　美化后的簇状柱形图

⑰ 单击“插入/页眉和页脚”组中的按钮，从列表中选择第 1 项“空白”，在“设计”选项卡中的“选项”组中选择“☑首页不同”，如图 15-30 所示。

图 15-30　设置页眉的首页不同

⑱ 将鼠标指针移到第 1 页页眉位置，删除第 1 页页眉的所有内容；再将鼠标移到第 2 页的页眉，输入文字“智慧勇敢电器公司单位 简报”，并居中对齐。这时第 1 页无页眉，第 2 页及以后有页眉。双击正文区，退出“页眉”编辑状态。

⑲ 添加页脚为“当前页码/总页数”。单击“插入/页眉和页脚”组中的按钮，从弹出的列表中选择第一项“空白页脚”，之后删除页脚所有内容，再按下 Ctrl+F9 组合键，出现{}，在出现的 { } 中输入“page”，即变成 {page}，按下 F9 键，则系统生成了当前页码；再输入“/”；接着按下 Ctrl+F9 组合键，这时出现 { }，在 { } 内输入“numpages”，即变成 {numpages}，之后再次按下 F9 键，系统又生成总页数。双击正文区，退出“页脚”编辑状态。

⑳ 单击按钮，保存文件。单击窗口右上角的关闭按钮，关闭 Word 文件。